JN123785

Carbon Neutral 2050 Outlook

カーボンニュートラル
2050
アウトルック

山地 憲治 [監修]　西村 陽 [総合コーディネーター]

日本電気協会新聞部

序

カーボンニュートラルに挑むために

監修／（公財）地球環境産業技術研究機構（RITE）　理事長・研究所長
山地　憲治

　地球温暖化への対応が世界的課題になっている。過去100年程度の間に
地球表面の平均気温が約1℃上昇していることは観測されている事実である。
2021年夏に取りまとめられたIPCC（気候変動に関する政府間パネル）の最新
報告では、この温暖化の原因が人間活動による大気中の二酸化炭素（CO_2）
を中心とする温室効果ガスの濃度上昇であることは科学的に疑う余地がない
と断言している。事実、産業革命以前には約280ppmで安定していたCO_2
濃度は今や410ppmまで上昇している。地球温暖化問題の解決のためには、
最終的には温室効果ガスの正味排出ゼロ（カーボンニュートラル）を実現する
必要がある。本書では、カーボンニュートラルを実現するための取り組みを
包括的に解説するが、序として、カーボンニュートラルに関する動向やその
実現に向けた取り組みの基本方向を整理した上で、本書の構成を紹介する。

カーボンニュートラルへ動き出した世界

　国際的な地球温暖化対策は1994年に発効した国連気候変動枠組み条約に
基づいて進められている。2020年以降の枠組みは2015年に合意され翌年
発効したパリ協定によって設定されている。パリ協定は、世界全体の長期目
標と各国が自主的に設定する温室効果ガス削減目標（NDC；Nationally

Determined Contributions、国が決定する貢献）で構成される。ボトムアップ的な NDC の仕組みによりパリ協定には世界のほとんどの国が参加した（米国はトランプ政権末期に脱退したが、2021年1月、バイデン政権誕生により直ちに復帰）。

　パリ協定の長期目標では「世界的な平均気温上昇を産業革命前に比べて2℃より十分低く保つとともに、1.5℃に抑える努力を追求する」とし、そのため、世界の温室効果ガスの排出量を今世紀後半に実質（正味）ゼロにする脱炭素社会、つまりカーボンニュートラルが長期目標とされていた。ただし、IPCCの1.5℃目標に関する特別報告（2018年）では、1.5℃目標達成には2050年までにカーボンニュートラル実現が必要とされ、これが契機となって欧州を先導役として長期目標を2050年カーボンニュートラルに引き上げる動きが始まった。バイデン政権下の米国をはじめ、カーボンニュートラル2050への野心度向上は瞬く間に世界に広がった。いまやパリ協定の努力目標が本目標になりつつある。

　我が国でも2020年10月に菅義偉首相（当時）が2050年カーボンニュートラル実現を宣言し、欧米と主張を合わせて気候変動への取り組みを一段と強化した。安倍晋三首相時代から成長と環境の好循環を目指している我が国政府は気候変動対策としてのグリーンイノベーションを成長戦略とリンクさせ、年末にグリーン成長戦略の一次案を取りまとめ、2021年6月には改訂版を公表した。また、米国大統領バイデン氏は2021年4月に気候サミットを主催し、その会議で我が国は2050年カーボンニュートラルと整合する2030年度の温室効果ガス削減目標として2013年度比46%削減という野心的な目標を表明した。

　エネルギー起源のCO_2が温室効果ガス排出の85％を占める我が国では、地球温暖化対策とエネルギー政策は不可分である。2021年10月に閣議決定された第6次エネルギー基本計画は、エネルギーミックス決定に先立ってゴールが設定された形となり議論が難航したが、結局、カーボンニュートラル2050と2030年度に2013年度比46％削減の実現を目指す非常に野心的なものになった。エネルギー基本計画と同時に決定された地球温暖化対策計画では、エネルギー起源CO_2排出量6億8,000万tに加えて、非エネルギー

起源CO_2、メタン、一酸化二窒素（N_2O）、フロン類の排出目標に森林や土壌へのCO_2吸収を考慮して2030年度に2013年度比46％温室効果ガス削減の姿を描いている。また、2030年度までの累積量ではあるが、二国間クレジット（JCM）を使った国際連携行動によって1億t程度のCO_2削減を目指すことも記されている。

　2021年11月の気候変動枠組み条約第26回締約国会議（COP26）では1.5℃目標に向けた多くの国の野心度向上傾向が明確になり、カーボンニュートラル実現を宣言する国がさらに増えた。このような熱狂の中で影が薄くなったが、COP26の大きな成果は市場メカニズムを定めた第6条など積み残しの実施規則が合意され、パリ協定のルールブックが完成したことである。第6条2項の協力的アプローチの代表的事例として、日本が提案し実施しているJCMが世界から注目されている。

多様な技術の連携が極めて重要

　2050年カーボンニュートラル実現に関わる要素は多様で、実現への道筋は様々に描くことができる。電化と電気の脱炭素化、水素やCCUS（二酸化炭素回収・利用・貯留）などのエネルギー関連の対策に加えて、メタンやN_2OなどCO_2以外の温室効果ガスの主要発生源である農林水産業における対策も重要である。高温熱を利用する産業や化石資源を原料として使用する産業など温室効果ガス削減が極めて難しい分野に対しては、大気からCO_2を回収して削減するNETs（Negative Emissions Technologies）を活用して排出を相殺することが経済的に合理的になる場合もあるだろう。また、技術的な対策に加えてシェアリングやサーキュラーエコノミーなどデジタル化とともに進める社会イノベーションも重要な役割を果たす。空間的広がりでは、地域社会の取り組みから国際連携、業界や需要区分を連携するセクターカップリングまで様々な取り組みが必要になる。時間軸では、カーボンニュートラル実現に至る移行期での取り組みも重要になる。カーボンニュートラル実現には、技術や社会、地域経済や国際政治など、幅広い視点から取り組む必要がある。

しかし、現実は厳しい。2021年11月のCOP26については、我が国が化石賞を受賞したことが繰り返し報道されたが、受賞理由は岸田文雄首相が水素やアンモニアを利用した「火力発電のゼロエミッション化」を表明したことだった。その他にもノルウェーはCCS（二酸化炭素回収・貯留）を進めていること、フランスは原子力の新設を表明したことにより化石賞を受賞している。火力のゼロエミッション化もCCSも原子力も地球温暖化対策の重要な手段である。カーボンニュートラルという高い目標の実現には、このように特定技術を排除して選択肢を狭めることは大きな障害になる。

　そもそも地球温暖化問題には、対策の負担は地域ごとに発生するが、対策による利益は世界全体に裨益するという構造がある。このような構造を持つ問題に対処するには、世界全体で連携した行動を維持することが極めて重要である。主要国が離脱するような状況を作るとか、特定技術を排除することは、連携を破壊し、地球温暖化対策の自滅を招く。世界の脱炭素実現のような厳しい目標の実現には、技術や文化の多様性を認め、すべての対策を総動員する必要がある。

　カーボンニュートラル実現には、水素利用やCCUSのようなCO_2削減に直接寄与する個別の革新的技術に加えて、デジタル技術やパワーエレクトロニクス、バイオ技術、都市管理技術など汎用性の高い共通基盤技術の活用も必要である。

―――――― 　　　　**本書の意義と構成**　　　　 ――――――

　本書では、カーボンニュートラル実現に必要となる多様な対策を取り上げ、技術的特性や社会実装に向けた課題について時間軸を含めて包括的に整理した。本書の意義は、個別の対策技術の紹介にとどまらず、時間軸やセクター横断で利用される重要基盤技術を重点的に取り上げることで、単なる技術解説ではなく、立体的にカーボンニュートラルへの道筋を描き出したことである。今後、企業活動や研究開発に役立て、カーボンニュートラル実現へのヒントにしていただきたい。

　本書は4部で構成されている。また、ユニークな視点や技術に関して、分

散してコラム記事が挿入されている。なお、多少の記述の重複は許容して、テーマごとに独立して読んでも理解が進むように配慮した。

第1部では概論として、カーボンニュートラルを考える視点が整理されている。視点は四つ：世界の中の日本、持続性と整合性、技術革新の重要性と既存主力産業の役割、時間軸デザインである。

第2部では重要基盤技術8件を取り上げた。ここで取り上げた重要基盤技術は地球温暖化対策として様々に応用される技術で、各業界・各セクターを横断して活用されるものである。具体的には、水素技術、電力貯蔵技術／エネルギー変換・貯蔵、次世代パワーエレクトロニクス、電化、需要の変容（シェアリング）、デジタル技術、バイオテクノロジー、カーボンキャプチャー・リサイクル技術の八つである。

第3部では個別の技術トピック29件を解説した。五つの分野、エネルギー産業（供給）、運輸・モビリティー、製造業、エネルギー利用、農林水産・吸収源に分けて記述した。それぞれの分野ごとに、各技術の温室効果ガス削減効果・実装への時間軸・コストを視覚的に示した「ポジショニングマップ」と総論を配置した。前述したように、カーボンニュートラル実現に寄与する技術は、社会イノベーションも含めて極めて多種多様である。第3部に収録したテーマですべてカバーできているとは考えていないが、多くの方々が興味を持たれていると思われるトピックについて、専門家による最新知見をまとめていただいた。興味のあるテーマを独立に読んでいただいても理解が進むよう特に配慮した。

第4部では主要産業の挑戦と題して、業界団体のカーボンニュートラル実現に向けたビジョンを取りまとめた。収録しているのは、日本経済団体連合会、電気事業連合会、日本ガス協会、日本鉄鋼連盟、日本製紙連合会、日本化学工業協会、セメント協会、電機・電子温暖化対策連絡会の8団体である。

本書の編纂に当たっては、各団体を含め47名もの皆様にご執筆頂いた。この場を借りて感謝申し上げる。特に、本書の企画を主導し第1部の多くを執筆頂いた西村陽氏、第3部の5分野の取りまとめをご担当頂き総論を執筆していただいた浅野浩志、太田豊、小野透、小宮山涼一、柴田大輔、齊藤三

希子の各氏には深く感謝申し上げる。また、本書の出版を進めていただいた電気新聞の土方紗雪さん、神藤教子さん、企画に携わった圓浄加奈子さんにはコロナ禍の下で最大限のご尽力いただいたことに感謝したい。

2022年2月

目次

III. 製造業

IV. エネルギー利用

Ⅴ. 農林水産・吸収源

第4部　主要産業の挑戦

第 1 部

概論
カーボンニュートラル2050の進め方

カーボンニュートラル2050とは、2050年までに温室効果ガス排出を実質ゼロにするという全産業、国民生活にわたる挑戦的な目標である。第1部では、カーボンニュートラル2050を理解する上での四つの視点「世界の中の日本」「持続性と整合性」「技術革新の重要性と既存主力産業の役割」「時間軸デザイン」を提示し、今後どのような政策を展開していくべきかについて考察する。

1-1 カーボンニュートラルを考える上での四つの視点

大阪大学大学院工学研究科　招聘教授
西村　陽

■1 2050年カーボンニュートラルの道筋

　カーボンニュートラルは、人類文明を支えてきた化石燃料の利用、つまり燃焼に伴って排出されている二酸化炭素（CO_2）の排出を劇的に減少させようという、人類の進化過程を大転換するような試みである。

　日本では、2020年10月26日、菅義偉首相（当時）が2050年にカーボンニュートラルを実現するという目標を宣言した。2019年の日本全体の排出量は10.3億t。中間地点である2030年度目標は、宣言時点では2013年度比26%削減であった。

　そのおよそ半年後、2021年4月22日に米バイデン大統領の呼びかけで主要排出国・地域の首脳が参加し気候サミットが開催された。ここで日本は目標の大幅な引き上げを迫られ、同46%削減という数字が示された結果、これが国際的に公式の2030年度目標となった。図表1-1がその実現に向けたイメージ図である。

　2020年10月の宣言時点で示されていた脱炭素の道筋では、最初の10年間は、日本の主要産業がこれまで進めてきた低炭素化努力の持続・加速がその中心となっていた。電力でいえば、再生可能エネルギーと原子力発電をはじめとするゼロカーボン電源への代替や、需要側の電化・機器効率化、ガスでいえば高効率・省エネルギー機器への代替・普及、鉄鋼や化学の生産プロ

| 図表1-1 | 2050年カーボンニュートラルの実現 ※数値はエネルギー起源CO₂

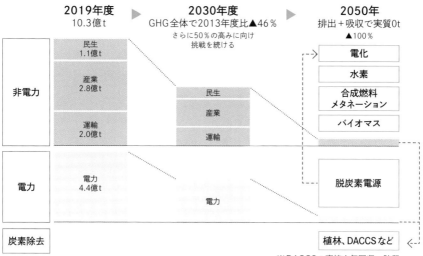

（出所）2050年カーボンニュートラルに伴うグリーン成長戦略（2021年6月18日）

| 図表1-2 | 気候サミットとCOP26（青字）で掲げられた各国の目標値

	従来の中期目標	新たな2030年目標	2050年ネットゼロ
中国	2030年までにピークアウト GDP当たり排出原単位 ▲65％以上（2005年比）	引き上げ表明なし	2060年 ネットゼロ表明
米国	2025年▲26〜28％ （2005年比）	▲50〜52％（2005年比）	表明
インド	2030年GDP当たり排出原単位 ▲33〜35％ （2005年比）	再エネ比率50％	2070年ネットゼロ
EU	2030年▲40％ （1990年比）	▲55％（1990年比）	表明
ロシア	2030年▲30％ （1990年比）	引き上げ表明なし	2050年▲80％ （1990年比） 2060年ネットゼロ
日本	2030年度▲26％ （2013年度比）	▲46％（2013年度比） ▲50％の高みに挑戦	表明
カナダ	2030年▲32〜40％ （2005年比）	▲40〜45％（2005年比）	表明

注）気候サミットは2021年4月22日（日本時間）、気候変動枠組み条約第26回締約国会議（COP26）は2021年10月31日〜11月13日に開催された

（出所）外務省ホームページなどから電気新聞作成

セス改善、業務用、家庭用の太陽光発電やエネルギーマネジメントの取り組みといったものがそれにあたる。そして、その後の20年間、2030〜2050年に、現時点では必ずしも適切なコストが実現していない技術、電力分野では水素・アンモニア利用やCCS（二酸化炭素回収・貯留）、非電力分野では水素利用の拡大などの脱炭素技術が導入されるように描かれているのだ。

しかし、気候サミットでは、国際的枠組みや外交の中で、大幅にこれを加速させるような国際約束を求められたことになる（図表1-2）。

ここから言えることは次のようなことである。

2021年11月、英国グラスゴーで開催された国連気候変動枠組み条約第26回締約国会議（COP26）でも最終的にみられたように、カーボンニュートラル2050は国際的枠組みの中で日本の立ち位置が求められる外交課題である。その目標は、これまでの技術や政策の進展の上に立脚したものではないが、各産業や技術開発で進められてきた低炭素化の取り組みはすべての基礎となるものであり、目標達成にはその加速が必要となる。その際に重要となるのは、実現のめどがついている技術や仕組みと、これから挑戦するフロンティア技術の区分けを十分行い、実現可能性の高い技術や仕組みの実装を加速するとともに、各研究機関、大学で研究・実証が進められてきたフロンティア技術についてはよく見極めた上で開発を前倒しすることであろう。

② カーボンニュートラル2050への四つの視点

こうした認識の下、カーボンニュートラル2050を実現していくには、次の四つの視点が不可欠となる。

第1の視点　世界の中の日本

前述のように、カーボンニュートラル2050は、国際的な枠組みと外交の中から生まれた、日本の経済社会に大きな影響を与える枠組みである。だからこそ日本が野心的な目標を掲げることになった。これは、まず踏まえるべき視点である。

従ってカーボンニュートラルは世界的な課題であり、同時に日本の国家戦略が問われることになる。目下の「2030年度温室効果ガス2013年度比

46%減、2050年実質ゼロ」という削減目標は、決してこれまでの低炭素化努力の延長線上にある数字ではない。一方で、脱炭素に向けた施策の背景にある経済・産業特性や、鍵の一つとなる再エネの導入条件、エネルギーセキュリティーの事情などは、すべての国・地域とも異なっている。

それを踏まえた上で、カーボンニュートラルの実現に向けた革新であるグリーンイノベーションをデザインし、実行していく必要がある。

第2の視点　持続性と整合性

図表1-1の通り、2019年現在のCO_2排出量は電力部門4.4億t、非電力部門5.9億tと、おおむね半々である。

電力部門においては発電の再エネと原子力発電を中心とする電源の非化石化、非電力部門においては効率の改善と使用エネルギーの脱炭素化が基本的な手だてとなる。しかし、それらの代替手段はコスト高である場合が多い。そのためのコスト負担や技術や社会の転換が持続可能な形でなければ、かえって国民経済を疲弊させ、脱炭素にかかわる投資の停滞を招きかねない。

さらに、脱炭素化を実現するための施策としては、革新的技術の開発推進に加えて、これら新技術を社会に導入するための補助策や誘導的規制、税制といった政策も重要になる。そして政策が最適な手順で組み合わされること、同時に、実際の脱炭素の実行者である生産者、消費者が必要な行動変容を実現していくこと——つまり技術革新／政策／国民の行動変容の間の整合性が求められるのだ。加えて、投資資金や脱炭素に関わる事業の推進に必要な資金が手当てされるよう、金融面での支援も重要になる。

技術革新だけ進んでも、革新されていない技術に補助策を入れても、行動変容だけが進んでも、それらは施策の推進力とはならない。そして、民間のファイナンスがそれをサポートする形を作れなければ、いつまでも補助金や政策金融頼みが続くことになりかねない。

第3の視点　技術革新の重要性と既存主力産業の役割

2019年現在、日本のCO_2排出量10.3億tのうちの主要な部分は、電力・ガス、鉄鋼、化学、窯業・土石、自動車、船舶など、日本をリードする主力

産業からである。これらの産業は当然ながら、以前から低炭素化の目標の下、非化石電源の導入や利用の高効率化、炭素吸収への挑戦的技術開発など、様々な取り組みを行ってきている。主力産業がこれまで続けてきた脱炭素への取り組みは、日本のカーボンニュートラル2050に向けた取り組みの基本である。

　また、脱炭素化を実現する技術には、エネルギー、運輸、産業、利用側の新機軸など、広範な分野にかかわる共通的基盤技術といえるものがある。水素、電力システム技術、カーボンキャプチャリングなどが代表的だが、それらは全体のイノベーションの推進力となるものであり、より重要度が高いが、こうした技術の実証、実装についても、主力産業が中心となって担っていくことになる。

　第2の視点で、脱炭素化に取り組むにあたり、国民経済の健全性を持続し、整合性を保つことの必要性を述べたが、主力産業はその意味でも多くの責任を負うことになる。エネルギーや各種製品の価格の安定と安定供給、あるいは国際競争力の維持向上と雇用問題への対応、顧客の生活利便性と脱炭素の両立――これらを維持しつつ脱炭素化を実現することが主力産業の責務である。その責任は地球環境問題に対しても、国民経済に対しても重い。

第4の視点　時間軸デザイン

　カーボンニュートラル2050の難しさの一つは、脱炭素に貢献する様々な技術革新や社会実装、制度としての定着が、どの順番でどう進んでいくかが、非常にわかりにくいことである。

　図表1-3は政府のグリーン成長戦略の実行計画を分野別に表したものだが、「どの分野も有望である」と示した結果、①足元から普及拡大に向けて取り組まなければならない技術や施策、②事業化・実装に向けて技術の補強や政策的環境整備が必要なもの、③2050年またはさらに長期の視点で先端技術開発を重ねなければならないもの――が混在してしまっている。こうしたことが、実務者、さらに国民から見たカーボンニュートラル2050をわかりにくくしている面がある。

　実際の施策展開においてこの時間軸を間違えると、第2の視点で示した持続性や整合性が危うくなる。ポテンシャルのある技術が国民から否定されて

エネルギー関連産業	輸送・製造関連産業		家庭・オフィス関連産業
①洋上風力・太陽光・地熱産業（次世代再生可能エネルギー）	⑤自動車・蓄電池産業	⑥半導体・情報通信産業	⑫住宅・建築物産業・次世代電力マネジメント産業
②水素・燃料アンモニア産業	⑦船舶産業	⑧物流・人流・土木インフラ産業	⑬資源循環関連産業
③次世代熱エネルギー産業	⑨食料・農林水産業	⑩航空機産業	⑭ライフスタイル関連産業
④原子力産業	⑪カーボンリサイクル・マテリアル産業		

足元から2030年、そして2050年にかけて成長分野は拡大

第1部

（出所）「2050年カーボンニュートラルに伴うグリーン成長戦略」（2021年6月）

芽を摘まれたり、逆に足元から進めるべき脱炭素施策が、日の目を見ぬまま終わってしまうことになりかねない。

　逆のケースもある。イノベーションが不十分で脱炭素技術の選択肢が実質的に存在しない状態にある分野で、強い政策的手法を取ればその産業や財の持続性の脅威となり、場合によってはより技術的に劣り、CO_2排出量の大きな国・地域への産業流出を通じて地球全体のCO_2排出を増加させることも考えられる。

　カーボンニュートラル2050を実現するための時間軸デザインは、日本経

済の命運にもつながる非常に重要な視点である。

　「世界の中の日本」「持続性と整合性」「技術革新の重要性と既存主力産業の役割」「時間軸デザイン」の四つの視点は、本書が全体にわたって紹介するカーボンニュートラル2050にかかわる技術、政策、仕組み、事業化、新しいビジネスモデルの背景に常にある現実であり、かつ2050年とその先に向かって持つべき基本姿勢となるものである。

　これらの視点を踏まえた上で、第1部では、これらの視点の背景となる地球温暖化問題の歴史的経緯と世界の状況、日本の立ち位置、技術革新／政策／行動変容の組み合わせや時間軸デザインの重要性などについて解説する。

1-2 国際的枠組みの中での日本のカーボンニュートラル

（NPO法人）国際環境経済研究所　主席研究員
東京大学公共政策大学院　客員研究員
中島　みき

1 国際的枠組みとパリ協定

　国際的枠組みにおける持続可能な開発とは、将来世代のニーズを損なうことなく、現在世代のニーズを満たすことであり、地球環境問題と経済開発は相反するものではなく共存し得るものである。

　気候変動枠組み条約は、大気中の温室効果ガス濃度の安定化を究極の目的としており、この国際的枠組みの下、2015年に採択されたパリ協定は、①世界の平均気温の上昇を産業革命以前に比べ、2℃より十分低く保ちつつ、1.5℃に抑える努力を追求する、②できる限り早く世界の温室効果ガス排出量をピークアウトし、21世紀後半には温室効果ガス排出量と（森林などによる）吸収量のバランスを取る——ことを、世界共通の長期目標としている。ここで、パリ協定は、2050年カーボンニュートラルを目標としているのではない点に留意が必要である。

　1997年の京都議定書は、先進国のみに「法的拘束力のある数値化された目標」を課し、米国は脱退、中国も含め途上国の取り組みはなく、世界全体での排出削減は実現しなかった。この反省を踏まえ、パリ協定では、各国の異なる事情に照らし、衡平性、および共通だが差異のある責任と各国の能力に関する原則を反映し、途上国を含む全ての国連加盟国が「自国が決定する

貢献（NDC:Nationally Determined Contributions）」を自主的に策定、5年ごとに実施状況をレビューするという、プレッジ＆レビュー方式で合意した。日本経済団体連合会の自主的なボトムアップ型アプローチが採用された形で、各国の衡平性と実効性が、排出削減に向けて重要な鍵を握る。いうなれば、これまで排出削減努力の必要なく経済発展を実現した先進国と、これから経済発展・排出量の増加が予測される途上国との利害対立の中、なんとか妥結した産物ともいえる。

　パリ協定の採択と並行して、金融セクター（G20財務大臣・中央銀行総裁会合）においても気候変動問題に焦点が当てられた。当時の金融安定理事会（FSB）議長・英国イングランド銀行総裁のマーク・カーニーは、気候変動影響を受け金融の安定性について問題提起。2015年、民間主導の「気候関連財務情報開示タスクフォース（TCFD；Task Force on Climate-related Financial Disclosures）」が設立され、企業の気候変動リスクに関する財務的影響にかかる情報開示を通じて透明性を向上、金融市場の資本配分の効率性や経済安定性を高める動きが形成された。この情報開示の促進はESG投資につながり、やがては石炭へのダイベストメント（投資している金融資産を引き揚げること）へとつながっていく。足元では、英国を中心としてTCFDに基づく情報開示を義務付けする国も出ており、日本でも、義務化を求める動きが出ている。

２　カーボンニュートラルを先導するEU

　パリ協定以降、地球温暖化対策問題を、金融セクターをも含む、経済社会全体の課題として方向付け、自らがその展望を示そうとするのは欧州連合（EU）である。2018年11月、欧州委員会は2050年ネットゼロ排出シナリオを含む、EU長期戦略ビジョン "A Clean Planet for All" を発表。2019年12月に就任した欧州委員会（EUの政策執行機関）のウルズラ・フォン・デア・ライエン委員長は「欧州グリーンディール」を目玉政策に掲げ、2050年までのカーボンニュートラルを目指すとし、「サステナブルファイナンス戦略」を策定。サステナブルな分野に企業が参入、投資するよう、資本の流れそのものを転換していくという考え方で、その基礎となるのがタクソノミーであ

る。タクソノミーは、持続可能な経済活動の類型を定め、投資対象の基準を明確にすることを目的としている。2021年4月には、6つの活動類型のうち、気候変動の緩和・適応の2類型をカバーした約500ページに及ぶ、世界初の「グリーン・リスト」が公表された。これは、「グリーン」の定義を明確にし、判断材料とすることで、投資の誘導・促進を行うことを狙いとしている。

　2050年カーボンニュートラルは、産業革命以降の温度上昇を1.5℃以内に抑えるために、2050年近辺までのカーボンニュートラルが必要との考えに依拠するもので、欧州の気候変動政策の主軸は1.5℃目標に移行したといえよう。長期的なゴールとして「2℃目標」を掲げ、自主的目標に基づくパリ協定であったはずが、この5年のうちに、EUでは2050年カーボンニュートラルに法的拘束力を持たせ、さらには「公正な移行メカニズム（Just Transition Mechanism）」の名の下、経済活動の類型を示すタクソノミーや炭素国境調整措置などにより、他国を巻き込みグローバルでの経済活動のデファクトスタンダードを制する論争に発展しつつある。

３ グラスゴー気候合意がもたらすもの

　国連気候変動枠組み条約第26回締約国会議（COP26）において採択されたグラスゴー気候合意では、「世界の平均気温の上昇を1.5℃に制限するための努力を継続することを決意する」と明記、目標を達成するため、2030年に向けた各国のNDC（自国が決定する貢献）を、必要に応じて2022年の年末までに見直すこととされた。加えて、これまで排出削減のアプローチまで踏み込んだ議論はなかったが、今回初めて、排出削減対策を講じていない石炭の段階的な廃止（フェーズアウト）に言及。インドや中国などの反対を受け、最終的には「段階的な削減（フェーズダウン）」との表現で妥結した。この過程で、カーボンニュートラルを主導したい欧州・米国と、これから経済成長とともにエネルギー需要の増加が見込まれる新興国との対立が鮮明となった。

　こうして、パリ協定の2℃目標よりもいっそう野心的な1.5℃目標をグロ

ーバルスタンダードに据え、カーボンニュートラルに向けた動きはより加速するのかのように見えるが、現実はそう簡単ではない。米国エネルギー情報局（EIA）の"International Energy Outlook 2021"によれば、2050年のエネルギー起源二酸化炭素（CO_2）排出量は、足元の趨勢や現行の法規制の延長上のシナリオにおいて、非OECD加盟国ではエネルギー需要が増加することにより、むしろ増大、またOECD加盟国の削減も限定的となっている（図表1-4）。

　中国は2060年、インドは2070年までに、カーボンニュートラルをそれぞれ表明しているものの、NDCはいずれもGDP当たり原単位の排出量削減となっており、中国の排出量のピークアウトは2030年となっている。両国

| 図表1-4 | エネルギー起源CO_2排出量の推移

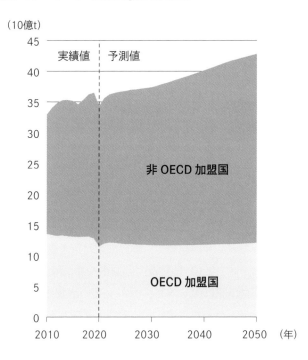

（出所）EIA "International Energy Outlook 2021"

ともにNDCの見直しは行っておらず、中国は、（1.5℃ではなく）パリ協定の2～1.5℃目標にコミットすべきであると主張。インドは、1.5℃目標のためには先進国は2050年より早くカーボンニュートラルを達成し、途上国への資金援助を上積みして、新たな目標をもっと早く決めるべきとも主張しており、今後のNDCの見直しの議論は波乱が予想される。

2021年1月、民主党・バイデン政権に交代した米国は、早々にパリ協定への復帰を宣言、2050年のカーボンニュートラルへ舵を切り、国際社会を気候変動で主導しようとしている。しかし、今後国内政策で議会承認が得られるか、また、そもそも、政権が再び交代すれば、気候変動政策のスタンスそのものが変わる可能性もある。

米国は気候サミットで2030年に2005年比50～52％削減を表明したが、実は裏付けとなる積み上げがあるわけではない。とはいえ、風況や日射量に恵まれた地域を有し、より安価な発電原価で再生可能エネルギー導入が可能である。加えて、シェールガス革命以降、天然ガス産出国に転じ、老朽石炭火力からより安価な天然ガスへの転換により、追加費用なしに一定の排出削減が見込める上、自然変動電源による発電の変動を補完する役割も担うことができる。

こうしたアドバンテージを有する米国ではあるが、実際のCO_2排出量の見通し（図表1-5）では、電力セクターでは石炭廃止による排出削減が見込まれるものの、産業部門は、天然ガス・石油の使用により、今後も上昇トレンド、また民生部門（商業用・家庭用）は横ばいとなっている。すなわち、現状趨勢の延長では、2030年目標、2050年カーボンニュートラルにはほど遠いのが実情である。

4 日本の置かれた立場と進めるべき施策

グローバルでカーボンニュートラルへの動きが加速する中、日本はどのように取り組みを進めるべきか。

これを考える上での基本となる2015年のパリ協定に立ち戻ると、いわゆる「2℃目標」は、具体的な数値的達成目標としてのターゲット（target）で

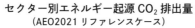

| 図表1-5 | 米国EIAによる部門、燃料別CO$_2$排出量見通し

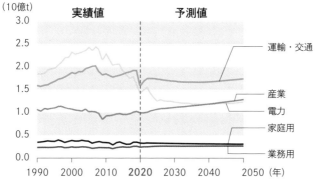

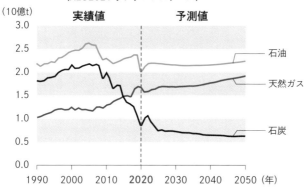

（出所）EIA "Annual Energy Outlook 2021"

はなく、長期的な到達点を示すゴール（goal）として位置付けられている。パリ協定では、発展途上国の排出量のピークアウトには長い期間を要することを認識し、できる限り速やかに世界全体での排出削減に取り組むことを目的とし、衡平性、共通だが差異のある責任、および各国の能力に関する原則を反映することとしている。

日本として、先進国の動向を踏まえて野心的な目標を示すことはもちろん重要である。一方、実際の排出量の趨勢との乖離を認識しながら、途上国との目標のバランスも見据え、長期的な視点で世界全体での排出削減に貢献するというパリ協定に立脚した原理原則を忘れてはならない。

　各国にとってカーボンニュートラルは大きな産業構造の転換なしには達成できず、気候変動政策は雇用の問題であり産業政策そのものである。実際、米国バイデン政権が地球環境対策の大型インフラ投資を含む長期経済戦略として2021年4月に発表したのは、その名も"American Jobs Plan（米国雇用計画）"である。また、2020年11月に発表された英国の"The Ten Point Plan for a Green Industrial Revolution"においても、既存の産業からのグリーン産業への転換によって雇用を生み出し、自国の産業を育成し、世界のグリーン産業をリードすることを明確にした戦略となっている。

　同時に、カーボンニュートラルは、エネルギーセキュリティーの視点も重要で、米英ともに、原子力を含め既存の技術を最大限に活用しながら、多様な選択肢を追求している。加えて、欧州委員会は2022年2月、先に述べたEUタクソノミーに、一定の条件の下で原子力や天然ガスを含める最終案を発表した。「グリーンな投資」にこれらを含める背景には、比較的原子力の比率が高いフランスや石炭からの早期移行が現実的に難しいチェコなど、各国の事情があったものとみられる。気候変動交渉では高い目標を掲げつつ、足元の政策では雇用やエネルギーセキュリティーの観点も踏まえることが重要であるといえよう。

　日本の「2050年カーボンニュートラルに伴うグリーン成長戦略」（2021年6月）では、14の重点分野の具体的な実行計画が示された。イノベーションは非連続であり、現時点で蓋然性のある計画を立てることは困難である。イノベーションの実現に不確実性が伴う以上、その移行過程において、既存の技術に基づきエネルギーの安定供給をしっかり確保することも重要である。その際、産業競争力の確保の観点から、社会的費用をいかに最小化するかが重要となる。従って、既存の技術を最大限に活用し、多様な選択肢を確保す

るべきであろう。

　第1次石油ショック後、1974年に策定された国の新エネルギー開発プロジェクト「サンシャイン計画」に基づきスタートした太陽電池開発の成果により、日本は2000年代前半、太陽電池の生産において世界一であった。しかし、現在のグローバル市場では中国企業が大勢を占める状況となってしまっている。「経済と環境の好循環」は、イノベーションの実現がゴールではない。普及段階でグローバル競争を勝ち抜き、自国のサプライチェーンを構築するに至ってこそ、好循環が実現するのである。

1-3 持続性・整合性のある カーボンニュートラルとは

大阪大学大学院工学研究科　招聘教授
西村　陽

■ 技術革新／政策／行動変容の連動の重要性

　カーボンニュートラル2050に向けた技術革新とその普及を図るためには、脱炭素に貢献する新しい技術・製品・サービスが社会で使われるようになるプロセスを設計しなければならない。カーボンニュートラルの手段となる技術や製品の多くは、普及当初は既存の市場において経済性を持たず、そのままでは普及しない。

　当初は高コストで、普及に伴い人々に受け入れられて拡大する——というのは一般の商品・サービスにもあるケースである。例えば携帯電話やスマートフォンは、ユーザーに対し移動体通信という新たな便益を生み出し、規模の経済の獲得とともに需要が拡大した。これに対し、カーボンニュートラルのコア技術である再生可能エネルギー発電や電気自動車・水素自動車は、ユーザーに対し既存技術と同じ、電気、輸送・移動という便益をもたらすだけである。これが通常の技術と脱炭素技術の違いであり、普及を難しくする点である。

　従って、これらの脱炭素技術が既存の技術に代替し、価格も低廉化し、社会に普及していくためには、①技術革新、②新技術を普及させ、既存技術の代替を後押しする政策、③ユーザーの選択行動、選択基準の変化（行動変容）——という三つのプロセスが適切なタイミングで組み合わされ、進んでいく

とともに、適切なタイミングで公的資金（政策金融や補助金）が注入され、また民間金融の仕組みが事業化をサポートする必要がある（図表1-6）。

　例えば、公的資金や補助が市場メカニズムからかけ離れていれば、場合によって技術開発も停滞し、ユーザー側も単なる公的事業と受け止めて行動が変化せず、技術としても政策としても失敗に終わってしまう。これについては、日本の再エネ政策を例に、次項で詳しく述べる。

　技術革新の進行とともに、時期・規模・方法ともに適切な政策が取られ、それをユーザーが積極的に選択することで、さらなる技術革新を促進し、政策的にも、国民負担や投入した補助金以上の成果を上げる。これがカーボンニュートラルの正しい進め方である。

| 図表1-6 | 脱炭素にかかわる技術革新／政策／行動変容の連動

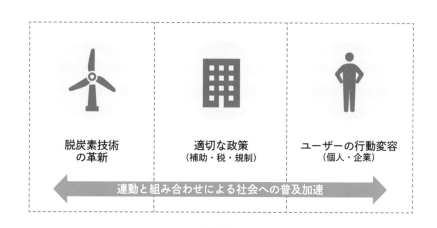

脱炭素技術
の革新

適切な政策
（補助・税・規制）

ユーザーの行動変容
（個人・企業）

連動と組み合わせによる社会への普及加速

持続的なファイナンス
（公的資金、民間金融）

2 FITの成功と失敗から学ぶ連動の重要性

　ここでは日本の再エネ政策の成功と失敗から、技術革新／政策／行動変容の連動の重要性を述べてみたい。

　太陽光、風力、地熱といった再エネは、普及当初は火力発電をはじめとする伝統的な発電技術に比べて初期費用で劣位にあった。このため世界各国では、普及に向けて、電力小売事業に対して一定割合の再エネ技術利用とその証書の購入を義務付けるRPS（Renewables Portfolio Standard）や、固定価格での再エネの発電量買い取りを義務付けるFIT（Feed in Tariff）を導入してきた。

　日本では2003年からRPS制度が導入され、2012年からFIT（再生可能エネルギー固定価格買取制度）に変更された。FIT導入当初、大型太陽光発電に40円（2012年度）、36円（2013年度）、32円（2014年度）という、利潤を配慮した高い単価が設定された結果、順調に太陽光への投資は拡大し、日本は世界第3位の太陽光発電設備を持つに至った（図表1-7）。

| 図表1-7 | 各国の太陽光発電導入量（2018年実績）

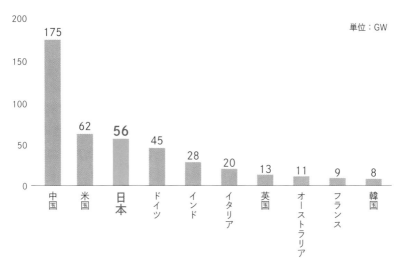

（出所）経済産業省　第63回調達価格等算定委員会資料

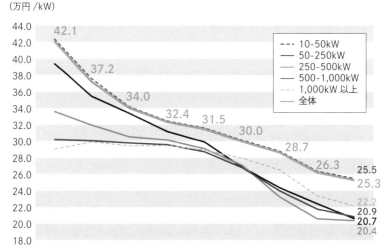

| 図表1-8 | 太陽光発電のコスト低減状況（設置年別・システム費用平均値の推移）

（万円 /kW）

凡例：
- --- 10-50kW
- — 50-250kW
- — 250-500kW
- — 500-1,000kW
- --- 1,000kW 以上
- — 全体

42.1　37.2　34.0　32.4　31.5　30.0　28.7　26.3　25.5
25.3
22.2
20.9
20.7
20.4

2012年 2013年 2014年 2015年 2016年 2017年 2018年 2019年 2020年
（設置年）

※2020年10月14日時点までに報告された定期報告を対象。

（出所）経済産業省　第63回調達価格等算定委員会資料

　また太陽光の設置費用も価格低下が見られた（図表1-8）。ただし、これは米国での激しい価格戦による中国製品等の価格下落によるもので、FITによる国内導入量増加とは関係が薄いとされている。

　このように導入量的には成果を上げたFITだが、ここまでのプロセスと現状からみて、いくつかの欠点を指摘することができる。

　一つは、再エネ普及に向けた技術革新／政策／行動変容のうち、FITにより普及政策だけが突出して先行した結果、国内の太陽光産業が海外勢に席巻され、政策の目的の一つであった産業競争力強化には結びつかなかったことである。太陽光発電のコストが下がったのは、前述の通り、欧州や米国南部での大量導入下で、主として中国製品の低価格輸出競争が起こったためである。

　日本における2019年度のFIT国民負担額（買い取り総額）は3.8兆円。このうち、最初の3年間（2012～2014年度）の事業用太陽光発電分は2.2兆円、

およそ6割にのぼる。結果論ではあるが、日本は最初から国内産業育成を捨て、太陽光パネルの劇的なコスト低下が起きた2015年以降までFITの適用を待った方が、はるかに小さな国民負担で、より大量の太陽光発電を導入することができたことになる。

二つ目は、FITが企業や国民の再エネを重視し選択しようとする行動変容を殺したことである。開始当初のFITの買い取り価格が、あまりに利益の大きい総括原価主義で決められたため、どの企業・個人も利益率が下がっていく中で環境価値重視で投資する行動を取らなくなり、2021年現在、太陽光増設の頭打ちが起こっている。

三つ目は、投資リスクの上昇とともに、金融サイドが再エネ増加につながるプロジェクトに融資できなくなったことである。FITは基本的にノーリスクであり、開発計画には全国の金融機関が争って融資した。しかし2020年の再生可能エネルギー特別措置法（FIT法）改正で、固定価格買い取りのFITから市場価格と連動するFIP（フィード・イン・プレミアム）に変更された（施行は2022年4月）。インバランス免除のFIT特例がなくなり、発電事業者としての同時同量義務が課せられるようになった（再エネ市場統合）。このようにリスクを含んだ制度では融資動機が薄れ、現在、日本の再エネ投資資金の多くは、FITのリセール・転売のような再エネの増加を生まないところにまわっている。しかも、日本の再エネにとって最も重要な既存設備の維持・補修に十分資金がまわっているとはいいがたい。

FITは、技術革新／政策／行動変容と金融によるサポートの連動というプロセスの中で、政策だけが突出して先行したために失敗した。この事実は、今後の脱炭素の進め方において重要な示唆を与えるものとなった。

なお、太陽光発電普及へのテコ入れ策として、資源エネルギー庁では「需要家主導による太陽光発電導入促進補助事業」（2021年度補正予算）をはじめ、太陽光のポテンシャルを引き出す施策を展開している。

3 欧州の再エネ吸収フレキシビリティーという成功例

それでは、技術革新／政策／企業・個人の行動変容の連動はどのような形で行われるべきなのだろうか。ここでは、カーボンニュートラルに向けて再

エネの大量導入が進み、かつ電力システムの安定化との両立を目指している欧州の姿を紹介したい。

　欧州の風力発電の大量導入は2015年頃から本格化し、英国・ドイツなどで電力システムへの優先的な接続がルール化されている。電力システムでは需要と供給が常時バランスする必要があるが、季節や時間帯により、風力発電を含めた電力供給量が需要を上回る場合は、需要を喚起するためマイナスの電力価格が付く。こうした時間帯に需要を作り出すために、蓄電池、電気自動車（EV）、電気温水器、あるいは需要家設置のバイオガス小型発電機といった利用時間のシフトができる機器（DER=Distributed Energy Resources）が重要になる。

　欧州では、積極的なEV導入戦略だけでなく、需給のバランス調整に貢献するユーザー側の機器導入を送配電事業者が費用負担したり、電力の当日市場でこれらの機器が収入を上げられるような市場設計や参加要件を整えることにより、電力システムの維持にかかわる調整力の脱炭素化につなげている。

　このような需要側の再エネ市場統合能力（需給調整力）を需要側フレキシビリティー（DSF=Demand Side Flexibility）と呼ぶ。日本ではVPP（バーチャル・パワー・プラント；仮想発電所）と呼ばれているものと同じである［第3部 - 技術トピック24/p268を参照］。

　カーボンニュートラルの一環として欧州が進めた需要側フレキシビリティーの拡充施策は、制度、政策、ユーザーの行動変容（EVや蓄電池の購入動機が高まる）が連動した結果、そのために必要となる新たなサービスや商品──例えばEV充電サービスや電力市場に連動するためのプラットフォームや新たなデバイスなど──の誕生にもつながっている。欧州の電力市場における需要側フレキシビリティーへの取り組みは、世界のイノベーションを先導する形になっているのである。

　ここで見てきた技術革新／政策／行動変容の連動の重要性は、すべての脱炭素技術についていえる。しかし、政策だけが成功すればいいわけでも、技術開発だけ成功すればいいわけでもなく、それを行動変容までつなげることこそが、脱炭素の推進の決め手だということを強調したい。

原子力と石炭火力による
安定・安価な電力供給こそが
クリーン技術のイノベーションをもたらす

キヤノングローバル戦略研究所　研究主幹
杉山　大志

　人類は公害問題をどう解決したか。1970年前後には、自動車の排気ガスによる大気汚染や、工場による汚染水が重大な公害問題を引き起こした。この解決に最も重要だったのは技術であった。すなわち自動車の排気ガスには三元触媒が開発され、工場の汚染水にも処理技術が利用された。いずれも、これらの対策技術が受容可能な（＝アフォーダブルな）コストで利用できることが決定的に重要だった。当時は「くたばれGNP」といった標語が叫ばれるなど、経済成長自体を否定する意見もあった。しかし、現実に起きたことは、経済成長を謳歌しつつ、アフォーダブルな技術によって公害対策をすることであった。

　地球温暖化も同じことで、排出削減に必要なコストさえ下がれば、問題は解決されるだろう。コストが下がれば、諸国はその実装に困難を感じなくなり、排出削減は進む。人々が急に聖人君子になり、政治やライフスタイルが変わるという甘い期待に賭ける気にはなれないし、その必要も無い。

　コスト低減によって排出削減が進んだ例はすでに多くある。シェールガス革命によって米国では石炭火力発電よりもガス火力発電が安価になって大幅に二酸化炭素（CO_2）が減った。LED照明は照明用の電力需要を大幅に引き下げた。フラットディスプレーもブラウン管に比べて大幅な省エネをもたらした。

　今後も、技術進歩に期待がかかる。ではそもそも技術とは何か、それが進歩するとはどういうことか。

技術進歩とは、生物の進化に似ている。つまり新しい技術は、先行する技術の組み合わせによって、段階を踏んで、累積的に進化する。この結果、加速度的に技術が進歩する。

　例えば、革新的なAI（人工知能）であるディープラーニングは、ゲーム機用に発達した画像処理装置（GPU）、ウェブ上に蓄積された画像のビッグデータ、及びパーセプトロンという先行AI技術の、三つの組み合わせから誕生した。さらに、ディープラーニングを活用して、新たな画像認識技術やロボット制御技術等が累積的に、続々と生まれている。

　そしていま世界を見渡せば、AI、IoT（Internet of Things; モノのインターネット）、ナノテクノロジー、バイオテクノロジー等の汎用目的技術：General Purpose Technology（GPT）が、あらゆる場所で、加速度的に進歩しつつある。

　GPTを中心とした技術進歩は、今後も加速度的に進む。これは、CO_2削減のためのコストも、大幅に低下させるであろう。

　すでに、電気自動車（EV）用のバッテリーや太陽電池（PV）のコストは大幅に下がってきた。この大きな理由は、ノートパソコン、スマートフォン等の最終製品をマーケットとして、半導体・フラットディスプレー・携帯用バッテリー等の製造技術が長足の進歩を遂げ、その恩恵（スピルオーバー）を受けたことにある。

　今後も、GPTの進歩により、様々な要素技術が高性能かつ安価になって、その蓄積が十分になり臨界に達したとき、すなわち複雑系理論でいう新技術の「隣接可能性」が満たされるとき、革新的な温暖化対策技術が低いコストで──のみならず、むしろ経済的に魅力あるものとして──実現可能になってくる。

　このように見たとき、政府の果たすべき役割は何であろうか。一口に言えば、GPTを核とした科学技術全般のイノベーションを、経済成長との好循環において実現することである。その上で、科学技術全般のイノベーションの成果を刈り取る形で、温暖化対策技術のイノベーションを促せばよい。

　この実現のために政府が為すべきことは多いが、特に電力供給は安定で安価でなければならない。原子力発電および石炭火力発電が当面重要な役割を果たす。

　石炭火力はもちろんCO_2を排出する。だが電力価格を低く保つことは、

長い目で見れば、大幅なCO_2排出削減につながる。これには二つのメカニズムがある。

第一は、デジタル化のイノベーションが進みやすくなることだ。

低い電力価格の恩恵を受けて企業が活動し、経済が成長することで、デジタル化のイノベーションが加速する。デジタル技術は、現時点で全電力消費の約1割を占める電力多消費産業であり、その育成のためには安価で安定した電力供給が望ましい。

経済のデジタル化が進めば、将来的には、エネルギー需要を大幅に削減できる。またその過程で開発された技術は、世界中で利用できるだろう。

第二は、エネルギー需要の電化が進むことだ。温暖化対策として電化は重要である。

いま日本のCO_2の3分の1は発電所から出ているが、残りの3分の2は自動車のエンジンや工場のボイラー等で燃焼している石油やガスなどの化石燃料である。いくら発電時のCO_2を削減しても、電化が進まない限りは、日本全体としてのCO_2の削減には限界がある。従って、発電部門からのCO_2排出を減らすことのみならず、電化を進めることも等しく重要なのだ。

電気自動車が普及するためには、電気料金は安くなければならない。電気料金を安く維持できれば、化石燃料から電気への代替が受容可能なコストで見込めるのは暖房用や給湯用のエネルギーでも同様だ。

他方で温暖化対策の名において、イノベーションを妨げてはいけない。FIT（再生可能エネルギー固定価格買取制度）による太陽光発電の導入は電力価格を高騰させた。これは日本産業の体力を奪い、イノベーションの妨げとなった。この轍を踏んではならない。

イノベーションを推進するためには、過度な政府の介入は控えねばならない。これは経済政策としては、何ら新しいものではない。自由経済のイノベーション能力に信頼を置き、政府は裏方に徹するというのは、計画経済との闘争を通じて人類が学んだ、賢明な官民の役割分担である。

1-4 カーボンニュートラルへの時間軸

大阪大学大学院工学研究科　招聘教授
西村　陽

1 時間軸デザインとはなにか

　カーボンニュートラル2050は国際的枠組みの中で生まれた野心的目標であり、日本は多様な選択肢を巧みに選択していかなければならない。技術革新だけでなく、政策やユーザーの行動変容が連動して進まなければ継続性のある脱炭素化は不可能である。

　以上はこれまで述べてきた内容だが、それらを具体的アクションにしていく上では、多分野にわたる脱炭素技術、製品、システムの開発・実証・本格普及にどのタイミングで取り組み、それと連動した補助金・税・規制といった政策をどう組み合わせていくかの時間軸の設定が非常に重要になる。

　現在、合理的な時間軸設定としてどのようなものが考えられているのだろうか。図表1-9は（一社）日本経済団体連合会が発表しているカーボンニュートラル実現の方策だが、ここでは①エネルギー需要の電化×電源の脱炭素化、②エネルギー需要の水素化×水素大量供給、③二酸化炭素（CO_2）固定・再利用——という時間軸が示されている。

| 図表1-9 | カーボンニュートラルの実現のステップ提示（日本経済団体連合会）

●脱炭素社会の実現には、エネルギーの需要と供給の両面から、抜本的な構造転換を図っていく必要。足元、エネルギー消費の4分の3は非電力、熱需要であることを踏まえれば、全体観を持った対策が重要。

●①エネルギー需要の電化と電源の脱炭素化、②産業向け熱需要等の水素化、③なお排出されるCO_2の固定・再利用——が基本となる。

1 エネルギー需要の電化 × 電源の脱炭素化

●家庭やオフィスの電化
●自動車のEV化　等

●再エネ主力電源化
●次世代蓄電池の開発
●原子力の活用　等

2 エネルギー需要の水素化 × 安価な水素の大量供給

●産業向け熱需要の水素化
●自動車のFCV化　等

●再エネ水電解による水素製造
●高温ガス炉による水素製造
●輸送船による大量輸送　等

3 それでも排出が避けられないCO_2の固定・再利用

●人工光合成、機能性化学品・合成燃料等の製造
●CO_2分離回収・輸送・再利用のサプライチェーン確立　等

（出所）経済産業省資源エネルギー庁　総合資源エネルギー調査会
第37回基本政策分科会／日本経済団体連合会・日本化学工業協会提出資料より

　このうち、①の需要側の電化と電源の脱炭素化は、すでに既存技術があり、取り組みを進めている分野である。②の水素化と③のCO_2の固定・再利用はまだ実験・実証段階にある。ただし、ここで②と③が確立された場合のポテンシャルは大きく、逆に①の需要側の電化と電源脱炭素化も100%実行しようとすると既存のエネルギーインフラの活用問題、電力供給システム上の技術的問題で非常に高いハードルが存在する。カーボンニュートラル下で天

然ガスのインフラを活用しようとするとメタネーションが必要であり、実質③のCO_2固定・再利用技術が確立されていなければならないし、現在の同期発電機による電力システム維持の仕組みの中で脱炭素電源を大幅に増加させるためには、非同期発電機である再生可能エネルギーだけでなく、②の水素やアンモニアの大量利用を含む脱炭素回転機の登場も必要になる。

　つまり、カーボンニュートラルに至る時間軸の設定は単純ではない。これまで進めてきた脱炭素をさらに先に進めるためにも、ある段階から先進的技術が必要になり、例えば2040年代以降に実装される技術であっても、技術開発は現在から取り組まないと間に合わない。こうした分野では事業化のスコープとなる時間軸と先取りして取り組むべき時間軸は大きく異なっており、それだけに政府・企業の連携と舵取りが重要になる。

　その点、脱炭素の電力ネットワークを大規模に構築することは現在の技術では困難だとしても、ローカルな自立グリッドで試行し、課題を抽出することは関連技術のイノベーションを加速させる効果があるし、実用化が簡単ではないCO_2の回収・固定化も実際に工場で製品に取り込むCCUS（二酸化炭素回収・利用・貯留）のような技術を先行させることは関連市場の成長を促す。

　過去、電気・化学・自動車・携帯電話といったどのようなイノベーションも小規模な試行・事業から始まったのであり、カーボンニュートラル2050への歩みも、蓋然性の高い時間軸の設定と先行した先進的で小規模なチャレンジの両方が必要とされる。

2 カーボンプライシングと時間軸デザイン

　時間軸の設定が問題となる事例として今、注目されているものの一つにカーボンプライシングがある。

　カーボンプライシングとは、炭素に価格を付け、排出者の行動を変容させるもので、代表的な手法としては炭素税や排出量取引が挙げられる。

　日本におけるカーボンプライシングには地球温暖化対策税があるが、このほかにも広義のカーボンプライシングと位置付けられるものに、非化石価値取引やJ−クレジット、二国間クレジット制度（JCM）などが、またカーボンプライシングに似た性格を持つ制度としてはFIT（再生可能エネルギー固定

価格買取制度）賦課金や、石油石炭税やガソリン税などの化石燃料にかかる税などがある。

パリ協定や2050年カーボンニュートラル宣言を経て、企業のカーボンオフセットのニーズが高まっていることから、非化石価値取引市場の充実が実施されたほか、グリーントランスフォーメーション（GX）リーグ、カーボン・クレジット市場の創設などが検討されている。一方で、社会全体を対象とした排出量取引や炭素税は、引き続き専門的・技術的に議論するものとされている。

日本ではこれまで、地球温暖化対策として企業が自主行動計画を策定しそれを実行するという形を取り成果を上げてきたが、カーボンニュートラル2050のような、現状の改善活動の延長線上にないような目標に対して施策を考える際には、徐々にカーボンプライシングへの政策シフトが必要になってくると考えられる。その理由は、①脱炭素技術に関するオープンな評価基準の必要があること、②日本経済全般にわたるカーボンニュートラルの推進には、企業だけでなく個人を含むユーザー側にも行動変容を促す必要があること、③脱炭素事業に対して事業化のもととなる原資を安定して与える必要があること──が挙げられる。

将来、炭素税や参加義務の広い本格的なカーボンプライシングの導入がありうるならば、理論的に各種制度のカーボン価格は一つになっていくことになり、その水準とともに、制度の整理統合も大きな課題となってくることは間違いない。

ただし、本格的なカーボンプライシングの導入については、政府における検討の場で産業界から強い懸念が示されている。温室効果ガス排出量の正確な把握が現段階では技術的に難しいうえ、また把握できたとしても、炭素税では徴税対象が多数にわたり技術的に難しく、排出量取引では振り分け（ファザリング）が難しいなど、カーボンプライシングの手法において透明性や公平性の確保が課題になることが挙げられる。さらに鉄鋼や自動車といった日本の主力産業の生産拠点がグローバル化する中で、排出規制が緩い途上国

へ生産拠点が移動するケースも想定される。

　日本の産業界で例を挙げると、鉄鋼業、特に現在の主力生産設備である高炉の場合、CO_2排出削減のための技術的な選択肢は水素還元やCCUSのような極めてチャレンジングなものに限られ、ゼロカーボン電気による電炉への転換のような構造転換を急速に進めない限り排出量取引や炭素税といった制度が導入は生産コストの大幅な上昇を招くと考えられる。

　つまり、カーボンプライシング政策とイノベーションの進行の相互関係が極めて重要であり、現状の取り組みを加速する時期、本格的な脱炭素イノベーションを産業に浸透させる時期、政策的な新しい試みを全面的に導入する時期を効果的にかみ合わせる「時間軸設計」こそが、政策上のカーボンニュートラルシナリオの鍵だといえる。

３ イノベーションの不確実性と組み合わせによる軌道修正

　カーボンニュートラルへの時間軸を考える際の最後の鍵として重要なのは、「企画したすべてのイノベーションが成果を上げるとは限らない」という冷徹な事実である。20世紀来、人類の産業イノベーションは著しい成果を上げてきたが、大きな期待を受けながら数十年にわたって所期の成果を上げられなかったものもあり、エネルギー関連では石炭液化や高速増殖炉それにあたる。その点で、本書で取り上げる野心的なイノベーションの代表として製造・輸送・利用にわたる水素サプライチェーンの構築、日本国内における浮体洋上風力、CO_2の大規模固定・利用があるが、これらは今後の研究開発・検証を見定めながら、場合によっては代替案や補強手段を常に考える必要がある。

　一方で、組み合わせによるイノベーションも重要となる。エネルギー・動力分野の技術革新を代表するガスタービン・コンバインドサイクル（GTCC）やプラグインハイブリッドは、組み合わせによってエネルギー効率を改善した、代表的なイノベーションであることを考えると、技術戦略の組み換えも、一つの大事な要素となる。つまり、野心的目標と技術開発を掲げながらも、カーボンニュートラルに至る道筋において研究・実証で得られたもの・得ら

れなかったものを勘案し、状況変化に応じて、適宜柔軟に目指す方向性をチューンアップしながらチャレンジを続けることが肝要であろう。

　そうした観点も含めて、本書で示すカーボンニュートラル2050に向けた数々のチャレンジとポテンシャルマップは、それらの着実な取り組みと先取りした技術的挑戦の道標となりうるように作成した。しかしながら、これらの図の中には当然不確実性があり、それをどう把握し戦略を組み直していくかも、時間軸の設定の大事なポイントとなる。

COLUMN
❷

欧州の周到な産業戦略と
脱炭素アピール

（NPO法人）国際環境経済研究所　主席研究員
東京大学公共政策大学院　客員研究員
中島　みき

　カーボンニュートラルを積極的に仕掛け、気候変動交渉において石炭火力発電の全廃などを提案する英国の石炭産業は、1980年代のサッチャー政権下での民営化政策や石炭需要の縮小などを背景に、実に長い年月をかけて石炭火力発電からガス火力へのシフトを進めてきた（図表1-10）。経済成長率に占める製造業の割合が低い英国と比して、短期間に非効率石炭を廃止するということは、製造業が経済成長を担う国々、特に電力需要の急増が見込まれる発展途上国には、大きな負担になるであろう。

│ **図表1-10** │ **英国の電源構成の推移**

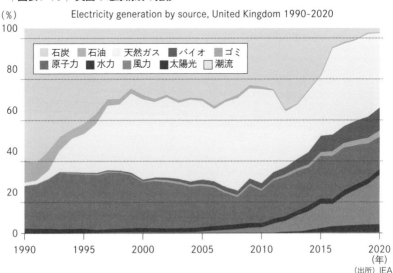

Electricity generation by source, United Kingdom 1990-2020

（出所）IEA

そして現在の英国では、石油・天然ガスの生産量の減少に伴い、雇用の減少や税収の減少が課題となっている。こうした状況下、"The Ten Point Plan"では、代替産業として海底油田開発のインフラや技術を生かした洋上風力で6万人、北海の海底貯蔵可能なCCUS（二酸化炭素回収・利用・貯留）で5万人の雇用を2030年までにもたらすとしている。むろん、これらの目標が達成されるかは定かではないが、この計画には、自国の強みを生かして「かつての産業革命の中心地で、グリーン産業革命を再活性化させる」とのビジョンを明確にしている。

　特に、電気料金の高騰が電力多消費産業に与える影響は大きい。製造業のウエートが20％と高いドイツでは、エネルギー水道事業連合会（BDEW）の電気料金分析レポートによると、電力多消費産業に対して電気料金の大幅な減免を行っており、2020年で減免前の電気料金15.1～17.2ct/kWhに対し、4.5～5.6ct/kWhまで減免し、国際競争力を実質的に確保している（図表1-11）。その代わり、家庭用電気料金に一層の負担をさせているというわけだ。このように、一見、制度上は多消費産業にとり不利に見える再生可能エネルギー促進制度も、減免制度により救済を行うことで、グローバル競争を勝ち抜く戦略となりうる。外形的な制度設計と、国内での産業保護政策との使い分けは一考に値するであろう。

| 図表1-11 | ドイツの電力多消費産業の電気料金

（出所）BDEW-Strompreisanalyse November 2021

第 **2** 部

重要基盤技術

カーボンニュートラルを実現するには、エネルギー転換から運輸、産業、民生、農林水産業など各分野での革新的な技術開発が必要になるが、その中には分野を横断し活用される共通基盤となる技術もある。第2部では、共通する重要基盤技術——水素技術、電力貯蔵技術/エネルギー変換・貯蔵、次世代パワーエレクトロニクス/次世代インバーター、電化、需要の変容（シェアリング）、デジタル技術、バイオテクノロジー、カーボンキャプチャー・リサイクル技術——について、現在の動向や今後の展開について解説する。

水素技術

電源、熱源の脱炭素化の切り札

元内閣府戦略的イノベーション創造プログラム（SIP）
「エネルギーキャリア」サブ・プログラムディレクター
（NPO法人）国際環境経済研究所　主席研究員
塩沢　文朗

　「カーボンニュートラル目標」の実現のためには、日本では電化の推進とともに水素エネルギーの導入が重要となる。日本のエネルギー需給構造を見ながら、その理由を説明しよう。

日本のエネルギー需給構造の現状
── 一次エネルギー供給、70％超が化石依存

　日本のエネルギー源（＝一次エネルギー供給）に占める再生可能エネルギーの割合は、近年、太陽光発電の導入が急速に進んだことから、2020年度の時点で約20％にまで高まったものの、いまだに一次エネルギー供給の70％超を二酸化炭素（CO_2）の排出を伴う化石エネルギーに依存している。

　一次エネルギーは、化石エネルギー、原子力、再エネから成る。このうち CO_2 を排出しないエネルギーは原子力と再エネで、これらのエネルギーは電気に転換されて最終的に電力として消費されるのに対し、化石エネルギーは、電気やガス、そして石油製品に転換され、あるいは、そのまま産業部門（工業、農業等）、運輸部門（自動車燃料等）、民生部門（家庭や事務所の冷暖房、調理等）

で消費される。そして、その転換や消費の段階でCO_2を排出する。このうち、電気への転換用（発電用）は、化石エネルギーの消費用途の中で最大で全体の約45%を占めている。電源の非化石エネルギー化が急がれるゆえんである。

　目を転じてエネルギーの消費サイドから見ると、日本で最終的に電力として消費されている割合は約30%で、残りの約70%は熱等としての消費である（図表2-1）。この熱として消費されているエネルギーの大部分は、産業で用いられるボイラー等の熱源や家庭用の暖房などの熱源、自動車等の燃料といった、熱源や燃料としての消費で、これらの熱源と燃料には、主に化石エネルギーが使われている。なお、「熱等」の「等」には鉄鋼業の高炉用の原

| 図表2-1 | 日本のエネルギーシステムの脱炭素化の方策

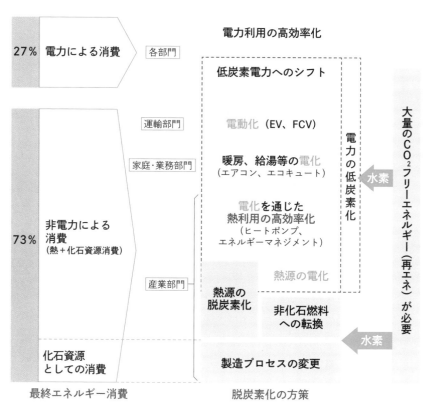

（出所）筆者作成

料炭、石油化学製品原料のナフサ等が含まれ、そこでは化石エネルギーが原料として使われている。

日本のエネルギーシステムの脱炭素化の方策

2050年までに「カーボンニュートラル目標」を実現するためには、化石エネルギーへの依存を大幅に減らすとともに、エネルギーの消費構造を大幅に変革する必要がある。エネルギーの使われ方によって必要となるエネルギーの種類は異なるからだ。

❶電力の脱炭素化

電力として消費されているエネルギーの脱炭素化は、簡単にいえば電源の脱炭素化によって可能となる。ただ、それは容易ではない。CO_2を排出しない電源のうち、原子力発電は、今後プラントの新増設と建て替え（リプレース）ができない限り、2050年にはほとんどの原子力プラントの設備寿命が来るためにその発電能力が大幅に減少する。国内に賦存する再エネは、量的にも質的にも限界があり、一定の経済性を確保しつつ必要なエネルギー量を賄うことができる状況にはない。技術的には化石エネルギーとCCS（二酸化炭素回収・貯留）の組み合わせという選択肢もあり得るが、国内での立地場所の特定や、経済性あるCCSの建設、運営可能性についての見通しは立っていない。また日本は、欧州諸国のように周辺地域から送電線やパイプラインを通じてエネルギーを入手することも困難である。

こうした状況の下で、日本が経済性のあるCO_2フリーの電源用エネルギーを手に入れるための手段には、どのようなものがあるのだろうか？

海外に目を転じると、世界には安価な再エネが大量に賦存している地域が広範囲に存在する。日本は、海外の再エネに恵まれている地域から、安価な再エネを導入することを考える必要があることは明らかだろう。

世界に大量に、かつ、広範な地域に賦存する再エネは太陽、風力エネルギーで、その量は他の再エネに比して格段に大きい。これらのエネルギーは電気や熱のエネルギー形態では長距離輸送が困難であるものの、

化学エネルギーに変換すれば、可能となる。そして水素は、地球上に豊富に存在する水と再エネから製造できる化学エネルギーである。すなわち、水素をはじめとする水素エネルギーは、海外の安価な再エネを大量に導入し、電源の脱炭素化を可能とする手段となるのだ。

❷熱等の脱炭素化

　次に熱としてエネルギーを消費している分野の脱炭素化について考えよう。

　このうち、運輸部門と民生部門で消費されている熱エネルギーについては、脱炭素化の方向は見えつつある。例えば自動車の電動化、そして家庭や事業所のエネルギー需要の多くを占める冷暖房・調理用のエネルギーは、エアコンや電子レンジ、IHヒーター等の導入といった形で、電気への置き換えが今後とも進むだろう。

　産業の製造プロセスには高温の熱が必要とされるものがあること、工業炉、ボイラー等の燃焼機器、蒸気発生器等の熱供給機器が大型であること、そして安価な熱エネルギー源が必要とされること等から、産業部門で利用されている熱の脱炭素化は容易ではないが、熱源の一部を電化することは可能である。電化が不可能な熱源は、水素等のCO_2フリー燃料に転換していかなければならない。

　産業部門で消費されている化石エネルギーには、先に述べたように鉄鋼や石油化学製品製造のための原料として利用されているものがある。これらを脱炭素化するためには製造プロセスの転換やリサイクルの拡大等の対策が必要となる。これについては、第3部でより詳細に説明されるが、ここでは、そのためには大量の水素が必要になるということだけ指摘しておきたい。

日本にとっての水素エネルギーの意義

　以上のとおり、日本のエネルギーシステムの脱炭素化には、①電化の推進とその電力の脱炭素化のための水素エネルギーの導入、②一部の熱源の脱炭素化と製造プロセスの脱炭素化のための水素エネルギーの導入──が必要になる。つまり、脱炭素化の鍵は、電化の推進と水素エネルギーの大量導入と

| 図表2-2 | エネルギー需給の脱炭素化シナリオ

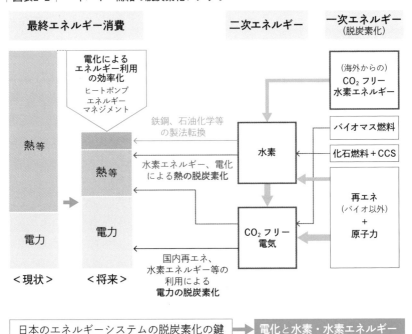

日本のエネルギーシステムの脱炭素化の鍵 ➡ 電化と水素・水素エネルギー

（出所）竹内純子編著『エネルギー産業の2050年　Utility3.0へのゲームチェンジ』（日本経済新聞出版社）
図4をもとに筆者が加筆修正

いうことになる（図表2-2）。

　水素エネルギーは、このほかに余剰再エネの蓄エネルギー手段として、また、再エネの地産地消の手段としての役割を担うこともできるが、日本にとっての水素エネルギー導入の最大の意義は、再エネ資源に豊富に恵まれた地域から、再エネを大量に導入する手段となることにある。

水素エネルギーの必要量とコスト
──需要は2050年時点で2,000万tと推計

　第6次エネルギー基本計画では、上述の電源、一部の熱源の脱炭素化、製造プロセス転換やリサイクルの拡大のために必要となる水素需要量は2030年に最大300万t/年、2050年には2,000万t/年程度に上ると見積もられ

ている。現在の水素供給量は200万t/年程度と推計されているので、大幅な増加となる。

　また、そのコストについては、2030年に30円/Nm^3-H$_2$（CIF価格）[*1]、2050年には、「環境価値を含めて既存のエネルギーと遜色のないコスト水準」[*2]の20円/Nm^3-H$_2$以下に低減することが目標として掲げられている。現在、一般的な水素ステーションにおいて販売されている水素価格は100円/Nm^3-H$_2$程度なので、今後、相当なコストダウンが必要となる。

水素エネルギーに対し呈される疑問について

　ここで、少し話はそれるが、水素エネルギーに対してしばしば呈される疑問について触れておきたい。

　その「疑問」の代表的なものは、水素エネルギーは二次エネルギーなので、一次エネルギー供給の確保のための根本的な解決策にはならないという指摘、そして水素エネルギーの利用では（再エネから製造し、利用の際に水素エネルギーから電気や熱などに再び変換して利用するというように）エネルギー変換を繰り返すため、エネルギー利用効率が悪いといった指摘である。

　しかし、量的な観点からは、水素エネルギーの元となる、太陽、風力エネルギー等の再エネ資源はほぼ無尽蔵に存在するので、このことは問題にはならない。

　効率の問題に関しては、水素エネルギーのコストを低減するために、その製造から利用段階までのエネルギー利用効率を高めることは重要ではあるが、資源の賦存量の量的な制約が小さい（資源が無尽蔵に存在する）場合には、エネルギー効率の価値は相対的に小さくなり、利用段階でのエネルギーコストが他のCO$_2$フリーエネルギーのコストと競合できる水準かどうかが、より重要になる。製造から利用に至るエネルギー利用効率の大小が、エネルギー選択の実際的な決定要因となるわけではない。

　このほかに、水素はエネルギー密度が小さいだけでなく、着火しやすく、爆発的に燃えるため、その大量輸送・貯蔵は容易ではないので、大量の水素エネルギーの利用を図ることは非現実的という指摘もある。この問題は、後述のように水素エネルギーキャリアを用いることによって克服できる。

分子の運搬媒体ゆえに多様性のある水素エネルギー

　水素エネルギーの特徴に関する説明で、私がもっとも優れていると思うものは、国際エネルギー機関（IEA）による次の説明である。

　水素は、電気と同様にエネルギーを運ぶ媒体であり、それ自体はエネルギー源ではない。水素と電気が大きく異なるのは、水素は分子による（化学）エネルギーの運搬媒体であり、（電気のように）電子によるエネルギ

| 図表2-3 | 再エネ輸送手段としての水素エネルギーの形態の多様性

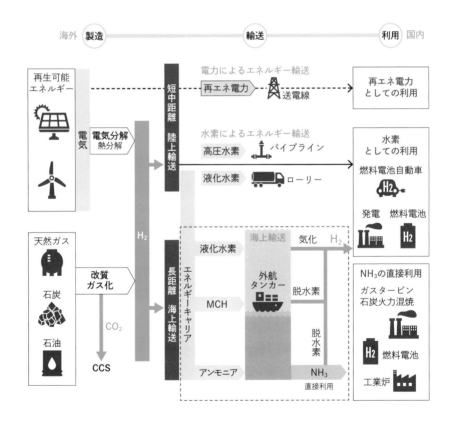

(出所) 筆者作成

ー運搬媒体ではないことだ。この本質的な差が、それぞれを特徴づける。分子だから長期間の貯蔵が可能であり、燃焼により高温を生成することが出来る。また、炭素や窒素等の他の元素と結合して、取扱いが容易な化合物に変換することが出来る。

水素エネルギーの利用を考える際には、こうした水素が分子によるエネルギーの運搬媒体であるが故に可能となる利用形態の多様性を念頭におき、その製造、輸送量・距離、用途、利用方法・場所に適した水素エネルギーの形態を選択することが重要となる（図表2-3）。（なお、図表2-3にも付記したように再エネを送電線で輸送できる場合は、再エネを水素に変換する必要はない）

この関連で欧州と日本の事情の違いを認識することは、日本のエネルギーシステムの脱炭素化を考える上で重要である。欧州は、①域内に豊富な風力や水力等の再エネ資源があり、余剰の再エネが利用可能である、②水素エネルギーの需要地が再エネの賦存地域に比較的近接している、③域内には送電線網やガスパイプライン網が構築されている──等、ある意味、特殊な環境にある地域である。そういった地域では、余剰の再エネを電気に変えて送電線で輸送、または水素に変えて、それを気体のままガスパイプラインやタンクローリー等で輸送し、利用することが合理的かつ経済的である。しかし日本はそうした状況にはないので、水素を輸送しやすい形に変換して輸送する、エネルギーキャリアの利用が必要となる。

発電用水素エネルギーとしてのアンモニア

先に見たように、日本のエネルギーシステムの脱炭素化の最も重要で喫緊の課題は、電気エネルギーの脱炭素化である。

発電用のエネルギーは、大量のエネルギーが安定的かつ安価に入手可能なものである必要があり、こうした観点からは、多様な水素エネルギーの形態の中でも、水素密度が高く、既に大量・長距離輸送の可能なインフラ技術が整っているアンモニア（NH_3）に優位性がある。さらに、2014〜2018年度に実施された内閣府の戦略的イノベーション創造プログラム（SIP）「エネルギーキャリア」によって、NH_3は水素に再転換することなく、NH_3のままCO_2フリーの発電用燃料として利用できることが明らかにされた。つまり

NH_3は、大量、長距離輸送が可能なCO_2フリー燃料として利用できることが明らかとなったのである。

その知見をもとにSIP「エネルギーキャリア」では、NH_3の発電用燃焼機器（NH_3混焼／専焼タービン、NH_3混焼石炭ボイラー）等の直接利用技術が開発、実証された。SIP「エネルギーキャリア」終了後も、これら技術の社会実装に向けた取り組みが進められている［第3部-技術トピック04/p133を参照］。

NH_3は、コストの面でも2050年の水素目標価格の20円/Nm^3-H_2を現時点でほぼクリアできる可能性のあることが、SIP「エネルギーキャリア」で行われたコスト分析によって明らかにされた。同様の分析結果は、IEAが2019年6月に取りまとめた水素エネルギーに関する包括的な分析レポート"The Future of Hydrogen"でも示されている[*3]。

こうしたことから、NH_3のCO_2フリー燃料としての可能性が大きく注目されることとなり、発電事業者による発電燃料としての導入に向けた取り組みが始まった。2024年の実施を目指し、100万kWの石炭火力発電所でNH_3の20%混焼によるCO_2の20%削減に向けた準備が進められている。

第6次エネルギー基本計画では、こうした発電事業者の取り組みを背景に2030年には、水素需要量300万tのうち、燃料NH_3の需要規模が年間300万t（水素換算で50万t）となり、水素・NH_3発電で2030年の電源構成の1%程度を賄うことが想定されている。2030年のNH_3の目標価格は、今後の原料水素価格の低下等を織り込み、熱量等価水素換算で10円/Nm^3-H_2台後半を目指すとされている。

さらに「水素社会」実現に向けた取り組みの中で、NH_3の導入量は2050年には3,000万t（水素換算で約500万t）に拡大し、そこでは水素及びNH_3発電が電力システムの中で主要な供給力・調整力として機能することが期待されている。

産業分野でインパクトの大きい水素エネルギー利用

ここまで発電用の水素エネルギーについて述べてきたが、このほかの水素エネルギーの用途、例えば、国内の再エネの蓄エネルギーや地産地消の手段としての水素エネルギーの利用は、量的に限られ、大量に長距離を輸送する

必要はないので、NH₃に変換することなく水素のまま輸送し利用することが合理的だろう。また、燃料電池自動車用の燃料のように水素である必要のある用途もある。ただ、これらの用途向けの必要エネルギー量は、発電燃料向けの量に比べると小さく、「カーボンニュートラル目標」の達成への効果はあまり大きくない。

他方、鉄鋼業や石油化学等、産業分野の脱炭素化は、第3部で論じられるように「カーボンニュートラル目標」の達成のためには発電分野の脱炭素化に次いでインパクトの大きい課題であり、そこでも大量の水素エネルギーが必要になる。先述の2050年の水素需要見込み量2,000万tには、そうした水素必要量も織り込まれていると考えられるが、産業分野への水素エネルギーの導入に関してより明確な展望を得るためには、各産業の脱炭素製造プロセスへの転換可能性や、そのために必要となる水素エネルギーのコスト、さらには導入に適した水素エネルギーの形態等について、より詳細な分析・検討が行われる必要がある。

＊1　Nm³とは、0℃、1気圧の下での体積
＊2　「水素・燃料電池戦略ロードマップ」水素・燃料電池戦略協議会、2019年3月を参照
＊3　これらのコスト分析の詳細については、塩沢の共著本『カーボンニュートラル実行戦略：電化と水素、アンモニア』(2021年3月、エネルギーフォーラム社) の第3.4.4章を参照

電力貯蔵技術、
エネルギー変換・貯蔵

再生可能エネルギー主力電源化を
バックアップ

東海国立大学機構　岐阜大学高等研究院　特任教授
（一財）電力中央研究所　研究アドバイザー
東京工業大学科学技術創成研究院　特任教授
浅野　浩志

　カーボンニュートラル実現へ、日欧は太陽光発電や風力発電など再生可能エネルギー電源を火力に置き換わる主力電源として位置付け、電力供給のゼロエミッション化を目指している。我が国で2050年に向かって、ゼロエミッション電源中心の電源構成に移行するために、まさに主力となる太陽光発電については全国の電力需要以上の設備容量を導入・運用する必要があるが、このような変動性再エネ電源（Variable renewable generation）中心で安定的に電力供給を行うには必ず電力貯蔵を伴う。

様々な電力貯蔵技術とその役割——二次電池、揚水発電

　電力貯蔵（蓄電）技術には、スマートフォンやPCなどで身近なリチウムイオン電池（LiB）などの二次電池をはじめ、電気事業用の揚水発電[*1]、瞬間的な電圧低下にも備える超電導エネルギー貯蔵（SMES）、電力系統安定化のためのフライホイール蓄電など、容量や即応性などで各種のタイプがある。二次電池は、太陽光発電などによる直流電力で繰り返し充放電し、電気化学反応によって電気エネルギーを化学エネルギーに変換・貯蔵し、逆向きにも

変換するデバイスである。リチウムイオン電池の他、サイクル寿命の長いレドックスフロー電池、長周期の充放電に利用されているナトリウム・硫黄 (NaS) 電池などを含む。今後新規開発が困難な揚水発電に代わって大規模電力貯蔵への利用が期待される NaS 電池や、変動電源の短周期変動[*2]に対応するための高速応答のリチウムイオン電池を電力系統運用に用い始めている。カーボンニュートラル実現には低コストで高性能の次世代蓄電池の開発・普及が必要である。

　現状、国内の家庭用蓄電池システム価格は約 14.0 万円/kWh で、工事費を含むと 18.7 万円/kWh と、米国（8.2 万円/kWh）と比較しても約 2 倍と高い（経済産業省資源エネルギー庁「定置用蓄電システム普及拡大検討会」、2021 年）。先行する大市場である自動車向け蓄電池の大幅な価格低下により定置用システムの価格低下が期待される。

　我が国の蓄電池システム普及規模は中国に次いで世界 2 位である。自然災害の多い国土であり、レジリエンス強化のため、住宅メーカーの太陽光発電＋蓄電池システムのマーケティングと公的補助により小規模の家庭用システムが牽引しているためだ。通信基地局や UPS などを含む業務用・産業用では中国の市場規模が大きい（図表 2-4）。一方でリチウムイオン電池は出火事故を起こしており、安全性に課題がある。またレアメタルを部材に用いる蓄電池の場合、国内資源に乏しいため、資源問題など安全保障上のリスクもある。

　我が国は伝統的に負荷平準化および限界運用コストの安価な原子力を活用するため、世界的にも見ても揚水発電大国（1 位は中国、我が国は 2 位）であり、国内設備容量は 2,750 万 kW（2020 年 3 月末）で、その蓄電容量は約 1 億 3,000 万 kWh に達する。従来は需要の少ない夜間に揚水運転していたが、太陽光発電が大量に連系（電力系統へ接続）した現在はその出力変動に対応し、中間季の休日といった軽負荷時などには太陽光の過剰発電（over generation）のため、昼間に揚水し、点灯ピーク時や早朝に発電するような運用形態でも活用されている。

　ただ従来は、需要の少ない季節に発電所を点検できたが、現在は需要の少ない時期に太陽光の出力制御[*3]を回避する目的で揚水を稼働させるため、点検・補修を行う時期が限られてきている。さらに頻繁な起動停止による機

第2部

59

| 図表2-4 | 定置用蓄電システムの導入規模（セグメント別累積導入規模、2019年）

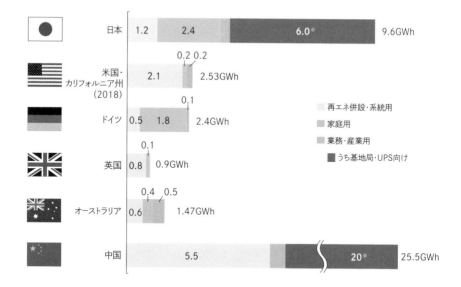

※業務・産業用蓄電システムの統計に関し、日本及び中国の統計には通信基地局バックアップ電源及び中・大型UPS向けの蓄電システム導入量が含まれている（濃灰色部分）のに対し、米国・カリフォルニア州、ドイツ、英国及びオーストラリアの統計には含まれていない。参考までに、基地局向け、UPS向けを含む業務・産業用蓄電システムの導入規模は、米国全体で22GWh、欧州全体で17GWhとなっている

（出所）経済産業省資源エネルギー庁　第4回定置用蓄電システム普及拡大検討会（2021年2月）

器劣化が懸念され、課題となっている。今後も太陽光および風力の変動電源割合が増えていく中、貴重な需給調整力源として、また可変速揚水は周波数調整力源として期待されている。技術課題としては、高効率のパワー半導体や損失を低減できる材料などを活用して、現在約7割にとどまる効率を改善する必要がある。

　さらに太陽光発電など非同期発電[*4]の割合が増加し、火力など同期発電機割合が低下していくことが想定される中、揚水発電所の同期化力・慣性力といった安定運用への効果（価値）が貨幣価値換算され、経済的に活用されていくであろう。

様々なエネルギー変換・貯蔵技術とその役割
──水素・アンモニア、ヒートポンプ

　再エネを利用するにあたり、電力系統のみでは系統連系容量および安定運用に制約がある。このため、電力以外の水素などのエネルギーキャリアや熱に変換（P2Xと総称。Pはpower、Xには水素・熱・燃料を含む）して、より広く非電力も含むエネルギーシステム全体で再エネを活用しなければ、到底カーボンニュートラルを実現できないが、その実用化・本格普及には、これまで十分に努力がなされてきたとはいえない。蓄電技術は最も身近なエネルギー貯蔵技術であるが、カーボンニュートラルには蓄電のみならず、カーボンフリーの水素・アンモニア等の様々なエネルギーキャリアにも貯蔵・輸送され、鉄鋼・化学などの素材産業を筆頭に電化しにくい需要用途で活用されていく必要がある。

　電力は送配電網で全国の隅々まで輸送される二次エネルギーであるが、ガソリンや水素など輸送用燃料はエネルギー変換に加えて、エネルギー貯蔵を必ず伴う。

　エネルギー変換には、再エネや化石燃料など一次エネルギーから電力・水素など二次エネルギーに変換する技術に加え、電力から水素へ変換するPower to Hydrogen（P2H）など二次エネルギー同士で変換する各種P2X技術も含まれている。

　電池は化学エネルギーで貯蔵するのに対し、最も身近な熱貯蔵技術は家庭用・業務用ヒートポンプ式給湯機であり、従来は安価な深夜電気料金でヒートポンプを駆動させ、入浴など夜間時間帯に利用していた。現在、住宅用太陽光発電が普及し、自家消費を上回る過剰発電（系統への逆潮流による配電電圧問題）が生じており、昼間に貯湯し、夕方以降に利用する運用形態が望ましい。研究開発は（一財）電力中央研究所でかなり前から行われていたが、住宅用太陽光発電が普及して、ようやく給湯機の運転時間を可変にする機種が製品化され、これに対応する小売料金メニューが出てくるようになった。また、1990年代から電力負荷平準化のため、業務用ビル向けに蓄熱式空調システムが普及してきたが、この熱貯蔵も変動電源対応のデマンド・レスポ

ンス（DR）リソースとして活用することで、再エネ主力化に寄与できる。

　これら需要家レベルだけでなく、電気事業用規模では、太陽熱発電に向く
スペインなどで高温の溶融塩蓄熱システムが開発実証運転された。また、火
力発電所に蓄熱システムを併設し、変動電源の出力変動に伴う頻繁な起動停
止*5の効率運用を図るシステムも提案されている。

今後の展望

　現在、セルコスト5,000円/kWh以下を目指している車載蓄電池から普
及が拡大しているため、蓄電池産業は「2050年カーボンニュートラルに伴
うグリーン成長戦略」実行計画において自動車産業と共に位置付けられてい
る。最も国際競争の激しい分野であり、表面上の価格では中国製など海外製
品に劣位している（性能を含むと必ずしも劣位とは限らない）。より重要なのは、
今後、長い航続距離を求められる欧米市場も含めて、電気自動車（EV）の大
量普及には、安全性とエネルギー密度に優れた全固体電池など次世代蓄電池
開発というイノベーションで世界をリードする必要があることである。現段
階では量産化技術が成熟していないが、いずれ全固体電池を用いた安価で航
続距離の長いEVが製品化すれば、現在EV選択を躊躇している購買層にも魅
力的に映るであろう。これに備え寿命のきた車載用蓄電池の電力貯蔵用への
リユース、回収した使用済み蓄電池の劣化評価やリサイクル技術の確立が急
がれる。

　電力系統運用における変動電源の割合が増えていく中、短周期の調整力、
慣性力、同期化力、無効電力調整力のリソースとして運用価値が高まってい
く（図表2-5）。将来の電力システムの脱炭素化実現には、供給側のゼロエミ
ッション電源化と同時に、需要側設置の蓄電池を多目的活用することで変動
電源中心の電力系統に系統柔軟性を供出できるよう、電力需給一体となって
電力貯蔵技術を高度活用していくことが必要であり、現在、各種蓄電池リソ
ースをアグリゲーションするVPP（バーチャル・パワー・プラント；仮想発電所）
事業が立ち上がりつつある。

　水素は、産業プロセスや長距離運行重量車など非電力部門の脱炭素化エネ
ルギーキャリアとして期待されている。2040年代以降のカーボンニュート

ラル時代には太陽光や風力など変動電源が主力電源となり、電力系統のみでは有効に使い切れないと想定される。水素は、P2H、H2Pなどを活用して、熱・輸送用燃料など非電力部門を含むエネルギーシステム全体としてより効率的に再エネインテグレーション（統合）を可能とする。ただし、現状のコスト競争力は十分でなく、大幅なコスト低下が最大の技術課題であり、現在の規制下では社会に本格的に普及していく段階にないという制度的課題に直面している。ブレークスルーを可能とするイノベーションと水素社会に転換していく低コストの量産化が実現しなくてはならない。水素はP2Xを介して運

| 図表2-5 | 蓄電池のユースケース

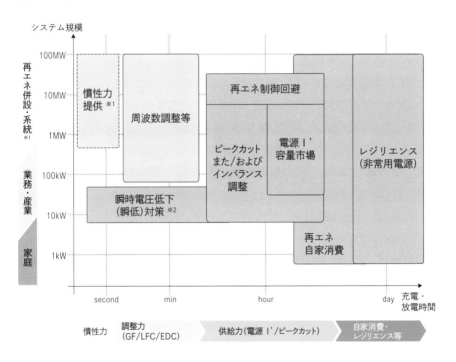

※1 本検討会の議論の対象外ではあるが、参考情報として整理。なお現状、国内市場は存在していない
※2 すでにUPS等で存在している市場であり、参考情報として整理

（出所）経済産業省資源エネルギー庁　第4回定置用蓄電システム普及拡大検討会（2021年2月）

輸部門とエネルギー部門など様々なセクターカップリングを実現するキーテクノロジーの一つである。

　我が国はグリーンイノベーション基金（NEDO、10年間で総額2兆円）を用いて、ENEOS㈱、川崎重工業㈱などがカーボンフリー水素を海外で生産し、海上輸送する実証事業を行い、水素供給網構築を目指すなど欧米に先駆けて実用化を加速している。

　既存石炭火力発電所で混焼可能なカーボンフリー燃料アンモニアへの期待も大きい。将来のアンモニア利用拡大を見据え、燃料アンモニア製造における製造プロセス全体の脱炭素化、高温高圧下のハーバー・ボッシュ法を代替しうる低温低圧下での低炭素合成技術を確立し、本格利用時のプラント大型化を図ることが課題である。

＊1　水力発電の一種で、発電所を挟んで上部と下部に貯水池を造る。電力需要が多い時間帯には上部貯水池から放流して発電し、電力需要の少ない時間帯に下部貯水池から水をくみ上げ「位置エネルギー」の形でエネルギーを貯蔵する
＊2　太陽光・風力発電などの変動電源は日射量や風況によって発電電力量が変動する。数時間〜数秒単位で起こる発電量（または電力需要）の変動を「短周期変動」という
＊3　電力供給では、発電電力量（供給）と電力消費量（需要）を常に一致させる必要があるが、供給が需要を上回る事態が予想される際、電力広域的運営推進機関の指針（送配電等業務指針）に基づき自然変動電源の発電停止（出力抑制）を行うことがある
＊4　同期：商用周波数に合わせた一定の回転数で発電機を制御すること
＊5　（＊3）に関連し、発電電力量が需要を上回ることが予想される際、調整力として確保した発電機（火力など）の出力をまず抑制すると整理されている

次世代パワーエレクトロニクス／次世代インバーター

再エネ大量連系、エネルギーマネジメントの高度化支える基盤技術

大阪大学大学院工学研究科　特任教授
太田　豊

第2部

ワイドギャップパワー半導体の技術開発・実用化の進展

　カーボンニュートラル実現に向けて、太陽光・風力発電等の再生可能エネルギーの普及拡大と需要側の電気自動車（EV）普及をはじめとする電化が重要な観点となる。このような高度に電化したエネルギー需給運用やエネルギーマネジメントを担う要の一つとなるのが、次世代パワーエレクトロニクス・次世代インバーターである。産業・民生あらゆるところで活用されているモーター機器の駆動や交流直流変換、電圧レベルの異なる様々な電源・デバイスを交流電力ネットワークに連系するために用いられ、再エネやEVをはじめとする電動モビリティーの高性能化・高効率化に直接寄与する重要基盤技術として期待されている。

　これまでのシリコンパワー半導体から、高周波スイッチング、高耐圧、低損失の特徴を有するワイドギャップパワー半導体への転換に向けた実用化、研究開発が行われている。パワーデバイスの実用化状況が図表2-6にまとめられているが[*1]、鉄道やEVのモーター駆動インバーターでは高効率化に寄与するSiC（シリコンカーバイド；炭化ケイ素）、パソコン・スマートフォン

| 図表2-6 | パワーデバイスの実用化状況 |

材料	Si		GaN			SiC	
デバイス	MOSFET	IGBT	HEMT、MOSFET		MOSFET	MOSFET	IGBT
			on SiC	on Si	on GaN		
用途	低電圧・低電流	高電圧・大電流	高周波	低電圧・低電流	高電圧・大電流		超高電圧超大電流
製品化	済	済	済	済	未	済	未
主な課題	高性能化、300mm化		高性能化		高性能化製品化	高性能化信頼性	高性能化製品化
備考	社会実装済 超高電圧は直列接続		通信用、民生電源用 社会実装済		R&D段階	EV適用開始	R&D段階

（出所）（国研）新エネルギー・産業技術総合開発機構（NEDO）技術戦略研究センターレポート「パワーエレクトロニクス分野の技術戦略策定に向けて」（2021年10月）より

のモバイル充電器から比較的高出力なEV車載充電器までコンパクトで高性能な電力変換に寄与するGaN（窒化ガリウム）が実用化されている。さらに次世代のワイドギャップパワー半導体としてはGa_2O_3（酸化ガリウム）、縦型GaN、ダイヤモンドなどが挙げられる。

課題と将来展望 ── 転換への投資と国家戦略

　ワイドギャップパワー半導体の基礎技術開発や性能向上・改良など、応用技術開発の継続が必要であることはもちろん、安定かつ低コストにウエハーやデバイスを量産する生産技術や品質管理技術の確立、そして、材料調達・製造・応用までをグローバルかつ一貫で最適化するロジスティクス確立が課

題となろう。日本でも国家プロジェクトやグリーンイノベーション基金などの取り組みを通して、次世代パワーエレクトロニクスに対するまとまった投資を行うことで、カーボンニュートラルへの転換を強力に推進するための体制の構築が進められている。

内閣府戦略的イノベーション創造プログラム（SIP）「IoE社会のエネルギーシステム[*2]」では、再エネや需要側のEVなど比較的高出力な電源・デバイスに次世代パワーエレクトロニクスが適用される際の技術的便益評価が行われるとともに、Ga_2O_3ウエハー技術開発や多様多彩な機器への応用展開を可能とする汎用で高機能なパワーモジュールの設計［第3部 - 技術トピック18/p226を参照］、縦型GaNの高速スイッチングを活用したワイヤレス電力伝送の技術開発などが鋭意進められている。

カーボンニュートラル2050に資する基盤技術へ

カーボンニュートラル2050に向けた将来展望として、幅広くエッジの効いた応用を志向することが必要であり、次世代パワーエレクトロニクスが基盤技術となることを展望したい。

電動モビリティーの分野でさらなる技術開発が期待される用途指向モーターやインホイールモーターでは、レイアウトや放熱の改善、これまでにない電力変換制御実装など、次世代パワーエレクトロニクスの技術の粋を結集した応用が可能となろう。コンパクト・低損失でモジュラーマルチレベル・マルチアウトレット化されたEV向け超急速充電器や、住宅・建物や電力ネットワークのエネルギーマネジメントも兼ねることで24時間連続稼働するV2X（Vehicle-to-X, Home, Building, Grid）対応車載双方向充電器の実現も期待される。これらの次世代モーター・インバーター・充電システムをカーボンニュートラルシティーの基盤インフラ設備として低コストに実現しなければならない。

住宅・事業所の屋根上には薄膜太陽光発電が敷き詰められ、周辺のメガソーラー・陸上風力発電と合わせた電力需給を考える必要が今後出てくる。その際、交流電力ネットワークの安定性を司る慣性力の確保が鍵となり、この慣性力を持つ柔軟かつタフな次世代インバーターを再エネ自体やEV等の蓄

電デバイスに実装することが不可欠となってくる。インバーターの制御系に擬似慣性やグリッドフォーミング機能を実装する技術開発が世界中で進められており、次世代パワーエレクトロニクスの高速スイッチングが寄与する可能性が考えられる。

　工場やデータセンターなど産業用のグリーン電力供給を担う洋上風力発電の集電系統および陸上への送電系統、そして日本列島を横断する直流多端子送電基幹ネットワークなど、高電圧・大電流のパワーエレクトロニクス応用への期待も今後大きくなってこよう。データセンターの中での直流配電の電圧変換や、交流系統の電力制御や変圧を担う Solid State Transformer（半導体変圧器）など、次世代の電力機器を構成するのも次世代パワーエレクトロニクス技術の貢献となろう。

＊1　（国研）新エネルギー・産業技術総合開発機構（NEDO）技術戦略研究センターレポート「パワーエレクトロニクス分野の技術戦略策定に向けて」（2021年10月）
＊2　内閣府戦略的イノベーション創造プログラム（SIP）「IoE社会のエネルギーシステム」
　　　https://www.jst.go.jp/sip/p08/index.html

電化

再エネ電源で効率的な電化を図るのが
カーボンニュートラルへの王道

東海国立大学機構　岐阜大学高等研究院　特任教授
（一財）電力中央研究所　研究アドバイザー
東京工業大学科学技術創成研究院　特任教授
浅野　浩志

第2部

カーボンニュートラルで高まる効率的な電化が果たすべき役割

　カーボンニュートラルを達成するためには、需給両面での統合的な取り組みが有効であり、不可欠である。まず、エネルギー供給面では、現状8割ものシェアを占める化石エネルギーへの依存度をできる限り低減していくため、太陽光発電（PV）や風力などゼロエミッション電源の割合を最大限増やすことが必要である。需要面では産業用プロセスなど極めて高温のエネルギー源を除けば、主力電源化された再生可能エネルギー電力を活用し、あらゆる需要部門の電化を図ることで大幅に二酸化炭素（CO_2）排出を削減できる。

　これまでの政府やエネルギー事業者による低炭素化の取り組みは、電源構成の中で原子力発電と再エネの比率を上げるなど主に供給サイドに偏っており、需要サイドでは石油など化石燃料消費量削減を図る省エネルギー法[*1]による規制くらいしか目立ったものがなかった。省エネ法では使用電力量を火力発電ベース（電気の受電端における火力発電所の平均熱効率をもとに算出された換算係数を使用してきた）で評価してきたが、ようやく全電源平均の考え方

69

が採用され、今後の再エネ主力電源化の恩恵を消費側も受けられることになった。

　産業部門で電化がなかなか進まない要因は、高温プロセスヒートを得るためのコストが相対的に高い（化石燃料が安価）ことがあり、この点で政策的支援が不足しているといえる。

　CCS（二酸化炭素回収・貯留）など限られた地域でしか経済的に成り立たない技術ではなく、効率的な電化（Efficient Electrification）は、全世界で普遍的に利用可能であり、かつ相対的に限界削減費用の低いオプションである。国内対策のみを重視しないで、グローバルな視点でカーボンニュートラルを議論すべきであり、特に中国、米国の二大排出国の対応にカーボンニュートラルの成否は依存している。エネルギーミックスを根本的に変容させるためには、2050年までに全世界での電化率を現状（最終エネルギーで約20%）の2倍以上（40%台）にする必要があるといわれている。

　2030年までの主な低炭素化の対策は、まず供給側の太陽光と風力の導入拡大であり、同時に需要側のエネルギー効率向上と電化である（IEA,Net Zero by 2050、図表2-7、2-8）。さらに2030年から2050年までの期間では電化に最も大きな貢献が期待される（図表2-8）。

運輸部門の電化促進

　電化を最も加速させる必要があるエネルギー需要部門は運輸であり（図表2-7、2-9）、主に内燃機関で石油製品を燃焼させている乗用車は、2032年には新車販売の半分を電気自動車（EV）にする必要がある。先進国に続いて、最大の自動車市場である中国や石炭火力比率の高いインドなどエネルギー需要の伸びている新興国では当然、電源のゼロエミッション化を同時に進める必要があることは言うまでもない。

　カーボンニュートラルに熱心なEUは、産業プロセスの電化、運輸部門の電化促進（主流の内燃機関車からEVへの置き換えなど）を中心に全ての需要部門での電化を温室効果ガス（GHG）排出削減の重点的な取り組みとしている。

　米国では、バイデン政権は2030年までに新車販売の半分をEVにすると野心的な目標を掲げている。2021年6月時点でプラグインハイブリッド（PHV）

| 図表2-7 | 2050年ネットゼロシナリオの電化率向上シナリオ（世界）

部門		2020	2030	2050
最終消費量に占める電力の割合		20%	26%	49%
産業部門				
鉄鋼生産シェア（電気アーク炉使用）		24%	37%	53%
軽工業シェア		43%	53%	76%
運輸部門				
電気自動車シェア（ストックベース）	自動車（EV）	1%	20%	86%
	二輪車／三輪自動車	26%	54%	100%
	バス	2%	23%	79%
	バン	0%	22%	84%
	大型トラック	0%	8%	59%
電気自動車の年間バッテリー需要（TWh）		0.16	6.6	14
民生部門				
ヒートポンプ設置（100万台）		180	600	1,800
ヒートポンプのシェア（暖房需要中）		7%	20%	55%
未電化人口（100万人）		786	0	0

（出所）Table 2.5, IEA, Net Zero by 2050: A Roadmap for the Global Energy Sector, May,2021

| 図表2-8 | 2050年ネットゼロシナリオの電化の貢献

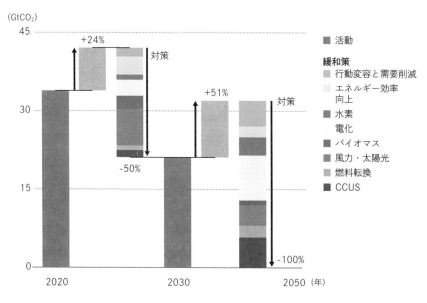

（出所）Fig.2.12, IEA, Net Zero by 2050: A Roadmap for the Global Energy Sector, May,2021

を含む EV の新車販売シェアは約4%にすぎず、残り9年でシェア50%まで加速するにはメーカーの協力と国民の理解が必要であろう。現在約4.3万基の充電ステーションを50万基に急増させる目標も示した。車中心社会の米国で自動車文化を変えるのは容易ではないが、毎年大量の CO_2 を排出している自動車部門のカーボンニュートラル化は進んでいる。

　米国の特徴は自動車の環境規制に州政府も関与していることで、大気汚染に悩むカリフォルニア州は厳しい環境規制をかけてきたことで有名である。運輸部門の CO_2 排出量は同州の40%以上を占めるため、州知事は2035年までに乗用車を100%ゼロエミッション化することを義務付けた。

　我が国の EV 販売シェアはいまだ0.6%（2020年、軽自動車を除く乗用車の国内新車販売）と極めて低いのが実情である。多くのユーザーが、価格、航続距離、充電拠点の面で購入を躊躇している。まず、車種を増やし、求めやすい価格を設定する必要がある。特定地域内の宅配などに使われる小型商用車は、限られた航続距離で搭載蓄電池容量を小さくでき、価格も抑えられるはずである。自動車メーカーは、運送事業者などと連携して、まとめた需要をつくり、EV 市場を拡大できる。佐川急便は EV をメーカーと共同開発し、既存軽自動車を置き換えようとしている。再エネを利用した（非化石証書も含む）電化は、これまで化石燃料に依存し、温暖化対策で苦慮してきた運送・流通業界の優先課題であろう。

産業部門の電化促進

　現状、主に化石燃料を用いている数百℃以上の高温プロセスヒートの電化は大きな課題であり、我が国を中心に産業用ヒートポンプの開発を進め、蒸気供給を可能とする技術開発が進んでいる。オランダ企業庁（RVO）は、電化を進めるために期待される技術のブレークスルー課題に関する技術ロードマップ（Electrification in the Dutch Process Industry, 2017）を作成している。短期的には CO_2 フリー電力から電気ボイラー、マイクロ波や高周波などの電磁波利用、高温ヒートポンプなどにより熱を利用する方法を提案している。米国電力研究所（EPRI）では、革新加速ケースにおいて、米国における2050年頃の最終エネルギー需要の電化率を47%、産業分野のエネルギー需

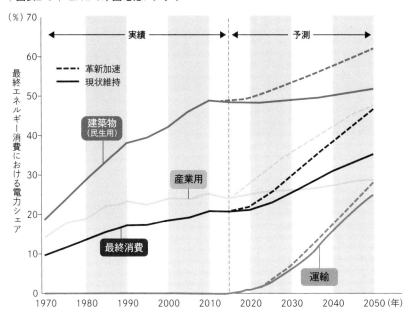

| 図表2-9 | EPRIの米国電化シナリオ

(%) 70

最終エネルギー消費における電力シェア

← 実績 → ← 予測 →

- - - - 革新加速
—— 現状維持

建築物
（民生用）

産業用

最終消費

運輸

1970　1980　1990　2000　2010　2020　2030　2040　2050（年）

（出所）"US National Electrification Assessment" EPRI,2018

要の電化率を50%程度と予測している（図表2-9）。

　カリフォルニア州などは新築住宅や建物での化石燃料使用（特に天然ガスをターゲット）を禁止し、オール電化を義務付ける自治体が現れてきている。

電化促進のイノベーション

　2021年6月に改訂された経済産業省「2050年カーボンニュートラルに伴うグリーン成長戦略」の実行計画で、「次世代電力マネジメント産業」が重点項目として追加された。住宅（ZEH;ネット・ゼロ・エネルギー・ハウス）・建築物（ZEB;ネット・ゼロ・エネルギー・ビル）とともに記載されていることからわかるように、次世代電力マネジメントは、需要家レベルのエネルギーマネジメントシステムを進化させ、いわゆる需要側資源（Demand Side Resources；DSR）、分散型エネルギー資源（Distributed Energy Resources；

DER）としての需要家設置（behind-the-meter）の蓄電池や自家発電設備などを、IoT（Internet of Things；モノのインターネット）やAI（人工知能）予測制御技術など先端的なデジタル技術を駆使して電力系統運用に統合制御するものだ。小規模DSRを集約して（アグリゲーション）、VPP（バーチャル・パワー・プラント；仮想発電所）を形成し、再エネ電源が主力化された電力系統を安定運用するための調整力を提供する。

　VPPの事業性を改善するには、まず、システム構築・運用コストを下げ、多様なリソースとのアグリゲーションにより規模の経済を働かせることだ。さらにエネルギー市場（卸電力市場）、容量市場、需給調整市場など幅広く市場に投入することにより収益を増やし、長期的利益の最大化を図ることが肝要である。

　カーボンニュートラルのための電化促進は現状、多くの地域で変動電源が急激に増えたため、これまでの電力ネットワーク設計思想（大型火力など大規模集中電源から需要家に一方向で送る）には欠けていた技術的課題に直面している。特に太陽光発電の大量導入に伴い残余需要（正味負荷、需要から太陽光発電出力を差し引いたもの）構造が変化し、電力の需給調整が難しくなった。また配電電圧の調整に追加的な設備が必要になり、コストアップの要因となっている。人口減少が確実に進み、感染症拡大で大きく変容した社会構造・需要構造に対応して、再エネ主力化を可能とする次世代電力ネットワークの再構築が不可欠である。

　2040年に想定されている3,000万～4,500万kWもの大容量の洋上風力の導入は、我が国の広域基幹系統の姿を根本的に変える。北海道・北東北から首都圏への長距離海底直流送電（HVDC）[*2]を実現するには、国主導の中長期系統整備計画「マスタープラン」に基づき、メーカーが継続的にコスト低減を図っていく環境を整えることが重要である。

　再エネ電源の系統連系時、系統容量[*3]が確保できない問題に対しては、全国の一般送配電事業者は、空き容量のない上位2電圧の基幹系統を対象として、系統混雑時に出力制御することを条件に新規接続を認める「ノンファーム型接続」を2021年1月から受け付けている。これは現在、太陽光発電などが好適地に集中して系統連系したため、系統容量の増設工事が完了する

前にも発電・送電を開始したい再エネ事業者を救うための措置といえる（系統増強には費用と時間がかかるが、その費用負担が問題となる）。

電化促進の展望

2050年に向けて厳しくなる排出制約を反映した適切なカーボンプライシングにより、脱化石燃料の流れを加速させ、特に非民生部門の電化の選択肢をより経済的で現実的なものにすることが長期的に合理的である。

2020~2030年代における電化の最大のグローバル市場は運輸部門であろう。自動車は蓄電池を搭載し、モーターで駆動される。この車載蓄電池の充放電制御によりV2G（Vehicle-to-grid）を実現すれば［第2部-重要基盤技術02/p58を参照］、様々なアンシラリーサービス[4]を系統運用者に提供でき、EV所有者は追加的な収入を得ることができる。我が国でも欧米にならって、各種電力市場が整備され、大手電力に加えて、ITや蓄電池業界など非電気事業者からの参入も見込まれ、VPPの事業が拡大すること、すなわち、次世代電力マネジメント産業の本格的な起動が期待されている。

再エネ電源比率を5~6割に引き上げるためには、これまでのような意味での（節約の）省エネルギーではなく、PV・風力など変動電源の余剰電力をうまく活用するため、むしろ電力需要を望ましい形で創出する必要がある。

このように電化はエネルギー利用サイドにおける単なるエネルギー利用効率向上と化石燃料を代替するCO_2排出削減効果に加えて、IoT+DSR活用によるコネクティビティー向上と系統柔軟性（system flexibility）提供を通じ、太陽光や風力など我が国でも主力電源化していく変動性再エネ電力の円滑な導入促進にも寄与する。効率的な電化はまさにカーボンニュートラル実現の鍵である。

---

* 1　一定規模以上の事業者に対し、全てのエネルギー消費を一次エネルギー（原油）に換算し報告を義務付ける
* 2　洋上風力の適地である北海道・北東北から、電力の大消費地である首都圏へ海底ケーブルを用いた超高圧の直流送電で電気を送る計画
* 3　送電線に流せる電気の量の上限
* 4　周波数調整など、系統から得られる電力の品質を維持するためのサービス

需要の変容（シェアリング）

シェアリングエコノミーが
ライフスタイルを脱炭素化する

関西電力㈱　研究開発室　技術研究所
先進技術研究室 [エネルギービジネス]　主席研究員
石田　文章

　地球環境問題は、社会経済活動、地域社会、国民生活全般に広範にかつ深く関わり、将来にも大きな影響を及ぼすことから、国民一人一人が能動的かつ主体的に取り組むことが必要である。また、逆に、国民一人一人の環境負荷やエネルギー需要への行動の変容（例えばカーシェアリングやフリマアプリ活用など）を通じて、脱炭素社会につなげることができる。これは、国際エネルギー機関（IEA）「Net Zero by 2050」においても重要な削減技術7分類の一つとして行動変容[*1]が取り上げられ、日本政府が出した報告書「2050年カーボンニュートラルに伴うグリーン成長戦略」でも成長戦略分野の一つに行動変容が取り上げられていることからも分かる。脱炭素社会への理解を促し、行動変容をもたらすシグナルとしては、制度、価格、市場の存在や「見える化」など、様々な手法が存在している。これらのシグナルを適切に組み合わせた上で、国民の環境負荷やエネルギー需要に対する行動変容を通じた、需要の変容を促すことが重要である。

　人々のライフスタイルを脱炭素化するための具体的な技術として、ナッジ・デジタル化やシェアリング等がある。これらを通じて、カーボンニュートラ

ルで、かつレジリエントで快適なくらしを実現することができる。しかしな
がら、個人の善意や自主的行動に依存する仕組みや、見える化等により取り
組み自体を簡単・容易・便利にする仕掛けだけでは、カーボンニュートラル
実現に向け需要の変容を促す技術としては不十分である。負担が増えるより
もメリットやインセンティブを享受できることが大事で、かつ、個人が消費
者目線で積極的に参加でき、参加意欲を高めることができるビジネスモデル
が、より一層重要であると考えられる。この観点で、今回、マッチングビジ
ネスやプラットフォームビジネスとも呼ばれるシェアリング技術を重点的に
取り上げる。

技術進歩とともに発展したシェアリングエコノミー

　まずは、広く、国民の行動変容を促す可能性のあるシェアリングエコノミ
ー[2]全般の技術を概観する。シェアリングエコノミーとは、(一社)シェア
リングエコノミー協会[3]によると、「場所・乗り物・モノ・スキル・お金な
どの遊休資産をインターネット上のプラットフォームを介して個人間で賃借

| 図表2-10 | 主なシェアリングエコノミーの領域

領域		シェア対象	主な企業・サービス例
シェア × 空間		民泊・ホームシェア・駐車場・会議室等	SPACEMARKET、Airbnb、STAY JAPAN、nokisaki PARKING、SPACEE、SHOPCOUNTER
シェア × モノ		フリーマーケット・レンタルサービス等	airCloset、Laxus、ジモティー、mercari
シェア × 移動手段		カーシェア・ライドシェア・サイクルシェア等	notteco、COGOO、CaFoRe、COGICOGI、Anyca
シェア × スキル		家事代行・育児・知識・料理・クラウドソーシング等	CrowdWorks、coconala、AsMama、DogHuggy、タスカジ、nutte、ANYTIMES、Time Ticket
シェア × お金		クラウドファンディング	Makuake、READYFOR

(出所) 経済産業省産業構造審議会商務流通情報分科会情報経済小委員会　第4回分散戦略ワーキング (2016年6月3日)
資料4シェアリングエコノミービジネス ((一社) シェアリングエコノミー協会) を筆者一部改編

や売買、交換することでシェアしていく新しい経済の動き」と定義される。また、具体的なシェアリングエコノミーサービスの領域としては、主に五つの領域に分類される（図表2-10）。具体例として挙げたサービスには民泊やカーシェアリング、フリマアプリ等、かなり身近なものも見られるだろう。

　このシェアリング技術を用いたビジネスが立ち上がってきた理由は、インターネットの普及とIT技術の進歩を背景として三つある。一つ目は、ソーシャルメディアの普及である。個人が簡単に情報をシェア・ツイートでき、他者との距離が大幅に近づき、かつレビュー機能等により個々人の取引における信用評価・レーティングが大幅に向上したこと。二つ目は、スマートフォンの普及である。位置情報や決済システム等にいつでもどこでも簡単にアクセスでき、リアルタイムで余っているもの・欲しいものをネットで検索し購入できる時代となったこと。三つ目は、クラウド技術の進展である。プラットフォームを提供する側のマッチングシステムやシェアリングシステムの開発・運営がクラウドサービスによって大幅に容易になったこと。

　このように、シェアリングエコノミーは、テクノロジーの進化と同調して発展した新しいビジネスモデルであり、従来のビジネスよりも社会の変化に柔軟に対応しやすいといえる[*4]。加えて、デジタル技術を利用していることから、取引の真正性確保のためにブロックチェーン技術を活用するなど、新しいテクノロジーの取り込みとも親和性が非常に高い。

　また、そのビジネスの特徴としては三つある。一つ目は、業界分類が難しいこと。シェアするものやマッチングするものが多種多様で、シェアリングエコノミー特有の運営上の課題や法的規制・制約事項があったとしても、業界全体として企業横断的な取り組みが行い難い面があること。二つ目は、ビジネスとして立ち上げやすいこと。基本的に顧客用インターフェースアプリとCtoCのマッチングプラットフォームを用意するだけで、サービス利用者に課金が可能で手数料を獲得でき、容易に売り上げが立ちやすい。しかも、従来、社会的に活用されていなかった商品・サービスの直接利用の運用であり、マッチング時間・手間の中抜きが可能で、従来は課金がなく好意の世界であったとしてもサービス展開可能であること。三つ目は、ビジネス上、業法に関わるケースが多いことである。消費者保護の観点や品質保持のために、

| 図表2-11 | シェアリングに係る主な個別取引の関係法令

領域	シェア形態	主な関連法令
シェア × 空間	宿泊所（自宅の一部）	旅館業法 旅行業法
	別荘	旅館業法 旅行業法
シェア × モノ	電気（融通）	電気事業法
シェア × 移動	自動車（ライドシェア）	道路運送法 自動車損害賠償保障法 旅客自動車運送事業運輸規則
	自動車（貨物運搬シェア）	貨物自動車運送事業法 自動車損害賠償保障法
	自動車（カーシェア）	道路運送法 自動車損害賠償保障法 道路運送車両法
シェア × スキル	労働力	労働者派遣法
	料理	食品衛生法
	観光ガイド	通訳案内士法 道路運送法 旅行業法
シェア × お金	資金	貸金業法

（出所）経済産業省産業構造審議会商務流通情報分科会情報経済小委員会 第4回分散戦略ワーキング（2016年6月3日）
資料4シェアリングエコノミービジネス（（一社）シェアリングエコノミー協会）を筆者一部改編

法律・規制などを設定していた業種・業態内でのビジネス展開が多いこと、が挙げられる（図表2-11）。

　このように立ち上げやすいビジネスではあるものの、制度法令上の制約やこれを解決する業界としての協調した活動が取りにくいビジネスといえる。その他、シェアリングエコノミー特有の課題やリスクとして、以下の点が挙げられる。

❶不特定多数同士で取引するトラブルリスク

個人間での取引が基本で、双方が「本当に正当な商品・サービスが受けられるのか」「ルールを本当に順守し利用してくれるのか」といった不安要素・トラブルリスクがある。その点に関して、多くの事業者では、利用者と提供者の相互評価制度を取り入れること等で、トラブル発生の防止を図っている状況である。

❷保険や補償制度が十分ではないリスク

シェアリングエコノミーは新しいサービス形態であり、事業者向けの保険や顧客向けの補償制度の整備が十分ではない場合がある。この点に関して、近年ではシェアリングサービス向けの保険商品や補償制度も整いつつある状況である。

❸業法等の法律の整備が十分ではないリスク

新しいサービスであるがゆえに、ビジネス運営上の業法等の法律の整備が追いついておらず、グレーゾーンでの事業やサービスでも行っている場合がある。この点に関して、今後、必要な個々の法整備が進められ、ルールが作られることが期待されている。

シェアリングはカーボンニュートラルにどう貢献？

行動変容のためのシェアリングエコノミーが、カーボンニュートラルにどのように関係し貢献するかを体系的に明示している文献は少ない。このため、この観点でシェアリング技術をあらためて展望する。

シェアリングエコノミーがカーボンニュートラルに貢献する例としては、モノや空間をシェアすることで、新品を購入する機会が減り、製造・輸送時の温室効果ガス排出や廃棄物が減少すること。サイクルシェアやライドシェアが広がることで、移動に伴うエネルギー消費の減少につながること。スキルをシェアするサービスやクラウドソーシングが活用されることで、在宅勤務増加や職住近接により移動負荷が減少すること。環境・エネルギー分野では、個人保有の太陽光発電装置や蓄電池を個人間（P2P）で直接電気や環境価値を融通する（P2P電力取引・環境価値取引）ことで再生可能エネルギーの普及促進につながることなどが挙げられる（図表2-12）。こうしたシェアリ

領域		カーボンニュートラルへの主な寄与項目
シェア × 空間		・未活用資源利用による新設備利用環境負荷の減少
シェア × モノ		・不用品、中古品利用による新品購入環境負荷の減少 ・再利用に伴う生産・流通・廃棄に伴う環境負荷の削減 ・環境配慮設計商品、再利用の拡大 ・商品の地産地消選好による移動消費削減 ・蓄電池等（車載含）シェアによる再エネ導入の自律的拡大 ・電気シェア（融通）による再エネ導入の自律的拡大
シェア × 移動		・自転車（サイクルシェア）による移動消費削減 ・自動車（相乗り・共同物流）による移動消費削減 ・再エネ活用EV等カーシェアによる移動消費削減 ・バッテリー交換式EV等活用による移動消費削減
シェア × スキル		・リモートワーク活用、職住近接による移動消費削減 ・遠隔サービス利用による移動消費削減
シェア × お金		・グリーンファイナンスによる再エネ導入拡大 ・環境配慮設計商品の開発促進

※商用化されていないビジネスも示されている
（出所）筆者作成

ング技術が、カーボンニュートラルに円滑に貢献していくためには、以下の課題を克服していくことが挙げられる。

❶国民の意識変革や行動変容の必要性の情報提供

そもそも地球温暖化対策としての省エネ対策や再エネ・脱炭素電力の活用、環境配慮設計商品の購入等について、国民にその必要性や負担を十分に理解してもらった上で、何をどのようにすべきかを具体的に伝えることが必要である。わかりやすく伝えるための伝達手段や方法としては、行動経済学（ナッジ）の手法も活用して、消費者のよりよい選択につながるように情報提供を進めることが必要である。

❷商品・サービスのカーボンフットプリントの提供

商品・サービスを選択する際に、当該商品・サービスの原材料調達から

81

廃棄・リサイクルに至るまでのライフサイクル全体を通して排出される二酸化炭素（CO_2）の量（カーボンフットプリント；CFP）を見える化し、商品・サービスに明示されて提供されることが重要となる。カーボンフットプリントを精度高く見える化し、トレース・トラッキングすることができれば、消費者がより低炭素な商品・サービスを選択できる可能性が高まる。

❸環境負荷ライフサイクルアセスメント評価手法の確立

カーボンフットプリントの精度を高くするためには、商品・サービスの提供工程の各プロセスにおける CO_2 排出を含む環境負荷を定量的に正しく評価する仕組み（ライフサイクルアセスメント；LCA）を整備することが必要である。LCAの基盤となる排出量データ基盤の整備やAI（人工知能）・IoT（Internet of Things；モノのインターネット）技術の活用により、データ授受や取引情報のデジタル化・電子化を進めることが重要だ。将来的には、消費段階での CO_2 の価格付けといった制度設計も検討可能となることが考えられる。

❹カーボンクレジット等の個人間売買の推進

カーボンニュートラル達成に向けて、各種脱炭素技術が社会実装されるまでの移行期では、カーボンクレジットで CO_2 排出量を調整する動きが加速することが想定される。その際、企業のみならず個人のエコアクション等でのクレジット創出とこれらの個人間売買が可能となれば、全体の取引がより一層活性化すると考えられる。特に、環境・エネルギーに直接関係するシェアリングであるものの現時点では法的制度上難しい、電気融通の個人間直接取引（P2P電力取引）や、再エネの環境価値個人間取引（P2P環境価値取引）の推進も期待される。

❺地域や自治体を巻き込んだ活動の推進

余っている資産やリソースを有効活用するシェアリングエコノミーは、便利かつ低価格で利用できるだけでなく、SDGs（持続可能な開発目標）との親和性が高く、地域社会をより豊かにする可能性を秘めている。地域住民は、日常生活が変わることで社会の変革に携わることができることから、行動変容の大きな力となりうる。地域課題の全てがシェアリン

グ技術で解決できるわけではないが、地域や自治体がシェアリングエコ
ノミーサービスを提供する事業者と連携して、シェアリングエコノミー
そのものを雇用機会の創出や育児支援、観光振興、地域活性化など社会
課題を解決するために活用することが考えられる。

　このように、意識改革や行動変容の必要性について情報提供を行った上で、
環境負荷のライフサイクルアセスメントに基づく製品・サービスのカーボン
フットプリントやカーボンオフセットが表示され、これらを取引するための
個人間売買や地域や自治体との連携が可能となれば、製品・サービスの選択
や生活様式に対して、シェアリング技術によるエネルギー需要の変容が、よ
り一層、カーボンニュートラルに有効に貢献すると考えられる。

＊1　2021年5月に公表された「Net Zero by 2050」のRoadmap for the Global Energy Sector（技
　　術別ロードマップ）より
＊2　一般の消費者がモノや場所、スキルなどを必要な人に提供したり、共有したりする新しい経済の
　　動きのことや、そうした形態のサービスを指す。従来の企業中心のBtoCやBtoBと異なり、消費
　　者同士で取引をするCtoCのビジネスモデルが多いという特徴がある
＊3　https://sharing-economy.jp/ja/
＊4　例えば、コロナ禍の感染リスク低減やリモートワーク増加に対応して、シェアリング型よりサブ
　　スクリプション型利用方法にビジネス形態を変更する柔軟性等

デジタル技術

あらゆる事業領域のデジタル化が
脱炭素のドライバーに

東京大学大学院工学系研究科　教授
森川　博之

カーボンニュートラルとデジタル

カーボンニュートラルを実現するためには、「省エネルギー」「電源の脱炭素化や非電力部門の二酸化炭素（CO_2）排出原単位の低減」「非電力部門の電化」「ネガティブエミッション」を組み合わせ、トータルでのカーボンニュートラルを目指さなければいけない。

また、ESG（環境・社会・企業統治）やSDGs（持続可能な開発目標）の考え方が登場し、企業価値の向上においても持続可能性の重要性が認識されつつある。

企業などの生産主体は、労働、資本、エネルギーといった生産要素を上手に組み合わせることで価値の創出につなげている。カーボンニュートラルに向けて巨大な投資需要を生むためには、エネルギーから資本への代替投資をも含めたインセンティブ設計──つまり省エネ機器への投資など、どこにどれだけの資本投資を賢く行っていくべきなのかといったグランドデザインを描いていかなければいけない。

これらの領域において、今後、デジタルが関与していくことになる。デジ

タルは汎用技術（General Purpose Technology）であり、特定の生産物に関連する技術ではなく、様々な経済活動において利用され、関連分野が非常に広い技術である。

　汎用技術が世の中に与える影響はきわめて大きいが、ありとあらゆるものの再定義が必要となることから、デジタルがあらゆる分野に浸透するまでには、10年、20年、30年という長い年月がかかる。

　代表的な汎用技術の一つの例として電力があげられる。19世紀末に電力の電灯事業への利用が開始されたが、工場動力の電化は遅れ、電化によって産業の生産性が上昇したのは1920年代以降である。電化が旧設備の廃棄というコストを伴ったことや、電化が生産性上昇に結びつくためには工場組織の再設計などの関連する変革が必要であったためである。

　デジタルも、長い年月を経ながら着実に浸透していくことになる。例えば、農業分野にデジタルを導入して生産性を向上するといっても、当面はデジタルに理解のある先進的な農家のみである。作業のやり方自体を変えなければならないため、まだまだ多くの農家の方々にとっては負担が大きい。時間をかけて地道に展開していくことになる。

デジタル変革とは

　これまで人が経験と勘で対応してきたアナログな世界をデジタル化する動きが進みつつある。デジタル化は今に始まった話ではなく、水位や流量などの河川情報のテレメーター観測、自動販売機の管理システム、重機のモニタリングシステム、エレベーターの状態監視システム、公共バスの運行管理システム、店のPOSシステムなども、アナログな世界をデジタル化したものである。

　デジタル変革あるいはデジタルトランスフォーメーション（DX）とは、個別分野で行われてきたデジタル化の動きが、あらゆる事業領域で生じることで、事業や組織や社会が大きく変わることを指す。あらゆる領域から得られるデータを蓄積・解析し、リアルな世界にフィードバックしていくことで、デジタル変革が連続的に行われる。こうした社会をデータ駆動型社会という（図表2-13）。

| 図表2-13 | 来るべきデータ駆動型社会

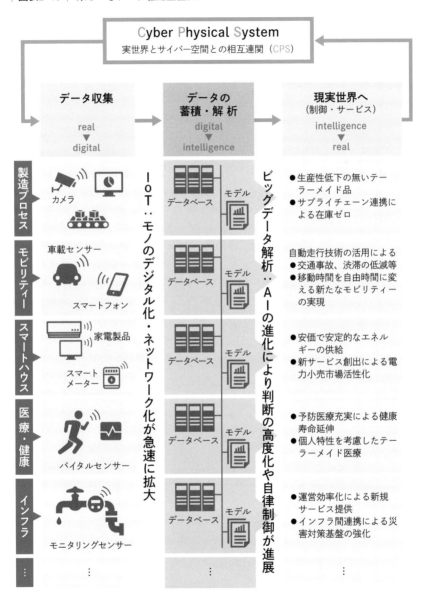

あらゆる産業分野において、現実世界から収集し、蓄積したデータの
解析結果に基づき、制御やサービス提供が行われるようになる

（出所）　経済産業省

IoT（Internet of Things;モノのインターネット）、5G（第5世代移動通信システム）、AI（人工知能）などといった最近のデジタルキーワードも、「事業領域からデータを収集するためのテクノロジー＝IoT、5G」、「蓄積したデータを分析・解析するテクノロジー＝AI」と考えれば、デジタル変革プロセスの中のツールとして位置付けることができる。現場に存在する課題やニーズの把握を起点として、IoT、5G、AIといったツールを活用しながら新たな価値を創造していくプロセスが、デジタル変革である。このほか、３ＤプリンターやAR（拡張現実）、VR（仮想現実）などのXR技術、リアル世界をリアルタイムにサイバー空間に再現する「デジタルツイン」などのデジタル技術も、実際の産業に導入され始めている。

しかし、デジタル変革は、必ずしもこれら最先端のテクノロジーを必要とするものばかりではない。例えば、街角や公園にあるごみ箱からのごみの収集のスマート化には、無線通信のためのSIMカードとごみの量を測るセンサーを、ごみ収集ボックスに設置するだけでよい。これにより回収事業者は遠隔からごみの量を把握することが可能になり、どのタイミングでごみを回収すればよいかが分かるため、毎日だった回収頻度を３日に１度で済ますことも可能になる。人が確認していたことをデジタル化し、データに基づいて処理することで、生産性の向上につなげる──これもデジタル変革の一つである。

目の前に広がる多様なアナログ世界をデジタル化し、生産性を高め、付加価値を創り出していく。これは成長戦略であり、カーボンニュートラル戦略でもある。国のグリーン成長戦略で、「経済と環境の好循環」をつくっていくとしているが、ここにデジタル変革が不可欠になってくるのだ。

例えば、現場技術者の地道な活動に支えられている加熱炉の熱管理において、製品に伝わる熱、排ガスとなる熱、炉体表面からの放射熱などをデジタル化して把握することができれば、熱勘定のあり方が変わる。人の経験と勘を事業のプロセスに埋め込むことで、生産性の抜本的な向上、さらには付加価値の創出を可能にすることができる。

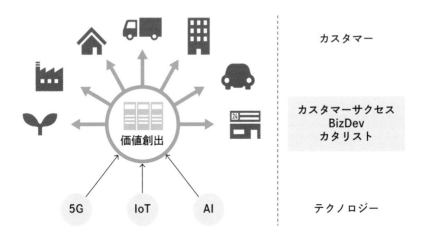

強い想いで利他の心で共感して
「巻き込み」「つないで」「パイを増やす」

（出所）筆者作成

　デジタル変革による生産性向上と付加価値の創出は、成長戦略の一丁目一番地と言っても過言ではない。世の中には、生産性の低い事業領域が膨大に存在し、ビジネスチャンスはそれを見つけ出すことにある。

見える化の基盤としてのデジタルデータ

　デジタル変革の第一歩は、「見える化」である。今まで経験と勘で行ってきたアナログのプロセスを、デジタルデータによって定量的に把握することで、データに基づく議論が可能になる。

　2015年に国が提供をはじめた地域経済分析システム（RESAS）では、地方経済に関わる様々なデータを収集・分析し、わかりやすい形で提供している。統計資料や企業データなどを用いて、地方経済に関する情報を「産業」「農林水産業」「観光」「人口」「自治体比較」の5種類で分析する。これを利用すれば、訪日外国人がどんなルートで移動しているのか、輸出が盛んなエリアや品目は何か、農地流動化が進んでいる地域はどこなのか、域外から稼い

でいる産業は何かなどの詳細が日本地図上に描画される。俯瞰的な目線で「人・モノ・カネ」の流れを把握できる。

　また、富山市では、住民基本台帳データを用いて、高齢者の分布、高齢者単独世帯の分布、要介護・要支援認定者の分布などを可視化し、社会資本整備計画や福祉・医療・教育施設等の適正配置に反映させている。

　都市施設、地価、社会インフラ維持コスト、地方税収、通行量（自動車／歩行者）、購買履歴、空き店舗、賃貸物件床単価などのデータを用いることができれば、将来のまちのあり方を予測することもできる。携帯電話やクルマから得られる位置データを用いることができれば、人やクルマの動線まで把握できるようになり、予測精度はさらに高まる。

　エネルギー分野においても、より細かな粒度でデータが得られれば、精度の高いエネルギーフローが得られ、エネルギー政策に反映させることができる。人口や施設数などのデータをも加味して10年後や20年後のエネルギーのあり方を示すことにより、エネルギー施策を考えるきっかけにもなる。

　ただし、需給状況を電力市場に反映させるためには、より細かな時間粒度でのデータが欲しい。現在の電力市場で用いているデータは数十分単位での電力の時間積分値であるのに対し、物理的需給調整は秒単位で行われているというアンバランスが存在するためである。現在、スマートメーターからのデータの粒度をいかに細かくするか、という議論が行われており、今後、電力データの粒度は細かくなる方向に動くであろう。

　また、企業では、関連するサプライチェーン全体での温室効果ガス（GHG）排出量を把握し、開示する動きが強まっている。製品生産時のScope1（直接排出量）、Scope2（エネルギー起源間接排出量）のみならず、製品利用時の排出量などにあたるScope3（その他間接排出量）まで管理するものだが、上流の取引先や下流の顧客までのGHG排出量をデジタルで「見える化」しなければならず、特にScope3になると複雑すぎてGHG排出量の把握が難しくなる。困難だが、確実にデジタル化は進展しているので、一歩一歩デジタル化を進めていくしかない。

産業が変わる

　デジタル化は、事業領域の再定義の動きも促進している。

　オランダ・フィリップスは、米ワシントンD.C.の交通局が募集した25カ所の駐車場における照明の入れ替え案件に対して、LED照明とその知的制御と保守とをサービスとして提供している。従来の照明機器を売るという事業ではなく、照明をサービスとして提供する事業である。また、米キヤリア社は、空調機器販売という事業を、断熱建物、照明、省エネなどをも含めた「涼しさ提供サービス」「顧客の空間を快適にするサービス」に転換させつつある。

　業界の枠をなくし、異業種が入り乱れながらの競争を促すのがデジタル変革である。省エネ機器の製造企業は、ハードウエアを基軸としてアンシラリーサービス（瞬時瞬時の需給バランス維持により電力の品質を安定させる機能）向けのプロバイダーに事業転換していく可能性もある。鉄道会社が不動産開発や駅ナカビジネスに進出しているのと同じで、頭を柔らかくして将来の事業構造のあり方を考えていかなければいけないフェーズに入りつつある。

　電力ネットワークにおいても、デジタルの導入に伴い、「集中から自律分散へ」「一方向から双方向へ」「計画経済から市場経済へ」「固定サービスから多様なサービスへ」「単一参加者から多様な参加者へ」「垂直型から水平型へ」「消費者からプロシューマーへ」といった動きがみられ始めている。

　これは、通信分野における電話網からインターネット網への移行に匹敵する流れである。電話網がインターネット網に移行したことで、コンテンツ、広告、ネットワーク、セキュリティーなど数多くの新しい事業が生まれた。同様に電力ネットワークでも、再生可能エネルギーが普及して蓄電池が圧倒的に安くなれば、省エネの意味も今とは異なる意味を持つことになろう。カーボンニュートラルという視点では消費エネルギーを削減する必要がなくなるためである。このような時代にどのような事業が勃興してくるのか、思考実験として考えてみるのは面白い。

　ピーター・ドラッカーは、「蒸気機関が鉄道の登場を促し、鉄道の登場がめぐりめぐって郵便、銀行、新聞などの登場につながった」と喝破した。この言葉を現在の情報通信技術にあてはめると、「情報通信技術がインターネ

ット、携帯電話、クラウド、センサーの登場を促し、それがめぐりめぐって新たな産業の登場につながった」となる。情報通信技術が社会に与える影響を考える上で、現在は途中段階であるとの認識が重要だ。これで終わりではない。このようにデジタルインフラが発展するからこそ、あらゆる産業の変革につながり、これこそが社会に与えるきわめて大きな影響となる。

デジタルの衝撃

デジタル変革が将来的に何を引き起こすのか、予測することは困難だ。だが、変革に伴う事業領域の再定義に対処するためには、固定概念にとらわれず、柔軟な思考を続けるしかない。

1989年に刊行されたMIT産業生産性調査委員会の「Made in America」は、アメリカ製造業の生産性低下に警鐘を鳴らし、復活するための処方箋を記したものである。この中では以下のように主張している。

> 製造業からサービス産業への転換は避けられないものの、アメリカのような大陸型経済では、将来にわたってサービスの生産者として機能していくことはできない。
>
> ベンチャー企業が乱立しており、短期的利益に重点が置かれ生産性が高まらない。西海岸のベンチャーキャピタルが特に問題である。

当時の世界を代表する学者が経営者と議論しながらまとめたものにもかかわらず、その後のサービス産業の隆盛に考えが至ることはなかったし、シリコンバレーのIT革命の意義も全く評価していなかった。MITが金融分野で主導的な役割を果たしていたにもかかわらず、フィンテックのような先端金融技術の影響もまったく考慮されていなかった。したがってこれから行われるデジタル変革がどのような衝撃を与え、世の中をどう変えるのかという予測も、同じように難しいといえるだろう。

カーボンニュートラルの対象となる分野はすべての事業領域にまたがり、デジタルが身近なところでも下支えしていくことになる。固定概念にとらわれず、かつ顧客に寄り添いながら課題を見いだし、他分野のパートナーとの連携を通じて価値を創出していきながら、カーボンニュートラル実現に向き合っていくことが大切である。

バイオテクノロジー

AI／ITとの融合による革新技術、気候変動対応に寄与

EYストラテジー・アンド・コンサルティング㈱　ディレクター
齊藤　三希子

　"Bio is the new Digital"、バイオテクノロジーは、デジタルの次の革新的技術として産業界・学術界から注目されている。

　バイオテクノロジーは、化石燃料由来のあらゆる素材を代替し、化石燃料の使用を抑制することで気候変動や環境保全に貢献するだけではなく、幅広い産業に対して付加価値を高め、食料問題、エネルギー問題など、現代社会が直面する複数の社会課題を同時に解決する技術ソリューションとなり得る。

　バイオテクノロジーは、生物の持つ能力や性質を上手に利用し、「生きる（健康・医療）」、「食べる（食料・農林水産）」、「暮らす（環境・エネルギー）」といった持続可能な社会形成に欠かせない技術である。縄文時代から、発酵食品や保存食など、人の生活に利用されてきた。

　2000年頃よりゲノム解析コストの低減化・短時間化、AI（人工知能）技術の発展、簡易で正確なゲノム編集技術の登場により、生命現象を把握し、生物機能を最大限活用できるようになり、バイオテクノロジーは大きく進展した。

　これまで、生物の機能を利用するバイオテクノロジーは、健康・医療、農水畜産、工業といった幅広い分野に応用されてきた。昨今、バイオテクノロ

ジーとAI及びITとの融合（バイオDX）により、気候変動や食料危機、疾病問題、資源問題など、地球規模の社会的課題にも寄与する技術として期待されている。デジタル技術同様、バイオテクノロジーが広範な産業の基盤を支える次世代の基盤技術に発展する可能性がある。

　特に気候変動の観点では、バイオ燃料への代替による運輸、バイオプラスチックやセルロースナノファイバー（CNF）などの高機能化学品、ゲノム編集により二酸化炭素（CO_2）吸収力を高めた農作物など、多方面への活用が進んでいる。

　バイオテクノロジーの導入による世界全体のCO_2削減効果としては、航空機や船舶のバイオ燃料転換により約46億t、バイオ製品の普及により約25億t、CO_2吸収力を高めた植物・海藻（スーパー植物）などにより約40億t、CNF等の高機能化学品の普及により約6.7億tになると推計されている[*1]。

　一方、米中対立の激化に伴い国際協調の機運が低下しつつある中、バイオテクノロジーは、AI/IoT（Internet of Things; モノのインターネット）、量子技術などと同様、産業競争力あるいは安全保障の観点から、技術覇権争いの対象となっている。

気候変動の緩和策となる「バイオエコノミー」

　バイオ技術の進展にともない、経済協力開発機構（OECD）は、2009年にバイオテクノロジーが経済に大きく貢献できる市場としてバイオエコノミーの概念を提唱。2030年に世界のバイオ産業市場はGDPの2.7％（約1.6兆ドル＝約176兆円[*2]）に拡大すると予測した[*3]。

　バイオエコノミーとは、自然が提供する再生可能な資源を用いて、植物・動物・微生物の力とライフサイエンスやバイオテクノロジーの知識を活用して農業、水産業、林業、および生物生産等の分野でイノベーションを起こすことにより、気候変動や食料問題といった地球規模の課題を解決し、長期的に持続可能な成長を目指そうという概念である（図表2-15）。

　バイオ燃料やバイオプラスチック原料は、現在は主にトウモロコシやサトウキビを原料にしているため、時に食料との競合が課題となるが、昨今ではこれを避けるため、藻類や樹木などの非可食バイオマスや、食品廃棄物や生

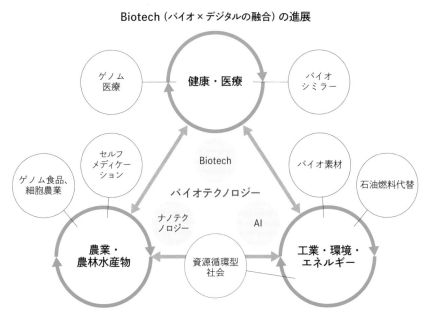

Biotech（バイオ×デジタルの融合）の進展

（出所）筆者作成

　ごみ等のバイオマス廃棄物を原料とした有用物質生産（石油化学製造されてきた液体燃料や汎用化学品を経済的かつ環境に負荷をかけない手法で効率的に生産）技術の研究開発が推進されている。

　ドイツ、フランス、米国などの先進国だけではなく、中国や南アフリカ、タイ、インドなども戦略を公表し、アクションプランを実行している。日本は、他国より10年以上後れを取りながら、2019年6月、10年ぶりに「バイオ戦略2019」を公表し、バイオを量子技術、AIと並ぶ重要分野と位置付け、2030年までに世界最先端のバイオエコノミー社会の実現を目指すとしている。

　さらには、EU、ドイツ、米国、中国、日本は"バイオ×DX（デジタルトランスフォーメーション：IT/AI）"を『第五次産業革命』と位置付け、原油から化学品・燃料を製造する「オイルリファイナリー社会」からバイオマス資源で代替する「バイオリファイナリー社会」への転換を進めている。

　実際、バイオ産業は世界的に年平均成長率7.0％、日本でも年平均成長率

6.8％と日本の実質GDP成長率を大きく上回る勢いで成長しており、世界全体で今後20年間にわたり年間4兆ドル（約440兆円[*2]）の経済効果を誘発すると予測されている[*4]。

ゲノム解析・編集技術のブレークスルー

バイオテクノロジーは、合成生物学、CNF、ゲノム編集・細胞農業、バイオ医薬・再生医療・ゲノム医療など様々におよぶ。

2000年頃に生物機能を人工的に設計する「合成生物学（Synthetic Biology）」が登場したことで、これまで利用し得なかった"潜在的な生物機能"を引き出すことが可能となり、自然界に存在しない生物を創り出せるようになった。合成生物学技術を利用することにより、高性能素材（医薬中間体、化成品原料、食品添加物等）に必要な細胞を効率的に設計・製造できるようになった。

合成生物学の進展は、主に次世代シーケンサー（Next Generation Sequencing；NGS）技術、ゲノム編集技術（図表2-16）、IT/AI技術の発展が起因している。次世代シーケンサー技術の開発により、ゲノム解析の高速化・低コスト化が急速に進展し、解析コストは2000年の10万分の1に低下した。

加えて、ゲノム編集は、2020年ノーベル化学賞を受賞したDNAを切断する人工酵素「クリスパー・キャス9（CRISPR-CAS9）」が開発されたこと

│ 図表2-16 │ ゲノム編集技術イメージ

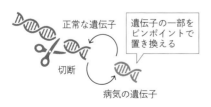

ゲノム編集

狙った遺伝子をピンポイントで入れ替えるため遺伝子を思い通りの機能に改変

正常な遺伝子

遺伝子の一部をピンポイントで置き換える

切断

病気の遺伝子

文章の編集

文字を挿入して思い通りの意味に変える「文章の編集」と同じ

あかい電球 → あかるい電球

（出所）筆者作成

により簡便になり、DNA合成コストは、2000年の1,000分の1に低下した。さらに、IT/AI技術の発展により、ゲノム配列と生物機能の関係の解明がスピーディーかつ精度よく分析可能となった。

　最近では、合成生物学を基盤とした技術開発においてDBTL（Design-Build-Test-Learn）サイクル（図表2-17）の概念が定着し、操作の機械化・自動化が進んでいる。これにより、米国、欧州、および中国を中心に、化成品、肥料、栄養素材、化粧品などの生産に必要な微生物を造成する技術開発競争が激化している。

　米国のバイオ産業の発展は、合成生物学の強固な技術基盤を有する、Amyris社、Ginkgo Bioworks社、Zymergen社などのベンチャー企業に先導されており、世界中の企業と提携して新規素材創出のソリューションを提供している。

　Ginkgo BioworksはDNAのシーケンシング、発酵などの自動化装置を開発しており、合成生物の受託製造のプラットフォームビジネスも進めている。

　ドイツのMiltenyi Biotec社は、改変遺伝子の細胞への導入プロセスを自

| 図表2-17 | DBTLサイクルのイメージ

（出所）筆者作成

動化する機器を開発中で、患者のベッドサイドにおける遺伝子治療が可能となる。

　実際、バイオ素材は耐久性や耐熱性、成形性、柔軟性に課題があると思われていたが、利用用途が限定される素材ではなくなっている。

　植物由来の次世代素材のCNF、石油由来の化学繊維に代わる「構造タンパク質」など、ゲノム解析コストの低減・短縮化、ゲノム編集技術やイメージング技術、自動化・AI技術の進展により合成生物学が急速に発展し、革新的新素材や高機能品が生み出されている。

　さらには、生物機能を利用することで、化石資源に依存した高温高圧のものづくりから、常温常圧のものづくりへの転換が可能となる。これにより温室効果ガス（GHG）削減だけではなく、複雑な合成過程が必要な化学産業プロセスの簡便・低コスト化、生産困難な化合物の生産など製造プロセスの抜本改革が起きている。バイオマスからの化学品製造と産業利用の実現は、気候変動対策と産業競争力向上の両方に寄与する。

　日本では、日本発のCNFやバイオ繊維、生分解性プラスチックは大幅な市場拡大が期待される注目技術である。

　2019年の東京モーターショーでは、京都大学をはじめとする22の大学、研究機関、企業が共同開発した次世代素材CNFを活用した自動車がお披露目された。植物由来の次世代素材CNFは、鋼鉄の5分の1の軽さで5倍以上の強度を有している。

　また、Spiber㈱は、独自の技術で合成した遺伝子を微生物細胞の遺伝子に導入し、この微生物を増殖させることで高機能タンパク質素材を開発した。この人工構造タンパク質「Brewed Protein™(ブリュード・プロテイン™)」は、鋼鉄の340倍の強靭性とナイロンを上回る伸縮性がある"夢の繊維"である。

　㈱カネカは、2009年に世界で初めて100％植物由来で、軟質性、耐熱性を持つ生分解性ポリマーPHBHを開発した。微生物の働きによって分子レベルまで分解、最終的にCO_2と水に分解されるため、海洋プラスチック汚染を緩和する。

あらゆる産業で進むバイオマスシフト

　サプライチェーンの再構築は素材産業だけではない。バイオテクノロジーの急激な革新により、既に様々なバイオ製品が気付かないうちに私たちの身近なものに活用されている。例えば、バイオ燃料、COVID-19のワクチン、バイオ薬品、バイオ診断、ゲノム編集食品、バイオレザーなどである。

　（国研）新エネルギー・産業技術総合開発機構（NEDO）調査によると、世界のバイオジェット燃料市場は2030年に4兆円、2050年に19兆円まで拡大すると予測している。日本国内では、2021年6月、ついに㈱ユーグレナが国内で初めて商用機にバイオジェット燃料を使用したフライトを行った［第3部 - 技術トピック12／p178を参照］。

　また、ゲノム編集技術は血液疾患や肝臓病、眼病など遺伝性疾患への早期応用、エイズ患者や筋ジストロフィーなどの治療に活用する研究開発が進められている。

　米国バイオベンチャーAmyrisは、酵母の大量生産システムを開発し植物由来抗マラリア薬の低コスト化に成功した。カリフォルニア大学ではマラリアやデング熱など、蚊が媒介する感染症を、遺伝子ドライブにより根絶させる研究に取り組んでいる。さらには、COVID-19などのワクチンや診断薬にもバイオテクノロジーが活用されている。

　ゲノム編集技術や再生医療技術は、食肉生産や魚肉、卵などのタンパク質、特定栄養素が高い農作物栽培にも適用されている。これにより、既存の生産方法よりもGHG排出量を抑制した生産が可能となっている。

　最近では、キノコの菌床から製造されたバイオレザーの使用を発表するエルメスやステラ マッカートニーなどの高級ブランドが増えている。まさに、あらゆる産業分野において世界的にパラダイムシフトが起ころうとしている。

バイオ原料の安定確保、ゲノム編集ルール整備を

　上述の通り、バイオテクノロジーは、化石燃料由来のあらゆる素材を代替し、化石燃料の使用を抑制することで気候変動や環境保全に貢献する。それだけではなく、健康・医療、食品・農業、環境・エネルギー、化学等、幅広

い産業に対して付加価値を高め、食料問題、エネルギー問題など、現代社会が直面する複数の社会課題を同時に解決する技術ソリューションとなり得る。

一方、バイオエコノミー社会の実現に向けては、植物由来原料の安定確保やバイオマス収集システムの構築、低コスト化、設備投資など、まだまだ様々な課題克服が必要である。

さらには、バイオテクノロジーを悪用したバイオテロリズムの発生、ヒトや環境に悪影響を与えるリスクの懸念が高まっている。生命倫理にも大きく関わる領域であるため、倫理的・法的・社会的課題などの面にも配慮しつつ、慎重に研究開発・製品化、サービス化を進める必要がある。

バイオテクノロジー技術の革新によりあらゆる産業において生産方法が変わり、既存産業構造やサプライチェーン、プレーヤーが劇的に変化する。これにより新たなリスクファクターや新規規制・標準化が誕生し、新たな投資指標、企業評価指標が構築される。消費者の需要が変化し、新たなリスクマネジメント、ルール形成、内部統制、新評価指標に沿った経営・投資戦略が必要となる。

世界では、ゲノム編集技術に対するガイドラインや規制などのルール作りが進められている。日本でも早急にルール形成を図る必要がある。我が国として、バイオテクノロジーが生み出しつつある新たな潮流をどう捉え、対処していくべきか。将来を見据えた戦略的な取り組みが求められている。

あらゆる生物の遺伝子情報を簡単に編集できる時代が目の前に来ている。近い将来、遺伝子はシステム同様にプログラム化され、バグを修正できるようになる。バイオテクノロジーの産業利用が世界経済を大きく牽引すると期待されている。

＊1 "革新的環境イノベーション戦略",内閣府,2020
＊2 1ドル=110円で試算
＊3 "The Bioeconomy to2030",OECD,2009
＊4 McKinsey Global Institute,"The Bio Revolution"(May2020)

カーボンキャプチャー・リサイクル技術

カーボンニュートラル達成に向けて CCUS技術開発の動向

(公財)地球環境産業技術研究機構(RITE)
化学研究グループ　主席研究員
余語　克則

　CCS（Carbon dioxide Capture and Storage；二酸化炭素回収・貯留）とは、発電所や製鉄所、セメント工場、あるいは化学工場などの排ガス中の二酸化炭素（CO_2）を分離回収、液化して、地中深くに貯留・圧入する技術である。回収したCO_2を有効利用する概念を含めて、CCUS（Carbon dioxide Capture, Utilization and Storage；二酸化炭素回収・利用・貯留）という場合もある。回収したCO_2を油田に注入して原油の増進回収を行うEOR（Enhanced Oil Recovery）などが挙げられる。

　カーボンニュートラルの達成に向けて、既に世界的に大規模なCO_2貯留事業が20件以上稼働中である。我が国においても2016年4月から日本CCS調査㈱が苫小牧においてCO_2圧入を開始し、2019年11月までに30万tを圧入している。今後さらにCCSを進めるためにはCCSコストのおよそ6割を占めるCO_2分離回収コストの大幅低減が求められており、早期の実用化を目指して、近年、実証試験や商業規模の事業検討が各所で進められている。

　我が国では2020年12月に「2050年カーボンニュートラルに伴うグリー

| 図表2-18 | CCUS／カーボンリサイクルの概要

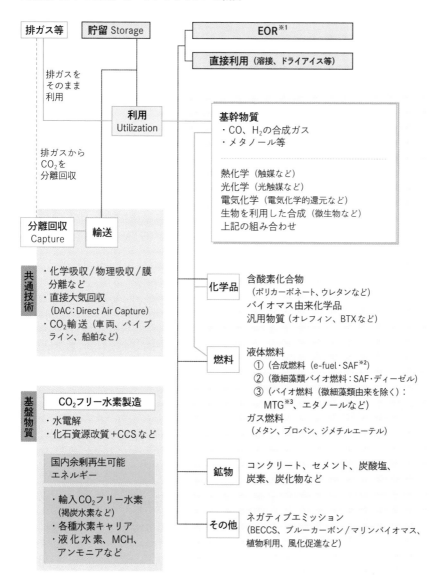

※1　EOR：Enhanced Oil Recovery（原油増進回収法）
※2　SAF：Sustainable aviation fuel
※3　MTG：Methanol to Gasoline

（出所）経済産業省「カーボンリサイクル技術ロードマップ」（2019年6月/2021年7月改訂）

ン成長戦略」が策定され、2021年7月にはカーボンリサイクル技術ロードマップ（2019年6月策定）が改訂された。ロードマップにDAC（Direct Air Capture）や合成燃料が追記されるとともにカーボンリサイクル製品の普及時期が2040年に前倒しされた。政府はCO_2排出削減に向けた取り組みを、次なる大きな成長につなげていくためのチャンスととらえて、民間企業の取り組みに対して積極的な支援を始めたところであり、CO_2を固定化、再利用する動きも盛んになっている（図表2-18）。

CO_2回収技術と課題点
——再生エネルギー低減し回収コスト大幅減へ

CO_2はこれまでにも工業プロセスでは、天然ガス精製施設およびアンモニア工場等の大規模工場で日常的に分離されている。CO_2の分離回収技術はその分離原理によって、①吸収法（化学吸収、物理吸収）、②吸着分離法、③膜分離法、④深冷分離法——の4種類に分けられる（図表2-19）。

CO_2と親和力のある吸収材（液体または固体）とCO_2を含んだガスを接触させることでCO_2を分離することができる。CO_2の吸収材として用いられるアミンはCO_2との化学反応によりカルバメート（1）あるいはバイカーボネート（2）を生成し、混合ガス中からCO_2を回収することができる。

$$2R^1R^2NH + CO_2 \rightleftarrows R^1R^2NCOO^- + R^1R^2NH_2^+ \quad (1) \text{※カルバメート}$$
$$R^1R^2NH + CO_2 + H_2O \rightleftarrows HCO_3^- + R^1R^2NH_2^+ \quad (2) \text{※バイカーボネート}$$
$$(R = \text{アルキル基})$$

これまでに各種のアミン化合物がCO_2分離回収用材料の成分として、吸収液での実用化のみならず、固体吸収材や分離膜用の材料としても検討されている。

吸収液のうち、最も代表的な化学吸収液として知られるモノエタノールアミン（MEA）水溶液では、CO_2吸収後の液を加熱再生しCO_2を脱離させて回収する工程において、高温のスチーム（約120℃）を供給する必要があり、エネルギー消費（約4 GJ/t-CO_2）が大きい。また装置の腐食やアミンロスの

分離法	吸収剤・分離剤	技術概要	プロセス (企業,研究機関)
吸収法 (吸収液)	物理吸収液	ガス分子を液体中に溶解させて成分分離する方法(CO_2分圧が高いほど有利)	Rectisol (Linde,Lurgi), Selexol (UOP)
	化学吸収液 (アミン系) (Na/K炭酸塩系)	ガス分子とアミン/アルカリとの化学反応を利用。吸収材の種類によってCO_2分圧が低い場合(燃焼後回収)にも適用可	[アミン系] KS液 (MHI), RN (RITE), aMDEA (BASF), [Na/K炭酸塩系] Benfield (UOP)
吸着(収) 分離法 (固体)	物理吸着 (活性炭、ゼオライト)	・温度差 (TSA)、圧力差 (PSA) を利用して吸着・脱離 ・水の影響を受けやすく、前処理(除湿)エネルギーが大 ・中小規模向け	Zeolite-PSA (JFEスチール・C50Projectで実施(高炉)、熱風炉で過去商用運転)
	化学吸着/吸収 (アミン担持無機多孔体,担持活性炭等)	化学吸収法と原理は同じ。多孔質担体にアミンを含浸またはアルカリ金属を担持させることで、再生エネルギーを低減	アミン担持固体吸収材(RITE/KHI:パイロット試験を実施予定) TDI Research,Svante、Climeworks (DAC用)
	化学吸収 炭酸塩系 (Caルーピング等)	Ca系では、酸化カルシウム (CaO) と炭酸カルシウム ($CaCO_3$) を循環して再生サイクルを作ることで、燃焼後ガスからCO_2を除去する(排ガスはCO_2と水蒸気のみ)	HECLOT (ITRI)、EUを中心にパイロット試験が実施されている(CEMCAP、CLEANKER Projectなど)
膜分離法 (薄膜)	有機膜	・圧力差を駆動力とする透過速度の違いによる分離(連続処理プロセス) ・原理的に高圧、高濃度ガスの処理に適する ・装置が比較的小型で、構造がシンプル ・CO_2回収純度を高めるのは困難	PRISM (Air products) UOP (Separex)、 高Si-CHAゼオライト膜 (三菱ケミカル㈱) DDR型ゼオライト膜 (日本ガイシ㈱) など
	無機膜 (ゼオライト膜、シリカ膜等)		
深冷分離法 (蒸留)	液化、蒸留、沸点の差で分離	他の分離回収法よりも設備費が高額、投入エネルギーが大きい	PSAや酸素燃焼後段での使用例あり。CO_2を含む産業ガス精製では実用化。CCUS向けは未商用化

(酸素燃焼は範囲外とした)

(出所) https://www.env.go.jp/earth/ccs/attach/mat03.pdf 等各種資料をもとに作成

第
2
部

問題もある。これらの課題を克服すべく、これまで代替材料の探索や分離プロセスの改善が実施されてきた。

　関西電力㈱と三菱重工業㈱（当時）が1990年代に開発したヒンダードアミンを用いるKS液はMEAと比較して、再生エネルギーが7割程度で、吸収液の劣化が少なく、装置も腐食しにくいため防食剤も不要といわれている［第3部 - 技術トピック17/p220を参照］。最近ではさらに揮発性が低く劣化耐性が高い液を開発し、現在、ノルウェーのMongstatのCO_2回収技術センターで実証試験を実施している。

　また、（国研）新エネルギー・産業技術総合開発機構（NEDO）の環境調和型プロセス技術の開発（COURSE50）プロジェクトにおいてRITEが日本製鉄㈱と共同で開発した高性能吸収液が実用化され、日本製鉄㈱室蘭製鉄所（120 t- CO_2/日、2014年〜）と住友共同電力㈱新居浜西火力発電所（143 t- CO_2/日、2018年〜）で稼働中である。

　アミン系吸収液によるCO_2分離回収技術は、現状、最も有力なCO_2分離回収技術であり、大規模の設備建設も進められているが、化学吸収法におけるCO_2分離回収においては液の加熱再生に必要なエネルギー（再生用のスチーム）が大きいことが課題であり、これが回収コストの半分程度を占めると試算されている[*1]。したがって、この化学吸収液の再生エネルギーの低減が回収コスト低減には極めて重要な課題である。

　これらの吸収液の課題を克服するために、最近では非水溶媒系などの検討もされているが、一方で多孔質材料にアミン担持した固体吸収材による分離回収も検討されている。吸収液は比熱の大きな水を再生工程で加熱する必要があるが、固体吸収材では再生工程で顕熱や蒸発潜熱に消費されるエネルギーを低減できる可能性がある。

　RITEではこれまでに60℃程度の低温で再生可能な固体吸収材を開発し、2020年、NEDO委託事業「先進的二酸化炭素固体吸収材の石炭燃焼排ガス適用性研究」に採択された。2022年度から川崎重工業㈱、関西電力㈱と協力して石炭火力発電所から排出される燃焼排ガス中のCO_2分離回収のパイロットスケール試験（40t-CO_2/日 規模）を実施する予定である。

CCU：鉱物固定に大きなCO_2削減ポテンシャル

　CCUは化石資源由来の化学品や燃料の代替、あるいはアルカリ土類金属の炭酸塩化を利用したコンクリート製品など、経済的な付加価値を与えつつ、脱炭素化に資する可能性があり、今後の展開が期待されている。CO_2利用は世界全体で約8,000万t／年と推定されており、そのうちの多くが尿素製造に用いられている[*2]。また、水素を用いるプロセスはコスト的なハードルが極めて高く、今後、再生可能エネルギーを利用したCO_2フリー水素の製造コストが大幅低減されることが前提となっている。

　2016年の世界エネルギー・環境イノベーションフォーラム（ICEF）のCCUロードマップに記載された2030年のCO_2削減ポテンシャルは、骨材が3億〜36億t、燃料として7000万〜21億t、コンクリート利用が6億〜14億tと推測しており、特に鉱物固定のポテンシャルを大きく評価している[*3]。CO_2を原料として炭化水素類を合成するためには熱あるいは水素（製造に必要なエネルギー）の形でエネルギーを投入しなければならないが、炭酸塩は鉱物として天然に存在し、エネルギー的に最も安定しているため、安全なCO_2固定化技術といえる。

ネガティブエミッション技術：DACなど新技術に注目

　パリ協定の長期目標達成には大気中に既に蓄積されたCO_2を低減するネガティブエミッション技術も必要となるとされており、近年、議論が盛んになってきている。大気中からCO_2を分離回収するDAC技術の他、植林／再森林化、風化促進、BECCS（Bioenergy with Carbon Capture and Storage）、バイオ炭の活用による土壌炭素隔離などが挙げられている。

　従来型の化学製品や燃料としての利用はCO_2の排出削減、CO_2有効利用に寄与し得るが、大気中からのCO_2除去効果は小さい。一方、鉱物固定やBECCSはDACCS（Direct Air Capture with Carbon Storage）とともに、CO_2削減に対して寄与し得る。APS（American Physical Society）がアルカリ水溶液によるDACのコストを600ドル/t-CO_2（約6万6,000円/t-CO_2[*4]）と試算している一方、150ドル/t-CO_2（約1万6,500円/t-CO_2[*4]）程度の試算

もあり、出典によりかなり幅がある。現時点でその妥当性の評価は困難であり、今後の詳細検討が待たれるが、その一方で、海外ではCarbon Engineering、Climeworks、Global Thermostatなどの企業が大気中からのCO_2回収技術を既に実用化しており、大規模化を進めている。

今後の展望
——CO_2回収範囲の拡大へ、低コスト・高耐性の材料開発を

　今後CCUS／カーボンリサイクルを進めるためには様々なCO_2排出源からのCO_2回収が必要となるため、各排出源に最適な分離回収技術の早期実用化が不可欠である。特に脱炭素化に向けた持続可能開発シナリオでは、空気からの直接CO_2回収（DAC）やBECCSなどのネガティブエミッション技術が重要となる[5]。また、これからのCO_2回収の役割として、天然ガスやバイオマス燃焼からのCO_2回収の寄与が増大するといわれており、今後は、これらのより低濃度のCO_2排出源にも対応できるよう技術開発を進める必要がある。CO_2濃度が低くなると、その分処理すべきガス量も増大するため、今後はより低コストで劣化耐性の高い材料開発が重要であろう。

＊1　（公財）地球環境産業技術研究機構（RITE）、2002年度「温暖化対策技術に関する調査／二酸化炭素分離・回収技術に関する調査報告書」
＊2　RITE「長期的な地球温暖化対策の検討に向けた調査事業成果報告書」（2017年3月）
＊3　CARBON DIOXIDE UTILIZATION (CO2U) ICEF ROADMAP (2016), (2017)
＊4　1ドル＝110円で試算
＊5　Energy Technology Perspectives 2020

第 **3** 部

技術トピック

カーボンニュートラル実現へ向けて、エネルギー産業（供給）、運輸・モビリティー、製造業、エネルギー利用、農林水産・吸収源の5分野で行われている革新的技術開発への取り組み状況と展望を紹介する。各分野の冒頭にあるポジショニングマップは、各技術の脱炭素効果と想定されるコスト、実装時期を示している。

エネルギー産業（供給）

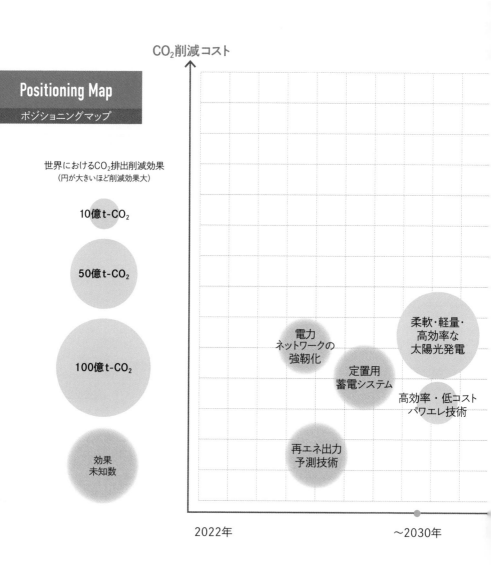

CO₂削減コスト

世界におけるCO₂排出削減効果
（円が大きいほど削減効果大）

10億t-CO₂

50億t-CO₂

100億t-CO₂

効果
未知数

電力
ネットワークの
強靭化

定置用
蓄電システム

柔軟・軽量・
高効率な
太陽光発電

高効率・低コスト
パワエレ技術

再エネ出力
予測技術

2022年

〜2030年

供給側の「エネルギー産業」セクターにおける施策・技術ごとの二酸化炭素（CO_2）排出削減効果および相対的な削減コストを図に示す。2030年にかけては建築物と一体化できる柔軟な太陽光発電および再生可能エネルギー普及拡大を支える技術群（再エネ出力予測技術、電力ネットワークの強靭化、定置用蓄電システム）が低コストで脱炭素化を促進する技術として貢献することが予想される。それに続き、炭素価格の上昇に従い、やや高コストであるが大規模なCO_2排出削減効果が見込まれる浮体式洋上風力、CCUS（二酸化炭素回収・利用・貯留）、水素サプライチェーンといった革新技術群の社会実装が期待される。

ポジショニングマップ作成　浅野浩志（I.エネルギー産業（供給）総論）

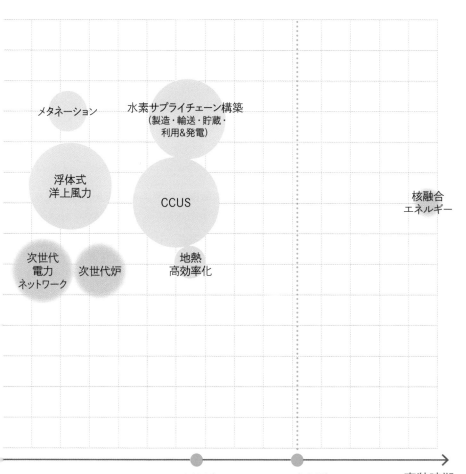

CO_2排出削減量の参考データ：内閣府統合イノベーション戦略推進会議革新的環境イノベーション戦略
※CO_2排出削減量は、世界における温室効果ガス（GHG）排出削減効果をCO_2重量換算したもの

第3部

I エネルギー産業(供給) **総論**

イノベーションの中心的役割担うエネルギー転換部門

東海国立大学機構　岐阜大学高等研究院　特任教授
(一財)電力中央研究所　研究アドバイザー
東京工業大学科学技術創成研究院　特任教授
浅野　浩志

はじめに

　一次エネルギーから二次エネルギーへの転換を担うエネルギー産業（電力、都市ガス、石油等）はこれまで、主に化石燃料を中心とした資源の開発・輸送・転換・貯蔵・供給からなるエネルギーバリューチェーンの主たる事業者であった。今後は、その保有技術を生かし、再生可能エネルギー利用を中心とする脱炭素化技術の開発と低炭素エネルギー供給の中心的役割を担っていく。同時にエネルギー多消費型産業、自動車産業、建築業などはエネルギー効率向上と燃料転換を図らなければカーボンニュートラルを達成できない。

　本章ではカーボンニュートラル実現に向けてイノベーションに取り組むべき重要技術を取り上げる。グリーン成長に不可欠かつ重要なエネルギー技術は、再エネ、次世代電力ネットワーク、水素サプライチェーン、革新的原子力技術、CCUS（二酸化炭素回収・利用・貯留）である。その重要性の評価基準は、我が国の技術優位性、コスト競争力、エネルギーセキュリティーに加えて、温室効果ガス（GHG）限界削減費用を考慮した経済的ポテンシャル（物理的ポテンシャルは参考値）である。

　国際エネルギー機関（IEA）が示した、2050年までの世界のエネルギー起

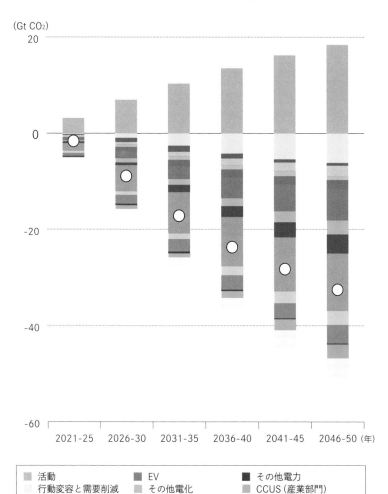

(出所) IEA, Net Zero by 2050: A Roadmap for the Global Energy Sector, May,2021

源 CO_2 正味ゼロ（Net Zero by 2050、気温上昇 1.5℃シナリオ）ロードマップにおいて（図表 3-1）、2030年までは既存技術で相当量削減できるが、その後、2050年までのネットゼロ実現にはこの先10年間のエネルギーイノベーションが不可欠であるとされている。風力と太陽光発電（PV）等の再エネに最大の貢献が期待されるほか、エネルギー効率化、電気自動車（EV）を含む電化、水素、CCUS が重要である（図表 3-1）。

　実際、我が国も基本的なエネルギー環境イノベーション戦略を定めた「革新的環境イノベーション戦略」（2020年）において、次の五つを実行計画の重点領域としている（図表 3-2）。

❶電力供給に加え、水素・カーボンリサイクルを通じ全ての分野で貢献する非化石エネルギー

❷再エネ導入に不可欠な蓄電池を含むエネルギーネットワーク

❸運輸、産業、発電など様々な分野で活用可能な水素

❹二酸化炭素（CO_2）の大幅削減に不可欠なカーボンリサイクル、CCUS

❺農林水産分野

　エネルギー産業が果たさなければならないエネルギー転換（変換）はカーボンニュートラルを実現するイノベーションの中心で、産業、民生、運輸の全ての需要分野の課題と結びついており、需給一体で最も経済的な排出削減を目指すべきである。主要排出源の一つである交通部門と電力部門のセクターカップリングを実現する、統合型エネルギーマネジメントシステムの開発と社会実装（第2期内閣府戦略的イノベーション創造プログラム（SIP）で取り組んでいる「IoE社会のエネルギーシステム」）などが領域をまたぐ横断的な重点分野であろう。

六つの重要技術

　これら重要技術からもう少しブレークダウンし、注目されている6項目の技術を選び、各節においてその概要、現状、課題、展望を解説する。

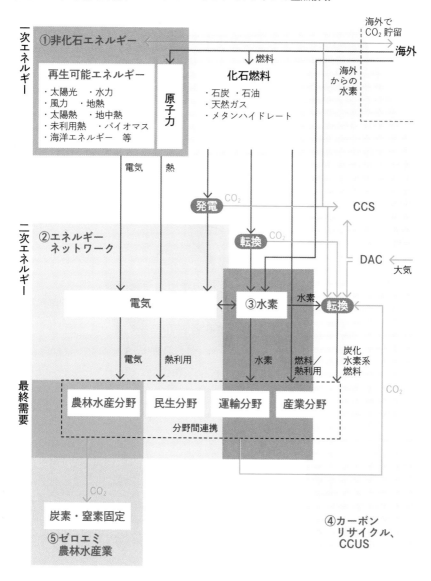

（出所）革新的環境イノベーション戦略/筆者作成

技術トピック 01　再生可能エネルギー　[p118]

　再エネ主力電源化に向け今後、ビッグデータ処理や機械学習等の高度なデジタル技術を駆使し、リソースアグリゲーター[*1]や分散型エネルギー資源（DER）と、一般送配電事業者や再エネ発電事業者を連携させ、電力系統の混雑状況と蓄電池の充電状態等DERの活用状況を共有する。その上でDERの制御を可能とする電力取引プラットフォームの中核となるローカルフレキシビリティー[*2]システムを構築していく。DERMS（DERマネジメントシステム）によって系統の混雑状況と送電網・配電網におけるDERの稼働状況を把握することで、系統混雑管理を行い、特定の配電網内で太陽光・風力の発電出力制御を回避するように需要をシフトできる。太陽光・風力発電など変動電源の出力制御の回避によって、再エネの主力電源化を推進するとともに、系統設備増強コストを抑制できる。

技術トピック 02　気象予測に基づく再エネ出力予測技術　[p123]

　我が国の場合、当面は太陽光発電、次に洋上風力といずれも変動電源が主力電源にならざるを得ない。再エネ事業者やVPP（バーチャル・パワー・プラント；仮想発電所）など個別事業者レベルから系統レベルまで、変動電源の出力予測技術は最も根幹となる技術である。特に系統運用上、これまでは時々刻々と変動する電力需要に合わせて発電出力を制御してきたが、変動電源は正に出力が時々刻々と変化してしまうため、これまで以上に需給のギャップが大きくなり、調整コストが余分にかかってしまう。

　この増分費用をできる限り抑えるためには、変動電源、特に我が国の場合は太陽光発電が主流なため、日射を正確に把握・予測することが必要である。長年の研究開発により「アンサンブル予測」や「確率論的予測」など高度な予測手法が開発、適用されてきたが、気象予測がどうしても大外れしてしまい、供給不足に陥るリスクはある。前日、当日の需給運用にどのように適用したら、停電を避け、供給コストを最小化できるかはまだ研究の途上にある。

技術トピック03　原子力発電／次世代炉　[p128]

　次世代の軽水炉は、変動電源が主力化した系統運用においては少なくとも火力発電並みの負荷追従能力（電力需要の増減に合わせて発電出力を調整する能力）を備える必要がある。米国、中国では安全性や柔軟性に優れた小型モジュール原子炉（SMR）の商用化を進めている。従来主流であった軽水炉の新設コストが上昇しており、SMRは固有安全性を向上させ、モジュール化による量産を図ることでコスト削減を狙っている。政府はSMRを含む次世代炉の研究開発を支援する方針である。

技術トピック04　アンモニア・水素利用による火力発電の脱炭素　[p133]

　火力発電事業に関わる業界は、脱炭素に向けて、アンモニア・水素利用の準備を進めている。例えば、㈱INPEXは、CCUSを推進し、新潟県などでEOR（原油増進回収法）実証を進める。オーストラリアのLNG（液化天然ガス）基地ではCO_2圧入・貯留を検討しており、UAE・アブダビでは天然ガスから水素・アンモニアを生産し、我が国の火力発電所で混焼する計画を有する。また、世界規模の発電事業者㈱JERAは、ゼロエミッション火力の開発を進めている。世界初となる大型商用石炭火力での燃料アンモニアの利用（20％混焼）を2024年度に予定している。

　欧州では安価な再エネ起源のカーボンフリー水素をグリーン水素と称し、大規模な導入を計画しているが、工業国で大量の産業用エネルギー需要のある我が国では、カーボンニュートラル実現には再エネ起源水素の供給量は十分でない。そのため、ISプロセス（ヨウ素と硫黄を用いて900℃の高温熱で水を分解）など高温ガス炉による水素製造技術を開発している。高温プロセス熱を必要とする産業プロセスと組み合わせた水素の地産地消も可能となる。

技術トピック05　メタネーション　[p137]

　再エネと原子力によるゼロエミッション電力を用いた電化が難しい産業用の高温プロセス熱需要などは、CO_2を原料とする合成メタンの果たす役割は大きく、排出削減ポテンシャルも大きい。エネルギーキャリアを単一のインフラに依存し過ぎず、複数の手段・ルートを維持し、リスク分散しておくこ

とは東日本大震災時の教訓からも重要である。実際、太平洋側は電力設備のみならず、石油・都市ガス設備とも大きく被災し、復旧に時間を要する見通しだったが、被害のなかった日本海側からのエネルギー供給（新潟から仙台へのパイプラインによるガス供給が可能）により早期復旧が可能であった。

　代替天然ガスである合成メタンは、既存の都市ガスインフラを利用できることが最大のメリットである。㈱INPEXと大阪ガス㈱は2024年度から長岡鉱場において毎時400Nm^{3}の合成メタン製造装置を運転し、製造した合成メタンを都市ガスパイプラインへ注入する計画である。CO_2-メタネーションによる都市ガスのカーボンニュートラル化の社会実装に向けた取り組みといえる。

　最大の課題は製造コストが高いことであり、政府の革新的環境イノベーション戦略によれば、2050年までに既存メタンと同等のコスト（40〜50円/Nm^3、LNG輸入価格並み）とすることを技術開発目標としている。また、カーボンフリー水素を安価に製造する必要があり、サプライチェーン全体でコストを最適化しなければならない。

技術トピック06　次世代蓄電池（全固体等）　[p142]
　時間的・空間的なエネルギー需給のギャップを埋めるのがエネルギー貯蔵技術の役割であり、特に太陽光発電のような変動電源が主力になると、定置式蓄電池、移動できるモビリティー蓄電池（車載蓄電池）が需給バランスを維持するために不可欠である。主流となる蓄電池の普及拡大にはまず低価格化が不可欠であるが、耐久性を上げる、安全性を高める、エネルギー密度を高める（特にEV向け）ことも求められる。高性能な蓄電池ができた上で、最適なバッテリーマネジメント、エネルギーマネジメントにより、劣化を防ぎながら、有効に、多目的（高い初期費用を回収するためのマネタイズが鍵）で運用できることも重要である。

　トピックに含まれないが、究極のカーボンニュートラル技術は化石エネルギーの長期的なバックストップ技術である直接空気回収技術（Direct Air Capture；DAC）や気象工学である。現状のモデル分析では結局このバック

ストップの限界削減コストで、ポートフォリオに組み込むべきカーボンニュートラル技術群の貢献度が決まる形になっている。そのため、DAC等ネガティブエミッションの技術開発が進展し、コスト低下の見通しを得ることがカーボンニュートラル全体の実現可能性、経済性に影響を与える。

＊1　太陽光発電や蓄電池、デマンド・レスポンス（DR）資源、EVなどの分散型エネルギー資源（DER）を多数集約し、電力供給力・調整力に活用する事業者
＊2　フレキシビリティーは、需給の変動に応じて電力の供給・消費を調整する能力［第3部-技術トピック24/p268を参照］

技術トピック**01** 再生可能エネルギー

太陽光発電など再エネ主力電源化、市場統合・系統制約の克服が鍵に

東海国立大学機構　岐阜大学高等研究院　特任教授
（一財）電力中央研究所　研究アドバイザー
東京工業大学科学技術創成研究院　特任教授
浅野　浩志

効率的な再生可能エネルギー導入に向けて

　非化石エネルギー源のうち、エネルギー源として永続的に利用できる（更新可能、非枯渇性）と認められるものを再生可能エネルギー（renewable energy）と称し、水力、太陽光発電（PV）、風力、バイオマスエネルギーなどを含む。2050年までにカーボンニュートラルを実現するためには、現在我が国および世界中の一次エネルギーの約8割を占める化石エネルギー（石油、石炭、天然ガス）を大幅に削減し、再エネを大量導入することが必要である。

　我が国も欧州諸国と同様に再エネ主力化をエネルギー政策（S＋3E[*1]の政策目標）において最優先で取り組んでいる。ただし、2012年度のFIT（再生可能エネルギー固定価格買取制度）施行以降、その賦課金の国民負担は、急速な太陽光発電導入拡大により巨額（2021年度、約2.7兆円のFIT賦課金）であり、エネルギー補助金としてはかつてない莫大な額になってしまった。今後も継続していく国民負担の抑制が最大の政策課題であり、公的補助に依存してきた再エネを早急に自立させる必要がある。これまでの補助政策から自立と市場統合（フィード・イン・プレミアム＝FIPへの移行など）へと規制改革を進め、

電力市場自由化などエネルギー政策全体と整合すべきである。

　FITのもう一つの問題点は、電源技術別に買い取り価格を定め、(RPS制度[*2]などと異なり) 技術間競争が働きがたく、容易に設置できる太陽光に偏って導入拡大が急速に進んだことである (図表3-3)。太陽光発電は2019年度時点で既に約5,600万kWも導入されており、年間発電電力量は690億kWhに達している。人口が多く、かつ山間地が多く、利用可能な平地の限られた我が国の国土状況 (森林面積が67％) からして、設置密度は世界的にみても極めて高く、地域に様々な環境問題を起こしている。また、かつては国産のパネルが主流であったが、現在は競争力を失い、中国製品が支配的であり、経済安全保障上も問題であり、SDGs (持続可能な開発目標) に反する強制労働問題も懸念されている。

　我が国は人口密度が高く、台風など自然災害も多い。風力発電が普及した欧州と異なり、太陽光発電に依存せざるを得ないのが実情であるが、今後は安価に太陽光発電事業が実施できる適地が減少していき、系統制約 (下記参照) や地域共生上も課題があるため、カーボンニュートラルに向けた一層の普及拡大は大きなチャレンジである。

主な技術課題──電力系統制約の緩和を

　まず、電力系統運用上の課題として、①すでに九州や離島で起きているPVの過剰発電 (over generation、余剰電力、安定運用上の制約を超過) に対する出力制御をいかに回避するか、②周波数変動への対応、③送電・配電容量不足、④長期的には慣性力[*3]不足への対応──などの技術的・経済的に困難な課題に直面しており、国内外でスマートグリッド化の研究開発に取り組んでいる。追加的なコストはかかるが、蓄電池の利用やより安価な需要側資源の活用などが解決策として挙げられる。

　変動電源の割合が増加すると、電力システムの慣性力が低下し、周波数変動の速度が速くなり、周波数低下時の回復が困難になることも有り得るが、慣性力を提供する次世代インバーターや系統制御方式の技術開発も進められている。変動電源の系統受け入れを増やす制度としてグリッドコード (系統連系技術要件) を見直している。

我が国は変動性再エネ電源が普及している欧米の諸地域（例えば、ドイツや米国・カリフォルニア州）と比較して、気象変化が激しく、観測データが限られ、出力予測が困難な環境にある。経済的にも二酸化炭素（CO_2）排出削減（予測外れに備えて火力発電を安定供給の観点から待機・運用せざるを得ない）の視点からも一層の予測技術の精度向上が必要である。

　既存の太陽光パネルは重いため、耐荷重の小さい既築の建築物（古い木造住宅や工場の屋根など）へは設置しにくい。ビルなどは利用可能な屋上面積が少なく、壁面も利用しないと ZEB（ネット・ゼロ・エネルギー・ビル）［第3部-技術トピック21／p252を参照］を実現しにくいが、太陽光設置が難しい状況にある。そこでペロブスカイト太陽電池など、既存の建物や壁面にも設置しやすいパネルの研究開発、実証が進められている。

　我が国は地理的制約が多く、風力発電の稼働は約420万kW（2019年度時点）に留まっている。風況の優れた沿岸や山岳部の地域は、多くは国立公園であったり、生態系保全地域に含まれ、環境省から人工物である風車の設置が厳しく規制されている。厳格な環境アセスメント規制もあり、今後は陸上から海岸沿いや洋上へと展開していくことが期待されているが、我が国に必要な浮体式洋上風力のコストが高く、大規模な開発には多くの課題がある。大規模な洋上風力ファームの導入を円滑に進めるため、国は促進区域を指定したり、港湾設備を整備しようとしている。

　太陽光や風力などが気象条件に依存して出力が不安定かつ完全な予測が困難な再エネ電源である一方、バイオマスや地熱などは給電指令可能で、安定した系統運用に適している。地熱発電の開発ポテンシャルは世界的にも大きいが、開発リスクのマネジメントが難しく、温泉など地元事業者からの反対もあり、長らく開発が停滞している。温泉より深い資源を利用する超高温・高圧水による超臨界地熱発電の技術開発が進められている。

　再エネ電源連系の系統容量が確保できない問題に対しては、全国の一般送配電事業者は、系統混雑時に出力制御することを条件に新規接続を認める「ノンファーム型接続」を受け付けている。

今後の展望——再エネビジネス・新サービス続々と

　FIP制度を利用する発電事業や、卒FIT事業者の再エネ活用ビジネスなど、新たな事業形態の創出・拡大が必要であるが、環境にセンシティブな企業がRE100実現にも寄与するオンサイトPPA（長期電力購入契約）や再エネのアグリゲーションなど新しいエネルギーサービスを展開し始めている。

　第6次エネルギー基本計画（2021年）で示された「再生可能エネルギーの主力電源化」を目指し、「系統制約の克服」のための研究開発により、系統制約の緩和、供給信頼度の維持、電力市場の拡大により再エネ36〜38％（2030年度）の実現が期待されている。

| 図表3-3 | 大規模水力を除く再生可能エネルギー電源の設備容量の推移

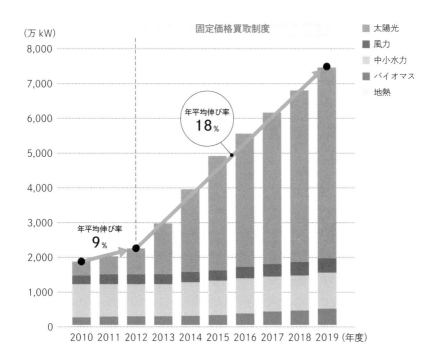

（出所）経済産業省「2020—日本が抱えているエネルギー問題（前編）」（2020年11月）

* 1 安全性（Safety）を大前提とした、安定供給（Energy security）、経済性（Economical efficiency）、環境（Environment）の同時達成
* 2 RPS(Renewables Portfolio Standard)制度：電気事業者に対し、一定割合以上の再生可能エネルギーから発電される電気の調達・利用を義務付ける制度である。2003年から主に2012年まで「電気事業者による新エネルギー等の利用に関する特別措置法」として施行されたが、ほとんどのRPS電源は2012年以降FIT制度に移行した
* 3 慣性力：電力系統の周波数が一時的に低下した際、発電機の回転体に蓄えられた慣性エネルギーを電気エネルギーに変換し、電力系統を安定化させる能力

技術トピック **02**

気象予測に基づく 再エネ出力予測技術

高精度な出力予測技術、 需給バランス維持に不可欠

（一財）電力中央研究所　グリッドイノベーション研究本部
ENIC研究部門　（兼）研究統括室　上席研究員
由本　勝久

　2050年カーボンニュートラルを実現するために電源の脱炭素化が求められており、再生可能エネルギー電源を主力電源として最大限に導入することが検討されている。再エネ電源の中でも太陽光発電（PV）と風力発電（WP）は、発電時に二酸化炭素（CO_2）を排出しないことから、今後ますますの導入拡大が期待されている。一方で、太陽光発電や風力発電の出力は天気の影響により短時間で大きく変わり（変動性）、また、雨や無風が続けば発電量が小さい時間帯が長時間に及ぶ（間欠性）こともある。このようなことから、太陽光・風力発電は「自然変動電源」あるいは「間欠性電源」とも呼ばれている。

　さて、太陽光・風力発電が電力系統に大量に接続された場合に課題として第一に挙げられるのが、太陽光・風力発電の出力が変動性や間欠性を呈している中で、電力の需要と供給を常に一致させなくてはならないこと（電力需給バランスという）である。需給がバランスしていないと電力の周波数が適正値（東日本：50Hz、西日本：60Hz）を維持できなくなる。適正値からのずれが大きくなると、電力系統につながる他の発電機の動きが不安定になり、故障防止のために停止せざるを得なくなる。これが拡大すると広域停電になりかねない。このため、太陽光・風力発電を大量に導入するには、それと同

時に需要と供給をバランスさせるための「調整力」も必要になる。調整力としては、水力・火力電源のほかに蓄電池や需要家側による電力需要の調整（VPP＝仮想発電所やデマンド・レスポンスが代表例）がある。

　太陽光発電の大量導入による電力需給バランスへの影響を具体的に説明するため、1日の電力需要の変化のイメージを示す（図表3-4）。「NETD（PV実績)」は残余需要と呼ばれる、実際の電力需要から太陽の発電電力量を

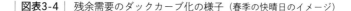

| 図表3-4 | 残余需要のダックカーブ化の様子（春季の快晴日のイメージ）

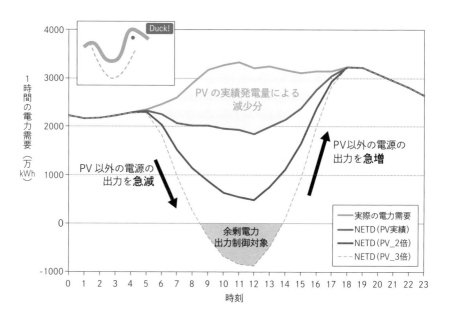

図中の「NETD」は東京エリアの電力需要から太陽光発電（PV）発電量を差し引いた残余需要。「PV実績」ではPV発電量としてエリア需給実績データの「太陽光発電実績」を使用し、「PV_2倍」と「PV_3倍」では「太陽光発電実績」をそれぞれ単純に2倍、3倍にしたものを使用した。このため、PV_2倍とPV_3倍は実際に起きたことではないことに注意されたい。また、0万kWh以下の部分は、PV発電量を抑制する出力制御の対象である。実際には、一定出力で稼働する発電機があるため、0万kWhよりも大きい所で出力制御を行う必要があるが、ここでは便宜上0万kWhにしている

（出所）東京電力パワーグリッド「でんき予報 エリア需給実績データ（https://www.tepco.co.jp/forecast/html/area_data-j.html）」の2021年4月26日をもとに作成

差し引いた正味の電力需要で、これは太陽光発電以外の電源からの電力供給によって賄われる分である。太陽光発電の導入量を2倍、3倍にすると、残余需要の変化も大きくなり、調整力の出力調整量も同時に大きくしなければならない。このように変化が大きい残余需要は、形状がアヒルの背に似ていることから「ダックカーブ」と呼ばれている。

　ダックカーブが急峻になるほど、太陽光発電の出力が天気の変化によって急変する場合の影響も増す。たとえば快晴から雨へと急に天気が変わる場合、直観的には図表3-4で残余需要が「NETD（PV_2倍）」のグラフから「実際の電力需要」に急に変わり、調整力はその変化分に対応しなくてはならない。しかし、発電機の出力を突然変えることは困難であるため、あらかじめ天気の変化を知っておくこと、つまり太陽光発電の出力を高精度に予測して準備しておくことが重要になる。予測が外れれば需給をバランスさせることが極めて難しくなることは、ダックカーブの形状から想像できるだろう。

　太陽光・風力発電の出力予測には、大きく分けて①統計的な計算モデル・統計手法（機械学習・人工知能＝AIも含む）、②数値気象モデルに基づく方法──がある。①は現在から過去の気象データ（あるいは太陽光・風力発電出力）を用いて将来の出力を予測するものであり、主として短時間先（数時間程度先まで）の予測に用いられている。気象データを直接観測する方法と推定する方法がある。②は気象庁の数値予報モデルやWRF（Weather Research and Forecasting）が代表で、1日程度先以上の予測に主として用いられている。いずれの方法でも、気象データを予測した場合は、太陽光・風力発電出力に変換する手順が必要になる。

出力予測時の課題──気象データから出力への変換精度

　一般的に、日射強度から太陽光発電の出力に変換する際は線形の比例係数を用い、風速から風力発電の出力に変換する際は風速の3乗に比例する計算式（パワーカーブという）を用いる。しかし、日射強度と太陽光出力の関係、および風速と風力出力の関係は、実際にはこのとおりではない。具体的には、太陽光発電ではパネル過積載や自家消費により、太陽光発電から系統に送られた電力（逆潮流）は日射強度と線形の関係ではなくなっている。また風力

第3部

125

発電では、風の乱れや風車の保守・点検、風車羽根の制御により、風速との関係はパワーカーブとは様相が異なる。このような状況から、第一の課題は気象データを正確に予測することだが、気象データから出力を求める際の変換精度を上げることも次なる課題になっている。

将来展望——IoT活用や不確実性評価で予測の信頼性向上も

　気象データの予測精度は、計算機の性能向上とモデル開発が進むことで、今後ますます向上すると予想される。また、1週間先といったより長期の予測技術の開発も進むと思われる。一方、気象データから太陽光・風力発電の出力への変換については、IoT（Internet of Things; モノのインターネット）技術やデータ通信技術の発展により高精度化が進むと思われる。この理由は、実態把握用の実測データを得るための計測システムの高機能化・低コスト化が進むことが期待できるからである。また、これにより数値気象モデルの初期値を実態に合わせられるようにもなるため、気象予測の高精度化にもIoT技術とデータ通信技術は貢献すると考えられる。

　高精度化とは別の観点では、「アンサンブル予測」により予測の不確実性を評価する確率予測も今後発展すると思われる。アンサンブル予測とは、同時に複数個の予測結果（アンサンブルメンバー）を求める予測方法のことである。気象データから出力に変換する際の誤差も不確実性と捉えることで、確率予測に組み込む試みが現在なされている（図表3-5）。将来は計算機の能力の向上で大量のメンバーが求められるようになり、確率の信頼性がより上がると期待される。

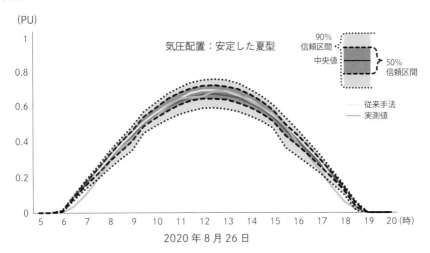

2020年8月26日

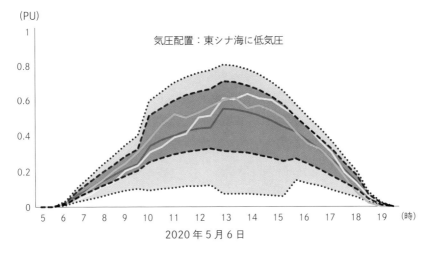

2020年5月6日

8月26日のスプレッド（アンサンブルメンバーのバラつき）は狭く、5月6日は広いため、5月6日の方が予測の不確実性が大きく予測が外れる確率が高い。なお、90%信頼区間とはアンサンブルメンバーの90％がこの範囲にあることを意味する。また、日射強度からPV出力に変換する際の誤差も不確実性として確率で表現して組み込んでいる

（出所）野原・菅野、「太陽光発電出力の予測外れリスクを可視化する確率予測手法を開発」Annual Report 2020、電力中央研究所

第
3
部

技術トピック**03** # 原子力発電／次世代炉

持続可能で出力制御可能な非化石電源

東京大学大学院工学系研究科　教授
藤井　康正

　質量数の大きな原子核は核分裂で小さな原子核へ、そして質量数の小さな原子核は核融合で大きな原子核へ、それぞれ変化し安定化する過程でエネルギーを放出する。前者を利用するのが原子炉であり、後者を利用するのが核融合炉である。1gの核燃料は石油数t分のエネルギーを有し、核エネルギーの密度の高さは日常感覚を超越している。

　原子力は国内保有分の核燃料のみで数年間の発電を継続できるため、準国産エネルギーともいわれる。核燃料の原料となるウラン鉱石のエネルギーとしての資源量は石油の確認埋蔵量程度しかないが、海成リン酸塩鉱床や海水ウランなどの非在来型資源も含めると、その資源量は実質的に無尽蔵となる。トリウムの地殻中の資源量はウランの数倍あるが、他核種への変換が必須なこともあり、商業的にはまだ利用されていない。

　原子炉は「熱中性子炉」と「高速中性子炉」に大別され、世界的に多いのは熱中性子を用いる軽水炉であり、核熱（核分裂の際に放出する熱）で発生させた高温高圧の蒸気で100万kW程度の大容量のタービン発電機を駆動する。

　将来の実用化を目指して、ヘリウムや超臨界水を冷却材とした熱中性子炉、高温の溶融塩にトリウムとウランのフッ化物を溶解させた液体燃料を用いる熱中性子炉（順に超高温原子炉、超臨界圧軽水冷却炉、溶融塩原子炉）そして高

	一般的な AP1000型	米国軽水炉 実績中央値	米国軽水炉 実績最良値	韓国 APR1400型	欧州 加圧水型炉
原子炉建屋関連	12.6	9.9	16.5	21.9	18.0
タービン建屋関連	4.9	7.0	11.9	5.6	6.3
整地、冷却塔、設置	47.5	46.3	49.3	45.5	49.7
エンジニアリング費、調達、建設	15.9	17.6	7.7	20.0	15.3
所有者費用	19.1	19.2	14.6	7.0	10.7

（出所）The Future of Nuclear Energy in a Carbon-Constrained World, MIT Energy Initiative, 2018

温液体状のナトリウムや鉛、あるいはヘリウムを冷却材とした高速中性子炉（順にナトリウム冷却高速炉、鉛冷却高速炉、ガス冷却高速炉）などの次世代炉の研究開発も進められている。消費量よりも多量の燃料（プルトニウム）を生産できる増殖炉はロシアで実証炉が商業運用されている。

　なお、事故や公害などによる単位発電電力量当たりの死亡者数を見ると、石炭火力が最も多く、そして原子力は、チェルノブイリや福島の過酷事故による被害を考慮しても、直感に反するが、再生可能エネルギーを含む全ての商業的な発電方式の中で最も少ない。

中心的技術としての軽水炉の革新

　言うまでもなく原子力発電は発電時の二酸化炭素（CO_2）排出がなく、供給安定性にも優れる技術であり、その大部分は軽水炉が担ってきた。わが国のカーボンニュートラルに向けた2050年目標でも原子力発電はCCS（二酸化炭素回収・貯留）付き火力発電と合わせて30〜40%を担うとされているが、その太宗は軽水炉技術によるものと考えられる。

　軽水炉の課題は安全性の確保と経済性の維持であり、特に東日本大震災以降の日本では安全性とそれに関連する国民的合意にある。安全性そのものに

ついては、前述したように人命にかかわる被害は相対的には小さく抑えられている一方、大勢の住民の避難など、事故時の社会的影響は極めて大きく、その利用拡大は政治的に困難な状況にある。

　一方、経済性については、元来、メリットオーダー上、石炭火力と競合できる最も優位な電源と位置付けられてきたが、昨今の欧米先進国において、プロジェクト遅延や土木工事費上昇などによる建設費の高騰が顕著となり、新設設備の経済性が悪化している。図表 3-6 に示す通り、建設費全体に占める原子炉費用の割合は1〜2割と小さい。さらに、既設設備についても、米国の一部地域では、その運用の硬直性などが原因となり、風力や天然ガス火力に価格的に劣位となるケースも出てきている。安全性・経済性の具体的な課題としては、事故時の損傷を抑制し避難区域を発電所敷地内などの狭い範囲に収めること、建設費高騰を回避すること、そして発電出力の負荷追従性（電力需要の増減に合わせて発電出力を調整すること）を高めることなどがある。放射性廃棄物の最終処分にかかわる技術的改善と制度的整備も重要な課題である。

　こうした状況を受けて、わが国では発電事業者が連携し、電気事業連合会が主導する形で「再稼働加速タスクフォース」を立ち上げ、軽水炉の最大限の活用に向けて安全な長期運転を目指した大型機器の取り換え、長期運転に資する高経年化技術評価の確立といった活動を展開し、カーボンニュートラルに貢献する未稼働炉の早期稼働、安定運転を目指している。

SMRへの脚光と期待

　近年の電力システムとエネルギー政策の変化、すなわち再エネ発電の大量導入、水素エネルギーの活用への期待等から、長年原子力発電技術の中心であった大型炉に加えて、現在小型モジュール炉（Small Modular Reactor：SMR）が脚光を浴びている。

　SMRは小型であるゆえに表面積が大きく、大型原子炉よりも冷えやすく安全度を高めることができる。また、構造が単純で配管が少なく、かつ短くなること、メンテナンスが容易になることなどの利点がある。さらに、モジュール化・標準化による工場での量産化、土木工事の削減による建設費の低減が期待できる。利用方法としても、需要地に設置しての熱電併給、再エネ

| 図表3-7 | 主な SMR プロジェクト

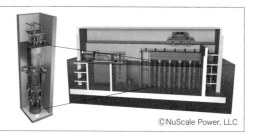

NuScale Power（米）

NuScale SMR

● 米国DOE主導。アイダホ国立
　研究所で建設計画

● 小型PWR（5万kW）モジュー
　ル12組をプールに設置

©NuScale Power, LLC

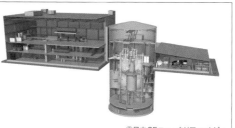

GE日立・ニュクリアエナジー

BWRX-300

● カナダで建設計画が進む

● BWRの安全性を高めた上で、
　機器の削減、小型化、簡素化

©日立GEニュークリア・エナジー

（出所）筆者作成

とカップリングも可能な負荷追従運転、モジュールごとに電気と水素生産を
切り替えるようなフレキシブルな運用も可能である。

　水素生産の面では、SMRの一種であるヘリウム冷却の高温ガス炉（超高温
原子炉）が商用化に最も近く、水素の直接生産設備として有力視されている。

　主要国で試験炉の建設が進む主なSMRとしては、まず米国エネルギー省
（DOE）が主導し、アイダホ国立研究所が協力しているNuScale Power社の
ものがある。小型の加圧水型軽水炉（PWR）タイプのモジュールをプール内
に配置したものであり、日本企業でも日揮ホールディングス（株）、（株）IHI
が参加している。また、GE日立・ニュクリアエナジー（GEH）社が取り組
んでいるBWRX-300は、沸騰水型軽水炉（BWR）の小型化・簡素化を基本
とした炉であり、すでにカナダで実証炉の建築計画が進んでいる（図表3-7）。

　これ以外にも、GEHによる高速炉タイプの小型炉であるPRISM（Power
Reactor Innovative Small Module）をはじめ、高速中性子炉、溶融塩炉を含
む様々な方式のSMRの開発が主要国で検討されている。

第3部

7 極が共同で進める核融合開発

　核融合炉は、重水素などの核燃料を超高温のプラズマ状態で一定時間閉じ込めることを目的とするが、いまだ研究開発段階にある。プラズマの閉じ込め方式は、「磁場方式」と「慣性方式」があり、前者ではドーナツ状の真空容器中に強い磁界を超電導磁石で発生させ、さらにプラズマ電流でその磁力線にねじれを与えるトカマク型の研究開発が最も進んでいる。慣性方式は、数mmの球形燃料ペレットに強力なレーザー光などを照射し、ペレット中心部に高温高密度状態を瞬間的に発生させる。重水素と三重水素の核融合が最も実用的であるが、重水素は海水にも含まれ資源量は実質無限であるものの、三重水素は天然にはほとんど存在しない。そのため、三重水素を核融合反応で消費すると同時に、その際に発生する中性子をリチウムに照射することで三重水素を増殖的に生産することが想定されている。

　核融合炉は、超高温のプラズマを維持する具体的な方策として、その大型化が追求されている。現在、日本、米国、欧州、ロシア等7極が協力し、トカマク型の国際熱核融合実験炉（ITER、図表3-8）の建設をフランスで進めている。2035年に核融合運転が開始される予定である。

| 図表3-8 | ITERの構造

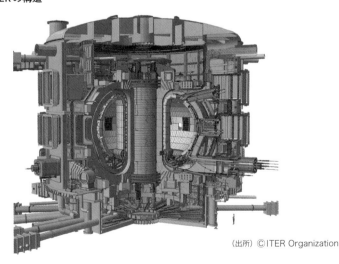

（出所）©ITER Organization

技術トピック**04**

アンモニア・水素利用による火力発電の脱炭素

燃焼時にCO_2を発生しない燃料の利用により脱炭素化を促進

（一財）電力中央研究所　エネルギートランスフォーメーション研究本部
　プラントシステム研究部門長　研究参事
渡辺　和徳

　火力発電は我が国の電力安定供給を支える主力電源の役割を担っている。単なる電力の供給だけではなく、電力系統の運用を質的に支える調整力としての役割も持ち、電力システムの一つとして重要な位置付けにある。一方、世界的な二酸化炭素（CO_2）排出量削減に向けた動きの中、我が国においても火力比率の低減および脱化石燃料への転換に向けた動きが本格化しつつある。ここでは、2050年カーボンニュートラルの実現に向けて、国や発電事業者の将来ビジョンにも明示されている、ボイラー・タービンシステムへのアンモニアの適用、およびガスタービンへの水素の適用について、発電事業用の大型機器を対象に技術開発状況と展望を整理する［水素技術は第2部-重要基盤技術01/p48を参照］。

アンモニア・水素混焼で実証スタート、将来は専焼プラントも

　水素キャリアとして貯蔵と運搬性に優れる特長を持つアンモニアを、微粉炭火力発電所の燃料の一部として混焼利用する技術の開発が進んでいる。アンモニアは窒素と水素の化合物で、燃焼により窒素酸化物（NO_x）が発生す

| 図表3-9 | 火炉へのアンモニア注入方法

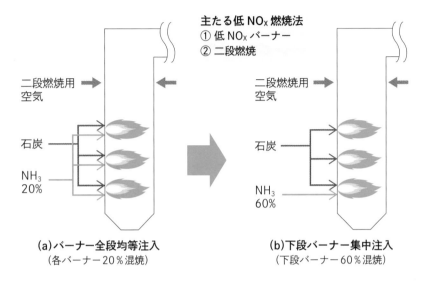

主たる低NOx燃焼法
① 低NOxバーナー
② 二段燃焼

二段燃焼用空気

石炭

NH₃ 20%

(a)バーナー全段均等注入
（各バーナー20％混焼）

二段燃焼用空気

石炭

NH₃ 60%

(b)下段バーナー集中注入
（下段バーナー60％混焼）

（出所）電気新聞「ゼミナール（236）アンモニアは石炭の代わりになるのか？」2021年6月30日付

| 図表3-10 | NOx濃度の比較

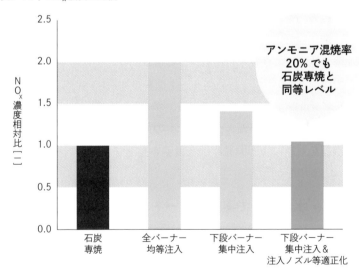

NOx濃度相対比 ［－］

アンモニア混焼率
20％でも
石炭専焼と
同等レベル

石炭専焼

全バーナー均等注入

下段バーナー集中注入

下段バーナー集中注入＆注入ノズル等適正化

（出所）（一財）電力中央研究所作成

るため、その発生・排出を抑制することが重要な技術課題になる。（一財）電力中央研究所は、（国研）科学技術振興機構（JST）、および（国研）新エネルギー・産業技術総合開発機構（NEDO）からの委託事業を通じて、メーカー・大学と共同でアンモニア注入位置（図表3-9）とバーナー形状の工夫により、アンモニアを熱量比で20%混焼しても微粉炭専焼並みのNO_x発生量に抑制可能であることを明らかにしてきた（図表3-10）。アンモニア20%混焼の実用化に向けて、（株）JERA碧南火力発電所4号機（発電出力100万kW）において、2025年3月までNEDO実証事業が行われる予定である。

　ガスタービン（GT）は、排熱を回収して蒸気タービンを駆動する複合発電（ガスタービンコンバインドサイクル；GTCC）とすることで効率向上が図られ、今日においては最新鋭の1,650℃級GTを用いることで、低位発熱量（LHV）基準64%超が実現している。我が国においては主にLNG（液化天然ガス）が燃料として用いられているが、この一部を水素に置き換える技術開発が進んでいる。既に体積割合で30%（熱量比で約10%相当）のLNGを水素に置き換えても安定燃焼可能な燃焼器は開発されており、NEDO「グリーンイノベーション基金事業／大規模水素サプライチェーンの構築プロジェクト」において、国内LNG火力発電所で30%混焼発電を実証するプロジェクトが2026年3月まで行われる予定である。また、さらにその先を見据える水素専焼に対しては、天然ガス焚きGTCCを水素専焼に切り替えるプロジェクトがオランダのヌオン・マグナム発電所で進められており、技術開発は加速している。

技術開発の方向性と制度面の課題

　アンモニア、水素ともに、混焼比率を高め、最終的に専焼に向かうことが技術開発の流れとなる。

　アンモニア利用により段階的に石炭の利用量を減らしていくためには、NO_x排出量を増やすことなく混焼率をさらに向上させていく燃焼技術の開発が必要となる。アンモニア専焼となると、ボイラー・タービンシステムでの利用に加え、高効率なGTCCへの適用も効率的である。CO_2排出量のさらなる削減に向けては、石炭に代わるバイオマス燃料や、単に焼却処分されていた廃プラスチック等の廃棄物との組み合わせによる混焼技術開発も視野に

入る。

　一方、水素の混焼率向上に向けては、LNGと比べて燃焼速度が速いうえに火炎温度も高い特性を考慮し、水素の局所的な偏在により逆火（火炎が燃料供給側へ逆流する現象）を起こさないことや、ホットスポットが生じない（燃焼ムラを起こさない）燃焼器を開発することが必要になる。

　なお、再生可能エネルギー主力電源化に向けて、太陽光発電等の自然変動電源を出力抑制しないで受け入れる系統運用が求められると想定される。すなわち、燃料が脱炭素燃料に替わっても、調整力としての役割が多くを占めることは想像に難くない。これに対応すべく、出力変化速度の向上や最低出力の低減など、調整力運用に求められる機能の強化も必要になる。

　これらの社会実装に向けては、発電機会が減少する中で、発電事業者が新規設備投資分を回収できる市場・制度が整うことが不可欠になる。また、劇物に指定されているアンモニアや、爆発範囲の広い特性を持つ水素を発電事業の燃料として大量に扱うことから、制度設計も含めて安全面への配慮が必要になる。

アンモニア・水素の安定的供給が社会実装の鍵

　アンモニア・水素の利用は、国の「第6次エネルギー基本計画」にも明確に位置付けられている。また、NEDO「グリーンイノベーション基金事業／大規模水素サプライチェーンの構築プロジェクト」に8課題が採択されるなど、社会実装の想定時期を上回るスピード感で技術開発が進んでおり、日本の技術力をアピールする意味でも、世界に先駆けて技術実証される見通しだ。ただし、社会実装の鍵を握る最大の課題は、アンモニア・水素が現実的なコストで安定かつ大量に供給されることであり、そこが崩れると事業としての成立が困難になることから、たとえ技術開発が成功しても普及は難しくなる懸念がある。

技術トピック**05** **メタネーション**

熱分野、ガス体エネルギーの 脱炭素化の切り札として期待

東京ガス㈱　執行役員　水素・カーボンマネジメント技術戦略部長
矢加部　久孝

　メタネーションは水素と二酸化炭素（CO_2）を原料として、メタン（CH_4）を合成する技術の総称である。再生可能エネルギーから水電解により製造したグリーン水素と、化石燃料の排気ガス等から回収したCO_2を利用してメタネーションにより合成されたメタンはCO_2ニュートラルとみなすことができる。

　海外から大量にかつ効率的に水素を導入する上で、液化水素、ケミカルハイドライド、アンモニアなどの水素キャリアの技術開発が進んでいるが、メタネーションで合成されたメタンもまた、水素キャリアの一つとして捉えることができる。他の水素キャリアと比較して、メタネーションの最大の利点は、一旦合成されたメタンは、LNG（液化天然ガス）サプライチェーンにおいて、既存のすべてのインフラで天然ガス同様に活用することが可能であり、追加のインフラ投資を抑制できる点である。

　2020年12月、経済産業省よりグリーン成長戦略、2021年6月にはその実行計画案が発表された。実行計画案の中では、14の成長分野の一つに、次世代熱エネルギー産業が位置付けられた。熱分野は、電化の難しい領域であり、熱分野の脱炭素化を実現する上では、メタネーションは必須の技術である。

第 3 部

メタネーションの技術は比較的古い歴史があり、サバティエ反応と呼ばれる、触媒を利用して約400℃の温度で熱化学的に合成する手法が一般的である。触媒としてニッケル（Ni）系やルテニウム（Ru）系触媒が一般的に用いられている。

　下記がサバティエ反応の反応式になる。

$$4H_2 \ + \ CO_2 \ \rightleftarrows \ CH_4 \ + \ 2H_2O \tag{1}$$

$(\Delta H^{*1} = -254 \ kJ/mol：高位発熱量換算)$

現状と課題──反応効率向上、高度な熱マネジメントが鍵

　歴史の古さのわりには、サバティエ反応の技術開発はあまり進展していない。国内では、日立造船㈱、㈱IHIの2社が技術開発を行っているが、これまで10Nm^3/h程度のスケールでしか実証されていない（日立造船は長岡で8Nm^3/h、IHIは相馬で12N m^3/h）。海外では、Audiがドイツで実施したAudi e-gasプロジェクトが有名である。再エネ由来の水素とバイオガス由来のCO$_2$を利用してメタネーションを行い、既存の天然ガスパイプライン網を活用して輸送し、CNG（圧縮天然ガス）自動車で利用する実証プロジェクトである。メタンの製造能力は325Nm^3/hで、実証された例としては世界最大である。

　メタネーションの課題は大きく三つ挙げられる。

　一つ目と二つ目は、特にサバティエ反応に限った課題ともいえるが、反応効率及び熱マネジメント（熱交換による効率的な熱の授受、反応器の冷却）の課題である。式(1)からわかるように、サバティエ反応は大きな発熱反応であり、メタンの合成過程で原料水素が持っているエンタルピー（化学エネルギー）の約22％を熱として消失する。水電解の水素製造効率を70〜80％とすると、再エネを100として、最終的に合成されたメタンのエネルギーは、最大でも55〜62となってしまい、エネルギーの有効利用の観点で課題がある。また、大きな発熱反応が熱のマネジメントを難しくする。反応器をスケールアップすると熱の停留が大きくなり、温度上昇して触媒が働かなくなるリスクがある。反応温度上昇を抑制するためには、巨大な熱交換器が必要となり、併せ

て高度な熱マネジメントが重要である。

　三つ目の課題は、メタネーションに共通する、原料CO_2の帰属（CO_2排出量をどのようにカウントし、どの事業者の排出責任として紐づけるか）に関する制度的課題である。大気中のCO_2を直接回収して利用するDAC（Direct Air Capture）の場合には問題ないが、工場や火力発電所等から排出されるCO_2を利用してメタネーションを行う場合には、最終的に合成メタン利用時に排出されるCO_2の帰属が問題になってくる。特に海外でメタネーションにより合成したメタンを輸入する場合には、国家間のCO_2の取り扱いの取り決めが必要であり、そのための制度設計が必要となる。

今後の展望
——実用化に向けたメタネーションの高効率化と低コスト化

　前記サバティエ反応に関する課題を解決すべく、近年、メタネーションに関する様々な革新的新技術の研究が進んでいる。図表3-11に、サバティエとその他の新技術の比較を示す。

　②のハイブリッドサバティエは、固体高分子膜（PEM）水電解とサバティエ反応器を連続して組み合わせたものである。水電解の吸熱反応にサバティエの発熱反応熱を融通することにより熱相殺し、全体としてメタンの合成反応効率を高める。

　③のPEMCO_2還元はPEMのカソード（+）側にCO_2を、アノード（−）側に水を供給し、プロトンによる電気化学的CO_2還元により一段反応でメタン合成を行うもの。装置の簡略化による大幅なコスト低減が期待される。

　④のバイオリアクターは、水電解によるグリーン水素と回収したCO_2を原料とし、微生物を利用してメタン合成を行うものであり、大型化が容易であるという特徴がある。

　⑤の固体酸化物型（SOEC）共電解は、固体酸化物型燃料電池（SOFC）の逆反応であるSOECを活用し、水蒸気とCO_2を同時にカソード（+）側に供給し、共電解してメタンを合成する技術である。高温合成のために、理論的に合成効率が高い。海外ではドイツのSunfire社がプラントレベルで実証試験を実施中である。

| 図表3-11 | メタネーション技術の比較

		既存技術	革新的技術			
		①サバティエ	②ハイブリッドサバティエ	③PEMCO₂還元	④バイオリアクター	⑤SOEC共電解
特徴	原料	H_2／CO_2	H_2O／CO_2	H_2O／CO_2	H_2／CO_2	H_2O／CO_2
	反応部	触媒	電気化学デバイス／触媒	電気化学デバイス	微生物	電気化学デバイス
	温度	〜500℃	〜220℃	〜100℃	〜100℃	〜700℃
メリット		・基本技術が確立済み	・高効率(約80％)・水電解は既存技術の活用可能	・一段反応により設備コスト大幅低減が可能	・低コスト・大規模化が容易	・高効率(〜90％)・一段反応が達成できれば設備コスト低減可能
課題		・大規模実用化(熱マネジメント)	・大型化・耐久性／信頼性	・大型化・耐久性／信頼性・メタンの収率	・反応速度が遅い・菌の安定性や培養性	・大型化・現状高コスト・高温耐久性／信頼性
概要図						

(出所)筆者作成

　東京ガスでは、足元でサバティエ反応による製造装置のスケールアップを検証しながらも、②〜④の将来技術を着実に進展させるために、2021年度末より鶴見の研究所で実証試験を実施する予定である。

　最後に、メタネーションを社会実装するためには、技術的な課題や経済的な課題の解決に加えて、メタネーションのサプライチェーン(海外におけるメタネーション、合成メタンの日本への輸送、そして日本での利用)の構築が重要

である。メタネーションを早期に実現するために、2021年6月にメタネーションに関する官民協議会[*2]が立ち上がった。ガス、電力、石油、鉄鋼、ユーザー企業、研究機関など29者が参加し、官民挙げてのメタネーションの実用化に向けての取り組みが開始された。今後は、技術的な課題の解決はもとより、CO_2の帰属に関する制度設計、サプライチェーンの構築など、大きな政策的取り組み等が加速することが期待される。

---

*1　エンタルピー（化学エネルギー）変化
*2　経済産業省メタネーション推進官民協議会

第
3
部

技術トピック**06** # 次世代蓄電池（全固体等）

高い安全性と長寿命化を目指した 二次電池の進化、全固体へ

（一財）電力中央研究所　特任役員
池谷　知彦

脱炭素社会実現に向けて活用される二次電池

　高性能な二次電池は脱炭素社会実現のキーテクノロジーである。二次電池は充電・放電を繰り返して何度も使える電池で、運輸部門の電動化に加えて、再生可能エネルギーの大量導入での系統安定化にも必要不可欠な技術である。なかでもリチウムイオン電池（LiB）は、高電圧作動、高エネルギー密度、高効率などの特長から多くの分野で利用されている。今後は、さらに脱炭素化に向けて電化が進むと、二次電池は不可欠となる。将来的にはLiBに加えて、鉛蓄電池やナトリウム・硫黄電池、レドックスフロー電池、ニッケル系電池が、それぞれの特長を生かして、用途に合わせて利用されることになる。

リチウムイオン電池の課題──劣化による火災事故も

　現在、最も普及が進むLiBだが、可燃性の有機電解液を利用しているため、作動温度（-20〜50℃）や電圧の範囲外では内部短絡やガス発生を引き起こし、劣化が促進する可能性があり、安全性に課題がある。また、電力貯蔵や電気自動車（EV）のような大容量システムでは、劣化電池による発火が火災事故を引き起こす懸念もある。韓国や中国、欧米では、電力貯蔵用電池システム

やEVの充電・走行中などに火災事故が起きている。こうした課題はあるが、技術面、コスト面から当面はLiBを利用するしかないため、高性能化と運用方法の工夫を進め、高い安全性かつ長寿命での運用を追求していく必要がある。

全固体電池への期待──安全かつ軽量、コンパクト

　リチウムイオン電池には主に有機電解液を用いる物のほかに、有機電解液の代わりに無機固体電解質や高分子を用いた電池がある。現在、無機固体電解質による「燃えない全固体電池」の研究開発が精力的に進められている（図表3-12）。高容量、かつ、安全な電池をEVに搭載したい自動車メーカーが中心となり精力的に開発している。全固体電池には図表3-13のように、いくつか種類があるが、リチウム（Li）またはナトリウム（Na）イオンを利用する、「硫化物系」と「酸化物系」の固体電解質の研究開発が盛んだ。

　固体電解質を利用した電池では、既に高温作動のナトリウム・硫黄電池（NaS）が実用化している。固体電解質に酸化物のβアルミナを用い、Naイオンが

| 図表3-12 | 全固体電池のイメージ

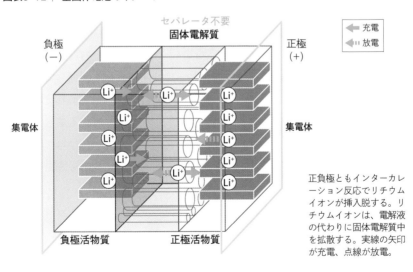

　正負極ともインターカレーション反応でリチウムイオンが挿入脱する。リチウムイオンは、電解液の代わりに固体電解質中を拡散する。実線の矢印が充電、点線が放電。

（出所）電気新聞「テクノロジー＆トレンド／活用が期待される二次電池とは」2020年7月13日付

結晶中を拡散して、充放電する。この時、300℃程度の高温にすることで、Naと硫黄が溶融して固体電解質に接触、Naイオンの拡散を容易にしている。しかし、運転休止中に温度を下げると、電解質にひずみが生じるために短寿命化の懸念があり、常時、高温を維持する必要がある。車両搭載用電池には、利便性から常温での作動が求められる。

LiBに代わる全固体電池のうち、硫化物系電解質は、酸化物系に比較して、イオン導電率、可塑性ともに高く、現状の技術では効率が高くなっている（図表3-13）。高圧プレスによる粒子同士の接合が容易で、粒界抵抗を低減でき、正極・負極、固体電解質を室温プレスで一体成型して電池を構成できる。2016年にリチウム・ゲルマニウム・リン・硫化物（LGPS）の固体電解質が12mS[*1]cm^{-1}という有機電解液を超える高いLiイオン導電性を示すことが報告され、一気に研究が加速している（図表3-13）。しかし、硫化物系は、製造や事故時には、水分と反応して有毒な硫化水素ガスを発生する懸念がある。

一方、酸化物系電解質は、安定しており、ガス発生反応もない。しかし、材料は固く、接合面の形成が難しいため、プレスによる成型は困難である。現状では、正極・電解質・負極の一体焼結による成型しかない。そのため、焼結温度の近い材料を組み合わせて選択するしかなく、材料選択の幅が狭い。また、常温でイオン拡散を向上させることは難しく、現状では、60～200℃程度に温度を上げて、充放電反応を確認している。（一財）電力中央研究所では、成型した電極や電解質の酸化物を接合する技術を開発している。この接合技術が確立できれば、正極、負極、電解質の各材料をそれぞれに適切な温度で反応・焼結でき、材料選択の幅も広がり、高性能化も進む[*2]。

最近では、さらに、可塑性とイオン導電性が良いことからハロゲン化合物も期待されている。化学安定性、特に酸素安定性も高い点にも注目して研究が進んでいる[*3]。

全固体電池に使用される固体電解質は、電解液と比べて電気分解などの副反応が起きにくく、高電圧にも耐えるといわれる。高電圧作動で、積層構造も取れ、軽量・コンパクト化も期待できる。しかし、硫化物も酸化物も共に充放電時に活物質の体積が変化するため、接合を維持するために充放電に加圧している。全固体電池には体積変化を抑える課題がある。

種類	材料例	特徴
硫化物系	チオリシコン ($Li_{10}GeP_2S_{12}$　12mS cm^{-1}@25℃) ($Li_{9.54}Si_{1.74}P_{1.44}S_{11.7}Cl_{0.3}$ 25m S cm^{-1}@室温付近)	柔らかく、可塑性が高い。硫化水素の発生抑制が不可欠。
酸化物系	ナシコン型 $Li_{1.3}Ti_{1.7}$ $Al_{0.3}$$(PO_4)_3$ 0.7mS cm^{-1}1@25℃ ペロブスカイト型 $La_{0.5}Li_{0.5}TiO_3$　1.4mS cm^{-1}@25℃	固く、接合が困難。燃えない。
高分子系	ポリエチレンオキシド（PEO）化合物 （Li$(CF_3SO_2)_3$C など　0.01〜1mS cm^{-1} @60℃）	揮発性がないため、ゆっくりと燃える
ハロゲン化合物	室温で、0.1〜1.0mS cm^{-1} 以上。界面抵抗が低い	燃えない。酸素に対して安定。柔軟性あり。
有機電解液	$LiPF_6$-カーボネート系の導電率は11.0mS cm^{-1}@25℃	可燃性、危険物第四類

（出所）筆者作成

二次電池利用への期待──都市の電力貯蔵への活用も

　全固体電池は、高い安全性を有する点から、EV搭載だけではなく、全固体変圧器が都市の地下空間に設置できたように、大都市の地下空間に設置して、コンパクトな電力貯蔵システムに活用できる可能性もある。

　二次電池は、ますます多様な分野での活用が期待される。欧米や中国では、二次電池の有効活用のためのリユース、資源確保のためのリサイクル制度の構築が進められている。特に、LiBの材料では、コバルト（Co）やニッケル（Ni）、Liなどの材料資源の確保競争が始まりつつある。

　当面は、LiBを最大限に活用することである。劣化診断・モニタリング技術を確立して安全により長く運用していくことが重要である。併せて、多種多様な利用場面に合わせて、種々の二次電池を利用する。加えて、その間に、より安全で、高性能な全固体電池の開発を進めたい。

＊1　S（ジーメンス）：導電率を示す単位。抵抗の逆数。大きいほどイオンが動きやすいことを示す
＊2　T. Kobayashi, F. Chen, V. Seznec, C. Masquelier；J. Power Sources, 450, 2020, 227597
＊3　T. Asano, A. Sakai, S. Ouchi, M Sakaida, A. Miyazaki, S.Hasegawa, Adv. Mater, 30, 1803075 (2018)

COLUMN
❸

社会的価値としての
エネルギーレジリエンス

東京大学大学院工学系研究科　准教授
小宮山　涼一

　近年、経済活動に社会的価値をリンクさせ、社会の持続可能性を目指す動きが見られるようになっている。例えば、企業経営では持続可能性など、社会の価値観への適合を重視する傾向にあり、TCFD（気候関連財務情報開示タスクフォース）の方針に賛同する企業も増え、ESG（Environment, Social, Governance）に関連する経営情報をステークホルダーに開示する機運も高まっている。持続可能性という社会的価値観への対応を、企業経営に必須の項目とみなし、それを社会的評価や成長の機会とする意義が強く認識されるようになり、ESG投資など社会的責任投資（SRI: Socially Responsible Investment）も広まりつつある。また企業に加え、消費者においても、社会的価値を意識した購買行動が一部で起こりつつあるともいわれ、欧米等では環境や持続性に配慮した消費行動を意味する「倫理的消費（エシカル消費）」と呼ばれる行動変容が今後広まる可能性が指摘されている。

　その中で、レジリエンスに対する社会的意識も高まりつつある。レジリエンスとは、ゴムやバネのように弾力性があり、外から力を与えても、元の形状に戻ろうとする性質を一般的に意味する。外からの衝撃でダメージを受けたとしても、速やかに回復する能力や、新たな環境に適応する能力ともいえる。レジリエンスは、SDGs（持続可能な開発目標）の9番目の目標（レジリエントなインフラ整備）や、11番目の目標（レジリエントな住環境の整備）など複数の目標に関連する重要な社会的価値である。また、ESGの"S（Social）"も、リスク管理や事業継続計画（BCP）等を通じて、レジリエンスとの関連性の高い項目である。そして、レジリエ

ンスの一側面として、企業や自治体において、エネルギーレジリエンスへの意識も高まりつつある。

　エネルギーレジリエンスは、アジア太平洋経済協力会議（APEC）で2020年に合意された「エネルギーレジリエンス原則」を踏まえると[1]、平時には需要家を含む社会に対して所要のエネルギーを安定的に供給する能力として、また有事には自然災害や人為的災害を始めとした様々な危機によりエネルギー供給支障が発生した際、人命・資産や経済活動及び社会にもたらす影響を低減するための、ハード面やソフト面での安全性・堅牢性及び迅速な停止復旧能力として位置付けられている。エネルギーレジリエンス強化を通じて、エネルギーの調達から、輸送、消費まで、平時のリスク管理や安定供給に加え、非常時にはエネルギー供給停止状態から迅速に復旧できる能力を高めることが重要になるが、レジリエンス強化は新たなコストになり得るため、自律的な投資が広く進んでいるとは言い難い。エネルギーレジリエンス強化はコストではなくむしろ価値である。長期的に国、地域、企業等の発展に貢献し得るとの意識改革とともに、社会的価値に適合するエネルギーレジリエンス強化が様々なステークホルダーから評価される環境の形成が重要となる。

---

[1]　経済産業省資源エネルギー庁「エネルギーレジリエンスの定量評価に向けた検討会中間論点整理」（2020）

運輸・モビリティー

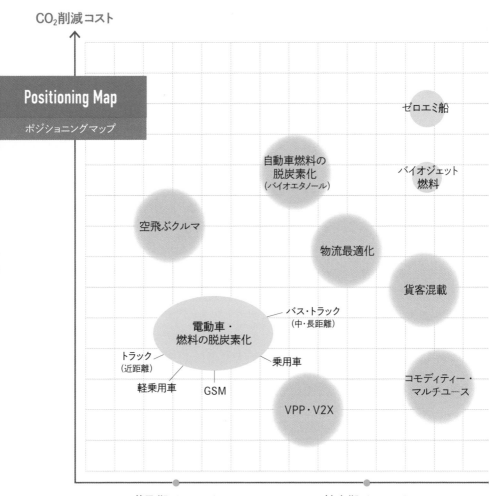

CO₂削減コスト

Positioning Map
ポジショニングマップ

ゼロエミ船

自動車燃料の
脱炭素化
（バイオエタノール）

バイオジェット
燃料

空飛ぶクルマ

物流最適化

貨客混載

バス・トラック
（中・長距離）

電動車・
燃料の脱炭素化

トラック
（近距離）

乗用車

コモディティー・
マルチユース

軽乗用車　　GSM

VPP・V2X

普及期（〜2030）
充電インフラ・EVコンシェルジュ

拡大期（〜2040）
次世代電池・スマートシティー

「運輸・モビリティー」セクターにおける施策・技術ごとの二酸化炭素（CO$_2$）排出削減効果を以下に示す。電気自動車（EV）の普及拡大と燃料の脱炭素化は比較的早期に実装可能な技術として足元の脱炭素化を促進しそうだ。モビリティー電化の拡大期以降にはデータ連携基盤が整備され、V2Xや物流最適化、電動車のマルチユース、自動運転といった技術による脱炭素化が期待できるだろう。

ポジショニングマップ作成　太田豊 (II.運輸・モビリティー 総論)

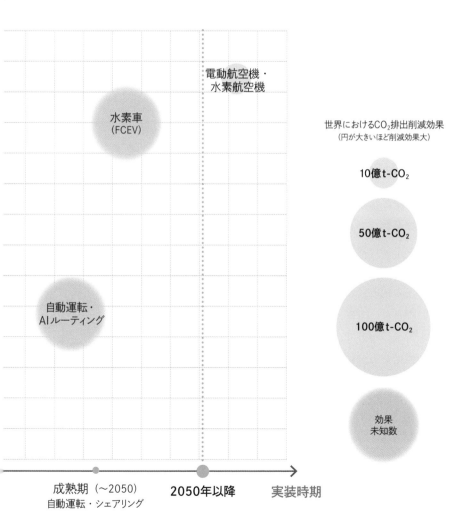

世界におけるCO$_2$排出削減効果
（円が大きいほど削減効果大）

10億t-CO$_2$

50億t-CO$_2$

100億t-CO$_2$

効果
未知数

電動航空機・
水素航空機

水素車
（FCEV）

自動運転・
AIルーティング

成熟期（～2050）
自動運転・シェアリング

2050年以降

実装時期

CO$_2$排出削減量の参考データ：内閣府統合イノベーション戦略推進会議革新的環境イノベーション戦略
※CO$_2$排出削減量は、世界における温室効果ガス（GHG）排出削減効果をCO$_2$重量換算したもの

Ⅱ 運輸・モビリティー｜総論

スマートシティー、シェアリングが推進する、モビリティーの脱炭素化

大阪大学大学院工学研究科　特任教授
太田　豊

運輸電動化への挑戦

　人と物の自由な移動を提供する、乗用車、バス、トラック、船、航空機など多様多彩なモビリティーの駆動源のほとんどは化石燃料であり、カーボンニュートラル実現に向けた電動化への大胆な転換が必要となる。

　高エネルギー密度・高耐久なリチウムイオン電池と、高性能・高出力なモーターの組み合わせは、ほとんどのモビリティーを電気駆動とするのに十分な仕様となってきており、省エネルギー性、静粛性、メンテナンス性に優位性を持つ。一方で、長時間・長距離連続で移動を継続する用途では、途中の電力供給を万全に行う充電インフラやその背後にある電力ネットワークに依存することとなる。長時間・長距離駆動が可能な燃料電池の搭載も考えられるが、この場合でも水素エネルギーの製造・貯蔵・輸送などロジスティクス構築が前提となる。以上のような電気自動車・燃料電池自動車（Electric Vehicles;EV）による電動化への転換に加えて、エネルギー密度とパワーの関係で電動化が困難な大型船・飛行機などではカーボンニュートラルなバイオ燃料や合成燃料による燃料転換も有望である。

　以降、運輸電動化について、普及期（2020年代）、拡大期（2030年代）、成熟期（2040年代）、それぞれの時期を想定し、技術開発、施策、ライフス

タイルの変容などについて展望してみたい。

普及期——"EVコンシェルジュ"の登場

2020年、2021年はコロナ禍で移動や家の外での積極的なアクティビティーが制限されるなか、EVの販売台数は世界的に堅調な年であった。2022年は国内外メーカーによる乗用車、軽自動車、商用車、トラック・バスなど多様多彩な電気自動車・燃料電池自動車のラインアップが出揃う年となり、これらを普及させていく時期に入る。

EVのシェアが低い段階では車両および充電インフラのコストはまだどうしても高いため、従来型車両とのコスト差の補助や充電インフラ敷設に関する補助などの施策は不可欠である。これに加えて、現状の自動車利用形態から考えるとEVへの転換は可能か？　充電の手間や充電料金は？　公共充電インフラへのアクセスは？——といった心配事や手続き・運用その他をアシストする"EVコンシェルジュ"の役割も重要となる。

乗用車EVコンシェルジュは、オーナーの走行状況を加味しながら、EVへの転換や充電インフラの設置・利用のアドバイスを行い、地域の複数ユーザーの利用行動を加味した充電インフラの利活用の提案まで行うことが考えられるため、自動車ディーラーが担い手となることが想像できる。

商用車EVコンシェルジュは、EV車両および運転手の管理・運用や事業所への充電インフラ導入と運用まで踏み込んだ、いわゆるフリート＆エネルギーマネジメントが必要となるため、例えば、運送事業者、充電器メーカー、電力会社の共同サービス会社のような形態が適している。

住宅・マンション・職場・事業所、適材適所で利便性の高い充電インフラを自由に利用して（プラグアンドチャージ）、太陽光・風力などの再生可能エネルギー電源からの余剰電力を安く充電（スマートチャージ）できるような仕組みづくりが今後必要となる。このために、乗用・商用自動車の走行状況・位置情報や地域の充電インフラの活用状況などのデータを統一的に連携し、事業者を横断したフリート＆エネルギーマネジメントを地域一貫で行うシステム構築や機器開発、協調の枠組みなども求められてきている。

拡大期——スマートシティーに向けて

　EVのシェアが大きくなってくると、住宅、ビル、事業所、公共充電スポットなどにまとまった充電需要をもたらすため、デマンド・レスポンス（DR）や建物屋根上の太陽光発電の利活用といった観点で電力分野との関わりが大きくなる。また、排気ガスや騒音を出さずに街中を巡るため、都市環境を直接的に向上させることができる。欧州ではコロナ禍からのグリーンリカバリーに都市域への電気自動車の普及拡大が据えられているが、これは電力分野や都市・環境分野とのセクターカップリングの効果を見込んでいるからである。EV製造工場やバッテリー工場の電力供給を再エネでまかなうなど、使う側だけではなく作る側まで考慮したライフサイクルアセスメントもセクターを横断した取り組みが不可欠な事例である。

　EVの位置情報や電力情報を様々な社会システムと連携することによる新しいサービス創造も期待される。街区のストリートカメラとの連携で歩行者や他モビリティーと決して衝突しない自動運転システムを構築できるかもしれない。スマートメーターデータと合わせれば人の移動・居住を通したエネルギーフットプリント（およびカーボンフットプリント）のトレースも可能となる。これらの情報を公共データを具備した都市のGIS（Geographic Information System）や3D空間マップと統合することで、道路混雑有無や都市環境の向上、停電時の電力レジリエンスなど、スマートシティーとしてのいろいろなコンテンツが具備されるようになる。

　この段階ではEVが持つ位置・電力情報をオープンかつセキュアに流通させるデータ連携基盤やスマートシティーを統括する都市OSなどの仕組みが必要とされることは言うまでもない。高効率・コンパクトで制御性の良いEV用の双方向充電器を、住宅・事業所・公共施設などに屋根上の太陽光発電とあわせて戦略的に普及させていく必要がある。EVの普及拡大によるクリーンで利便性の高い移動・暮らしを実感できるスマートシティーの姿を2020年代の中盤から後半の早い時期にいくつも見せていくことで、人々にカーボンニュートラル志向のライフスタイルや行動の変容を促すことも重要である。

成熟期──自動運転とシェアリング

　低コストで大容量なバッテリーを搭載し、自動運転による無人運転が可能で、Beyond 5Gによる情報連携とパワー半導体を援用し、高効率でシームレスな電力供給機能まで完備したEVが実現したら、旅客、乗用、商用それぞれの運輸のあり方はどうなるだろうか?

　鉄道や路線バスなどの公共交通の維持管理が困難な地域では、地域住民の要望に応じ、AI（人工知能）自動運転バスが動的なルートを巡る利便性の高いモビリティーが展開されるだろう。宅配やオンデマンド地域配送を含んだ貨客混載も行いながら、空き時間には地域の再エネ電源のエネルギーバッファーの役割までも担うことで、コスト効果が高い地域のモビリティー・エネルギーの基盤インフラが形成されることとなる。

　都心部においては自動運転EVタクシー（や空飛ぶクルマ）が、住宅地域ではライドヘイリング（配車サービス）EVやシェアリングEVが、シェアリングエコノミーとも相まって移動需要を満足させるモビリティーとして期待される。輸送能力が高い鉄道・地下鉄や都心部でのラストワンマイルに有望な二輪車（自転車、電動自転車や電動バイク）とシステム連携を行うことで、多種多様な交通モードの適切な選択（Transportation Choice）や都市の混雑に応じた料金設計など成熟した仕組みを仕掛け、住民の移動の変容を促していくことも重要である。

　物流に対する自動運転配送EVのインパクトは大きく、排気ガスを出さず騒音・振動等が少ないEVは道路混雑の影響を受けない夜間に住宅地で配送を行うことができる。昼間はライドヘイリングEVやシェアリングEVとして、夜間は配送EVとして、空き時間には太陽光発電のエネルギー貯蔵用として、そして災害時にはモビリティー・電力のレジリエンスに切り替えて活用する、マルチユース・シェアリングEVへの進化が期待される。

　この段階では、公共・乗用・商用の交通モードとエネルギー使用の最適化が究極的に進むとともに、EV総数が低減することとなり、運輸部門での大幅な省エネルギーが達成されることとなる。その上でカーボンニュートラル実現のためには、電動化したモビリティーの駆動エネルギーをいかに再エネ

由来にできるかにかかっており、電力分野とのセクターカップリングのエフォートが不可欠となる。

　運輸電動化について、普及期（2020年代）のEVコンシェルジュ、拡大期（2030年代）のスマートシティーへの展開、成熟期（2040年代）の自動運転とシェアリング、それぞれの技術開発や政策への期待をまとめた。自動運転については技術開発の進展や社会実装が盛んに行われており、コモディティー・シェアリングEVの登場も比較的早期となる可能性があることを述べておく。Apple Carは果たしてコモディティー・シェアリングEVの形態となるかどうかが気になるところである。以降の幅広く充実した技術トピックも参照されたい。

技術トピック07　モビリティー電化に向けた開発　[p155]
　蓄電技術の革新で加速するモビリティー分野の電動化

技術トピック08　モビリティーの電化シフト　[p159]
　車、バス、船…電動化推進でゼロカーボン実現へ

技術トピック09　電動車両の普及促進と充電インフラ　[p164]
　ワイヤレス充電など次世代方式で利便性向上に期待

技術トピック10　EVシェアリング　[p169]
　EV車両管理×エネマネが実現する「限界費用ゼロ」モビリティー

技術トピック11　モビリティーを核としたサービス創造と情報連携　[p173]
　EV、コネクテッドカーが牽引するCASE革命

技術トピック12　モビリティー燃料のイノベーション　[p178]
　次世代バイオ燃料が実現する「陸・海・空」の脱炭素化

技術トピック**07**

モビリティー電化に向けた開発

蓄電技術の革新で加速するモビリティー分野の電動化

㈱三菱総合研究所　サステナビリティ本部　主席研究員
志村　雄一郎

電動技術への期待の背景

　20世紀は化石燃料の時代であった。特に、高いエネルギー密度の石油系燃料を人や物を自由に移動できるようにするモビリティーの動力源に利用することで、人々は、より速く、より遠くまでの移動の自由を得た。一方で、資源・環境面から化石燃料からの脱却が求められたが、運輸分野においては遅々として進まない状況が続いた。

　しかしこの状況も、今世紀に入り、地球温暖化問題に対する政治的な判断等から大きな変化が生じている。欧州委員会では、2035年以降にエンジン車の販売を禁止する法案を発表するなど、欧州のいくつかの国々では、自動車の動力源に化石燃料だけの使用を禁止する動きが出てきている。化石燃料を代替するモビリティーの新たな動力源として、電気を用いてモーターにより動力を得る電動化には、再生可能エネルギー由来の電力を用いることで温室効果ガスの発生を抑制できることから注目が集まっている。

電動車両の普及の現状
──欧米中心に EV 販売シェア拡大、航空分野にも電動化の波

　現状、モビリティーのエネルギーの7割程度は自動車によって消費されている。この自動車に関して、100年以上前から電動化は何度も試みられたが、蓄電池の性能不足により本格化はしなかった。その状況を変えたのがリチウムイオン電池（LiB）の登場である。この新しい蓄電池技術により、一充電走行距離の短さを除けば、走行性能面では支障のない車両が販売されることになった。

　特にここ数年、欧米において乗用車の電気自動車（EV）の販売シェアは年々拡大しており、EV に対して手厚い経済的な優遇を実施するノルウェーにおいては、すでに新車販売の半数以上が EV という状況である。また、都市内の地域環境改善の観点から、欧州では路線バスの EV 化を進めており、英国やオランダでは、EV バスの導入が主流となっている。同様に1日の走行距離が短い都市内の配送用車両でも徐々に EV 化が進んでいる。しかしながら依然として、長距離移動する大型トラック・バスへの EV 導入は、現状の蓄電池技術では性能が不十分なために進展していない。

　航空機分野でも、電動化のための技術開発が進められており、人が乗車できるようなドローン（いわゆる「空飛ぶクルマ」）の開発も進められ、数人を乗せて数十分間の飛行が実現している。飛行機に関しては、電動でプロペラを駆動して飛行する短距離の飛行機の開発が本格化しており、20人程度が搭乗できる旅客機が2023年ごろに実現する見通しだ。すでに大手航空会社も近距離移動用の小型機として、百機単位の発注をしているところである。

蓄電池のエネルギー密度、ライフサイクルでの経済性に課題

　電動車両の課題としては、大別すると電力を蓄える蓄電池性能の技術的な点と、電動化技術の経済的な点が挙げられる。

　蓄電池の性能面に関しては、エネルギー密度をいかに高めるかが課題である。例えば、ガソリン1kg 当たりのエネルギーが1万 Wh 程度であるのに対して、現状で普及している自動車用の LiB のエネルギー密度は 100Wh 程度

であることから（図表3-14）、エネルギー密度の高い新型の蓄電池の技術開発が期待されている。また、蓄電池以外に、水素を車載し車両内で水素から発電してモーターを駆動するような燃料電池方式の開発も進められている。大型のバスやトラックではこうした燃料電池自動車が実証されており、また飛行機の分野でも燃料電池を用いた電動飛行機の開発も進められている。

　経済性に関しては、LiBのイニシャルコストの低減は進んでいるが、さらにライフサイクルでのコストダウンに向けた蓄電池の長寿命化や、蓄電池の量産化により新たに必要となるレアメタルなどの資源の価格高騰をいかに抑制するかも課題である。

| 図表3-14 | 各種自動車用エネルギーのエネルギー密度

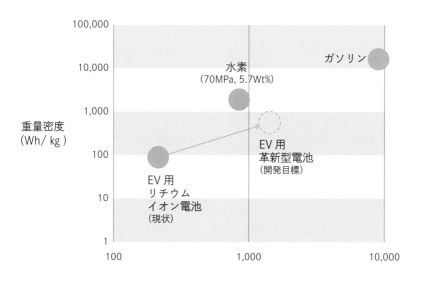

※車載した状態で動力に変換する前の
エネルギー量の比較

（出所）（国研）新エネルギー・産業技術総合開発機構（NEDO）二次電池技術開発ロードマップ、
NEDO燃料電池・水素技術開発ロードマップ等をもとに筆者作成

今後の展望
──トラックの電動化、循環型社会の構築に期待

　電動車両を幅広い用途に普及させるためには、高エネルギー密度で、高耐久性で、より安全な革新的蓄電池の開発が求められており、全固体リチウム電池、ナトリウムイオン電池、金属空気電池等の開発競争が世界で繰り広げられている。

　これとは別に、走行距離を延ばすために、車両等への新たな電力供給方式も検討されている。例えば、電池交換による短時間でのエネルギー充填の実現や、走行中給電方式として、パンタグラフや非接触充電技術の開発も進められている。さらには、水素燃料電池の実用化も、安価な水素供給体制の構築と併せて検討がなされており、長距離移動用のモビリティーの電動化の進展が期待される。

　今後、高効率でクリーンなモビリティーの実現を図っていくためには、電動化により新たに必要となるレアメタルなど資源の需給をいかに安定化させるかも重要である。とくに蓄電池用等に新たに必要となる資源の需給のひっ迫を避けるためにも、循環型社会の構築は不可欠であり、リユース・リサイクル等の社会的な仕組みとセットで新たな電動化技術の導入を進めていくことが求められる。すでに、小型EVの蓄電池の形状を標準化し、自動車として利用した後に他用途へ転用して、一つの蓄電池をより長く使うようなコンセプトも発表されており、EVによるカーシェアリングと電池のリユースを組み合わせるような新たな社会システムの取り組みにも注目が集まっている。

Ⅱ | 運輸・モビリティー

技術トピック08 モビリティーの電化シフト

車、バス、船…電動化推進で ゼロカーボン実現へ

関西電力㈱　ソリューション本部　ｅモビリティ事業グループ　部長
道満　正徳

　カーボンニュートラルを目指したモビリティー電化の動きは、ここ数年環境特性を意識した法人や公的機関、さらには車両以外の分野まで幅広い形で加速している。ここではそれらをサポートしている関西電力㈱の取り組み例を中心に紹介したい。

関西電力㈱の車両電動化への取り組み

　関西電力㈱では2019年10月に"ｅモビリティ"ビジョンを掲げ、電気自動車（EV）普及とインフラ整備に取り組み、社会課題の解決に貢献するため、脱炭素化、分散化、デジタル化に電化を加えた「3D＋D」の具現化に取り組んでいる。

　また、2021年2月には「ゼロカーボンビジョン2050」を発表し、デマンド・サプライサイド双方でのゼロカーボン化や水素社会への挑戦を柱に、2050年のゼロカーボン社会実現に向け、ｅモビリティーの推進やエネルギーソリューションとMaaS（Mobility as a Service）の融合にも取り組み始めている。

電動車両に関する取り組み

　2020年7月に、全国の法人顧客向けに、EVリースとカーシェアリングシ

第3部

| 図表3-15 | 産学連携による実証実験の取り組みイメージ

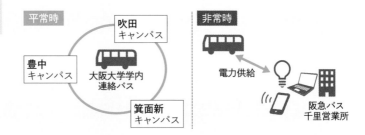

電気バス導入実証

阪急バス㈱

● 電気バス導入によるゼロエミッション走行
● 非常災害時のBCP活用

平常時

吹田キャンパス

豊中キャンパス

大阪大学学内連絡バス

箕面新キャンパス

非常時

電力供給

阪急バス千里営業所

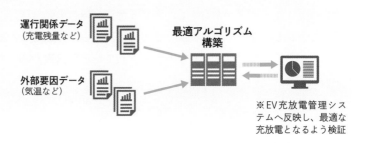

エネルギー×運行の最適化実証

大阪大学

● 最適な充放電となるアルゴリズム構築
● 実証フィールドの提供

運行関係データ（充電残量など）

外部要因データ（気温など）

最適アルゴリズム構築

※EV充放電管理システムへ反映し、最適な充放電となるよう検証

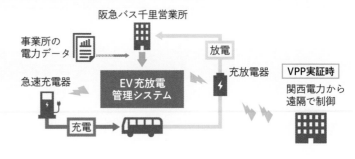

エネルギー×建物の最適化実証

関西電力㈱

● 電気バスの蓄電池を活用したエネルギーマネジメント
● 遠隔制御によるVPP実証

阪急バス千里営業所

事業所の電力データ

急速充電器

EV充放電管理システム

充電

放電

充放電器

VPP実証時

関西電力から遠隔で制御

（出所）筆者作成

ステムを活用した国内初のモビリティーサービスを開始した。本サービスは、
環境やBCP（事業継続計画）に関心が高い法人を中心に提案を進めており、
EV車両、充放電器、充放電管理システムを、パッケージとして一元的にリ
ースとして提供する。また、サービス導入先は通常のカーリースのように
EV車両を利用できることに加え、充放電制御で事業所のエネルギーマネジ
メントやBCP対策にも活用が可能となる。

　さらに導入先の従業員がEVを私用で利用できるカーシェアリングをオプ
ションとして備え、朝夕の通勤時間帯や休業日などEVを社用車として利用
しない時間帯に、社員がウェブ上のシステムを通じ予約し利用することが可
能となる。

　次に電気バスの取り組みについて紹介する。2021年10月より、大阪大学、
阪急バス㈱と、大型電気バス2台を活用した実証実験を開始した（図表
3-15）。阪急バス㈱は大型電気バス2台を、大阪大学のキャンパス間連絡バ
スとして運行させるほか、車載蓄電池を阪急バス営業所の非常用電源や電力
ピークカット用としても利用すべく、VPP（バーチャル・パワー・プラント；
仮想発電所）の実証も実施する。大阪大学は、これらから取得したデータを
用いて運行と充電を最適化するアルゴリズムの開発を行う。関西電力㈱は、
走行に必要となる充電量の想定精度の向上や運行スケジュールに合わせた最
適な充放電システムの構築を目指していく。

　また、2021年2月に京阪バス㈱、ビーワイディージャパン㈱と3社で、
電気バスの導入拡大に向けた検討を実施するための協定を締結した。実証実
験の第1ステップとして、京都駅周辺を周遊する路線バス4台を全て電動化
し運行する。関西電力㈱の主な役割は電気バスの運行に必要となる最適なエ
ネルギーマネジメントシステムの開発および受電設備等の構築である。また、
「電気バス」「充放電器等各種設備」「充放電管理システム」「工事」をパッケ
ージリースとしてサービス化することで、初期投資を軽減し、電動化の推進
をサポートする。今後は、実証実験の結果を検証し、他の路線でも順次電気
バスの拡大を検討することに加え、電気バスと相性の良い自動運転の実装に
向けた検討も進めていく考えである。

電気推進船に関する取り組み

　関西電力㈱は、岩谷産業㈱や東京海洋大学等と、（国研）新エネルギー・産業技術総合開発機構（NEDO）の研究開発事業として、「商用運航の実現を可能とする水素燃料電池船とエネルギー供給システムの開発・実証」（図表3-16）の採択を受けた。

　日本では水素燃料電池船の商用運航はいまだ実現していないことから、船舶における水素燃料を経済的に取り扱うための供給・マネジメント・実装技術の確立を目指し、トータルエネルギーマネジメントシステム、エネルギー供給インフラ、船体構造の開発を目指していく。本実証における関西電力㈱の主な役割は、地上のエネルギーステーションの構築、電池への最適な充電、水素の充填のためのエネルギーマネジメントを担う。特に、水素圧縮には大きな電力が必要となることから、そのピークをカットすることで運用コストの低減につなげていく。

　本実証を通じて、水素燃料電池船の普及の鍵となる課題解決を目指してい

| 図表3-16 | 水素燃料電池船のイメージ

全長：約30m
総t数：約60t
速さ：約9ノット
　　　（およそ時速20km）
定員：100名程度

（出所）関西電力㈱プレス（2020年11月25日）

く考えである。

　また、2020年10月には、㈱e5ラボ*1と電気推進船の開発と普及に向けて共同検討を行うべく業務提携を締結した。「水上アーバンモビリティ」として船体は約60人乗りのクルーズ船や物流に活用する内航運搬船を想定しており、電気推進船は、排気ガスや振動がなく快適であるだけでなく、内燃機関がなくなるため船内スペースの有効活用が可能となる。また電動化により二酸化炭素（CO_2）排出量の削減にも期待ができることから、今後の船舶への環境規制強化に対応する意味でも、ニーズ拡大が見込まれる。

　それに対し、関西電力㈱は㈱ダイヘンと共同で、船載の大容量蓄電池向けの「双方向ワイヤレス充放電システム」の開発を進めている。現在の直流急速充電では地上の充電器から重量のあるケーブルを取り回してプラグで接続する必要があるが、検討するシステムでは接岸するだけで安全・快適・高速な充電が可能となる。

空飛ぶクルマに関する取り組み

　関西電力㈱は、主に空飛ぶクルマに適した充電方式の開発と、エネルギーマネジメントの実用化に向けた開発を進めている。開発を進めるにあたり、国内で初めて有人での空飛ぶクルマの飛行実験に成功した㈱SkyDriveとも連携し、検討を進めている。

　また、大阪府が2020年11月に立ち上げた「空の移動革命社会実装大阪ラウンドテーブル」に参画するとともに、2021年8月には、大阪府が行う「令和3年度 新エネルギー産業 電池関連 創出事業補助金『空飛ぶクルマの実現に向けた実証実験』編」に採択されており、2025年大阪・関西万博を一つの目標として、社会実装を目指していく。

＊1　EV船の開発・促進をはじめ日本の海運業の課題解決への取り組みを目的に、旭タンカー㈱、㈱エクセノヤマミズ、㈱商船三井、三菱商事㈱の4社が設立した共同会社

Ⅱ　運輸・モビリティー

技術トピック09
電動車両の
普及促進と充電インフラ

ワイヤレス充電など
次世代方式で利便性向上に期待

㈱ダイヘン　充電システム事業部　事業部長
鶴田　義範

　近年の社会的課題とされている二酸化炭素（CO_2）排出削減や環境負荷の低減のためには、電気自動車（EV）や燃料電池車（FCV）などの環境配慮型車両の普及が必要と考えられている。様々な分野で普及促進の取り組みが行われているが、海外と比較しても国内では普及は思うように進んでいないのが現状である。理由は様々だが、充電インフラ不足もそのひとつであると考えられる。

　（一社）次世代自動車振興センターの2017年の調査によると、EVなど電動車の購入を見送る世帯の92.5％が、充電インフラの整備不足を理由に挙げていた。政府も2035年までにすべての新車販売をEVやFCVなどの電動車にする目標を掲げているが、充電インフラ不足による"電欠"に対する懸念がEV普及の大きな障害になっているという認識だ。政府はEVの利便性をガソリン車並みに向上させるため、2030年をめどに急速充電器の設置台数を3万基まで増やすことを目標に、充電インフラ導入促進に向けた手厚い予算措置を講じることとしている。

　CHAdeMO協議会[*1]によると、国内の急速充電器設置数は7,700基（2020年5月時点）程度だが、今後は身近な場所でEVの充電設備を目にする機会も増えてくると思われる。

現在の有線充電インフラとしては、一般家庭のガレージや企業の社有車駐車場などではAC100VやAC200Vによる普通充電が、短時間での充電完了が求められる道の駅や大型商業施設、高速道路のサービスエリアなどではCHAdeMO方式による急速充電が主に使用されている（図表3-17）。

しかし、これらの有線充電ではコネクターの抜き差しやケーブルの取り回しが煩雑であるため、人手による作業が不要なワイヤレス充電技術がEVのさらなる普及には不可欠であると考えられる。さらに自動運転機能、特に自動駐車機能の車両への実装が進んだ際には、「駐車は自動だが充電は人手で」では利便性の向上につながらないため、自動充電に対応しやすいワイヤレス充電は必須の技術となると思われる。

| 図表3-17 | 充電設備の種類

充電設備の種類		普通充電			急速充電
		コンセント		ポール型 普通充電器	
		100V	200V	200V	
想定される 充電場所 (例)	プライベート	戸建て住宅・マンション ビル 屋外駐車場等		マンション ビル 屋外駐車場	― (ごく限定的)
	パブリック	カーディーラー コンビニ 病院 商業施設 時間貸し駐車場等			道の駅 ガソリンスタンド 高速道路SA カーディーラー 商業施設等
充電時間	航続距離 160km	約14時間	約7時間		約30分
	航続距離 80km	約8時間	約4時間		約15分
充電設備本体価格例 (工事費は含まない)		数千円		数十万円	100万円以上

（出所）経済産業省「EV・PHV情報プラットフォーム」より

ワイヤレス充電技術は古くは電動歯ブラシやシェーバーなど、最近では携帯電話やイヤホンなどのモバイル機器など小型機器への充電には多く用いられてきたが、工場内で使用される自動搬送台車（AGV）の充電でも広く使用されている。EV用の充電システムについてはパブリックな設置例はいまだないものの、米国の自動車技術者協会（SAE）により世界統一の仕様とすべく規格化が進められ、国内外の充電器メーカーや車両メーカー、車載機器関連企業などで活発に開発が行われている。ワイヤレス充電の方式としては「磁界共鳴方式」と呼ばれる電磁誘導の原理に共鳴現象を付加した、送受電間の位置自由度の高い（駐車時に車両の位置が多少ずれても充電可能な）方式が主流となっている。

　さらに未来の技術として、停車中だけでなくEVの走行中にも充電を行えるダイナミックワイヤレス充電の技術開発も一部で進められている。走行中も充電ができるようになると、車載する電池の容量を小さくすることが可能となり、車両の軽量化やコストダウンに貢献できる。さらに電池材料資源の節約や高効率化による省エネも実現できる技術として期待されている。また、再生可能エネルギー活用の面でも、昼間に発電する太陽光発電で得られた電気を車両利用中である走行中に充電できるため、余剰の電力を定置型蓄電池などへ貯めておく手間や設備を減らすことができる技術としても注目されている。

現状における課題──充電器出力の増加に伴う問題も

　EV普及のための課題は前述の充電インフラ整備遅れの他にも多数あり、EVそのものの弱点である航続距離が従来の化石燃料車に比べて短いという点も挙げられる。その対策として車両へ容量の大きなバッテリーを搭載し一度の満充電での走行距離を延ばすことが考えられており、小型でエネルギー密度の高い新たな電池開発が進められている。充電インフラ側も、この車載電池大容量化に対応した大出力のものが求められ、従来は50kW以下が主流であった急速充電器の出力容量も90〜150kWが必要とされ設置も進んでいる。

　このような大出力での充電となると充電ケーブルや車両内部の配線の発熱

が大きくなり、冷却をどのように行うかが問題となる。従来の自然空冷ではなく冷媒を使用した強制冷却が必要となり、充電設備の大型化やコスト上昇が課題である。

　充電器出力容量が大きくなると、電源設備の問題も出てくる。電気を使用する場合、電力会社の設備から需要場所への引き込みは「1需要場所1引き込み」が原則であり、50kW未満は低圧引き込み、50kW以上は特別高圧または高圧引き込みとなる。50kW以上の急速充電器を新たに設置する場合、現在は低圧引き込みとしている場合は高圧引き込みへの契約変更に加え、受変電設備の設置や電気主任技術者による管理も追加で必要となる。また、充電渋滞解消のため1カ所に複数台の充電設備が設置されることも増えると予想され、充電器設置場所の電源設備問題をどのように解決するかは大きな課題である。

　停止中、走行中ともにワイヤレス充電技術については電力伝送の媒体に高周波の磁界が用いられる。そのため漏洩電磁界による周りの電子機器や人体への影響を最低限に抑える必要があり、電力伝送という基本的な機能に加えてより安全に使用するための保護機能や検出機能の開発も併せて必要である。また充電中に磁性体や金属などの異物が送受電装置間に入ると発熱する恐れがあるため、異物を検知して停止する機能も必要である。実運用ではEV向け充電システムは屋外の駐車場や道路などに設置されるため、安全のための機能は必須となる。

将来展望について

　様々な促進策によりEVの普及台数は増えるが、既にEVの普及が進む海外でも商用車両の普及が先行したように、バスや商用小型トラックの普及が国内でも先行すると思われる。また2人乗り小型のモビリティーは、ラストワンマイルでの活用、日々の買い物や観光地・施設内の移動など、移動範囲が限られ立ち寄り先も決まっている特定エリア内移動の用途で導入検討も数多く行われている。充電インフラもこれら車両の普及に合わせて、運用に必要とされる機能、容量、方式のものが設置されていくと思われる。

　さらには、充電装置の設置台数増加による電力供給問題解決のため、充電

電力のマネジメントも必要な機能として求められる。充電器メーカーだけでなく車両メーカー、電力会社、設置工事会社、運用企業などが協調して普及促進のための課題解決に取り組む必要がある。

＊1　CHAdeMOは電気自動車用急速充電規格の国際標準の一つ。CHAdeMO協議会は、電気自動車の普及促進を目的に、急速充電の規格開発などを行っている

技術トピック **10** # EVシェアリング

EV車両管理×エネマネが実現する「限界費用ゼロ」モビリティー

㈱REXEV　取締役　Co-founder
盛次　隆宏

　カーボンニュートラル実現への重点分野として、電気自動車（EV）の普及拡大に期待がかかっている。従来の「移動手段」としての価値に加え、太陽光発電など再生可能エネルギーの余剰電力の充電、蓄電池を活用したエネルギーマネジメント、系統安定化のための需給調整の機能、さらには災害時の非常用電源といった役割が重要性を増している。「動く蓄電池」として車両価値以上の力を発揮できるのがEVであるといえる。

　一方、EVの普及拡大を受け、新たな課題も明らかになってきた。例えば①充電用に契約電力の容量を増やすことで電力コストが増加、②充電に時間がかかり、特に法人などで1車両を複数人で利用する場合など、車に乗れないことがある、③日中乗車するため太陽光の余剰電力を思うように蓄電できない──といったものだ。

　こうしたEV導入にあたっての課題を、㈱REXEV（レクシヴ）では「車両管理」と「EVエネルギーマネジメント」を組み合わせたサービス提供で解決しようと試みている。車両単体を対象としたエネルギーマネジメントサービス（EMS）やカーシェアリングはこれまでにもあったが、㈱REXEVではこの先のEV大量導入時代を見据え、複数車両を対象としたEMSを展開している。そして複数車両のスムーズなEMSを可能にするためには車両利用の

第3部

管理を行いながらエネルギーマネジメントを行うことが重要である。そのため、㈱REXEVではまずEVシェアリングという切り口でサービスを展開することで、EVの価値を最大限発揮しようとしている。

独自プラットフォームでEV価値を最大化

　㈱REXEVの社名は「Renewable Energy × Electric Vehicle」を由来としている。太陽光などの再エネ電力をEV充電に最大限活用することで、すべての人が限界費用ゼロ（燃料費がかからない）で移動できる持続可能な社会

| 図表3-18 | 車両管理×エネルギーマネジメント

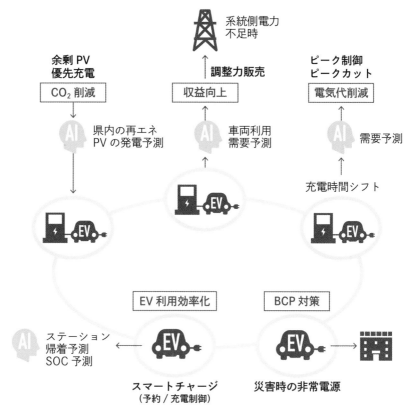

（出所）筆者作成

インフラの実現を目指し、2019年に創業した。EV特化型のカーシェアからスタートし、2021年3月には車両管理とEMSが融合した独自のプラットフォーム「eMMP（eモビリティマネジメントプラットフォーム）」のサービス提供を開始した（図表3-18）。

eMMPではEVの「エネルギーリソース」としての価値を最大限活用し、次のようなサービスを提供している（今後サービス提供するものを含む）。

❶車両管理、カーシェアリング

車両ステータスや利用状況の見える化、WEBからの予約やスマートフォンからの開施錠等、車両管理機能を提供。また、車両利用を開放し、カーシェアリングも可能。

❷スマートチャージ

利用開始日時までに使用中の途中充電が不要となる量を充電完了する。また、充電が足りない場合のアラート機能も備えている。

❸契約電力のピーク制御・ピークカット放電

施設のピーク時間帯を回避して充電するほか、ピーク時間帯を予測し、放電することでピークカットにも貢献する。

❹余剰太陽光の優先充電

太陽光発電を導入している場合、余剰電力をEVに充電できるよう制御、太陽光の稼働率を向上させる。

❺災害時の非常用電源としてEV蓄電池を活用

❻電力系統の需給バランス・周波数維持のための「調整力」の提供
（需給調整市場への拠出）

VPP（バーチャル・パワー・プラント；仮想発電所）実証事業の一環として、複数のEV蓄電池を電力系統の調整力として活用する実証実験を2020年に開始。将来は需給調整市場で取引される「1次調整力[*1]」としての活用を目指し、EVの収益向上に貢献する。

eMMPのコア技術が、太陽光の発電量、電力需給、車両利用に関する「予測技術」だ。特に車両利用の予測は最も複雑で、利用時間が同じでも行き先や使用目的、またシーズンによっても電池の消費量はまったく異なる。車両

を予約しても充電が完了していないために使用できないということは避けなければならない。

REXEVはこうした車両利用データを蓄積、それをもとにAI（人工知能）を用いた独自の予測プログラムを構築し、予測精度の向上に努めている。高精度の予測技術こそ、「乗りたいときに使えない」といったストレスを感じさせないシェアリングサービスの提供を可能としているといえる。

今後の課題──車両価格低下、制度整備に期待

車両管理×EVエネルギーマネジメントを今後さらに拡大するには、いくつかの課題もある。まずEV車両価格はガソリン車と比較してもまだ高い。この点に関しては2〜3年のうちに低減するとの予測があるほか、EMS導入によるランニングコスト低下で収支改善が期待できる。車種についても今後の拡充に期待したい。

またEVは環境志向がさほど高くない場合、優先的な選択肢とはなりにくいのが現状で、EV導入に対する社会認識のハードルを下げていく必要がある。

最後に制度面での課題として、EVをVPPにおける調整力として活用できない問題がある。現行の計量制度では、EVなど特定の機器・リソースの計量データのみを抽出し電力量の売買に使用することができないと整理されているためで、この点については新制度の施行が待たれる。

REXEVでは今後も車両管理×EVエネルギーマネジメントを柱に事業を拡大し、2023年度までに2,000台のEVを制御することを目標としている。

さらに車載蓄電池を調整力として活用するには、需給変動を確実に吸収できるだけの容量（kW）が必要だろう。それには2万〜3万台といったボリューム感での導入が求められるため、AC（アグリゲーションコーディネーター）やMaaS（Mobility as a Service）サービサーとの連携も図っていく予定だ。

＊1　調整スピードが最も速い調整力。電力需給調整に必要な調整力を一般送配電事業者が調達するための「需給調整市場」で2024年度から取引開始予定

技術トピック **11**

モビリティーを核とした
サービス創造と情報連携

EV、コネクテッドカーが牽引する
CASE革命

㈱ディー・エヌ・エー　フェロー
二見　徹

CASEの基本構造

　現在、自動車業界は、100年に1度といわれるCASE（コネクテッド、自動走行、シェアリング＆サービス、電動化）革命の真っただ中にあるが、その技術革新の基盤となるのが電気自動車（EV）と、EVのクラウド接続、すなわちコネクテッドカーである。走る、曲がる、止まるに関わる全ての動力が電動化されることで、運転全体が信号レベルで制御可能となり、人の目より優れたセンサーや、スーパーコンピューターに匹敵する高性能コンピューターをフル活用した自動運転への挑戦が可能となった。

　一方、高速・廉価なモバイル通信を介して、車両とクラウドが接続されたことにより、車両状態や運行状況が「見える化」され、ライドシェアリングやカーシェアリングが可能になった。また、センターサーバーに蓄積されたビッグデータは、データサイエンスやAI（人工知能）を駆使した高度な分析を通じて、モビリティーの運用効率や利便性の向上に役立てられる。

第
3
部

CASE時代のモビリティー構造

　CASE以前のモビリティー産業は、駐車場やガソリンスタンドを含む道路インフラと自動車が中心の産業と言っても過言ではなかった。しかし、今後、EVやコネクテッドカーが一般化することで、モビリティー産業は五つの階層に分化するものと考えられる（図表3-19）。

第1階層：インフラレイヤー

　まず、道路インフラだが、道路ネットワークや駐車場は従来通りであるものの、主に幹線道路に隣接して存在していたガソリンスタンドは、今後、徐々に姿を消していくか、業態を大きく変えていくものと思われる。そして、ガソリンスタンドの代わりに出現するのが充電インフラである。

　EVの最も合理的な充電方法は、一日の大半を占める停車時間中に充電す

| 図表3-19 | CASE時代のモビリティー構造図

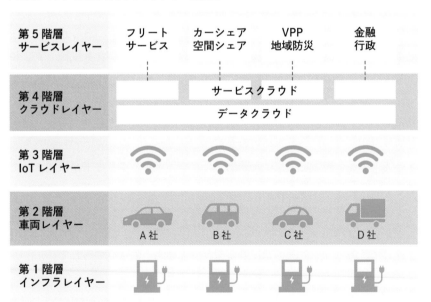

ることである。このため、充電インフラの基本的な設置場所は、駐車場所が確保されている家庭やオフィスとなる。また、長距離走行時に必要な急速充電器は、途中休憩場所となる高速道路のサービスエリアや道の駅などに設置されるのが合理的である。

　一方、EVは充電のみならず放電（給電）も可能であり、施設や地域の電力ピークカットやピークシフトを通じて、再生可能エネルギーの導入促進を図ることができる。したがって、充電インフラは、ガソリンスタンドのような単なるエネルギー補給ポイントと捉えるのではなく、分散電源へのアクセスポイントと捉えたほうが合理的である。

第2階層：車両レイヤー

　これまでのガソリン車を中心とした内燃機関車からEVに置き換わることで、車は三つの価値を持ったハードウエアに生まれ変わる。一つ目は移動手段としてのEV、二つ目は大型蓄電池としてのEV、三つ目は可動産空間としてのEVである。前述したように、内燃機関車は移動手段としての価値しか持たず、走行時間を除く一日の大半は、鉄の塊として価値を生まぬまま、駐車料金のみを無為に費やしていた。しかし、EVになれば、停車中は、車を大容量蓄電池として活用したり、空調、オーディオ、テレビ、Wi-Fi、家電コンセントなど、リビング並みの快適性を備えたカプセル空間として活用したりすることが可能になる。

　大型蓄電池として、また可動産空間としての二つの価値は、これまで僅かな時間しか使用されなかった車の稼働率を飛躍的に高める。さらに、今後、自動運転が本格化することにより、クラウドから自在なカーシェアリングが可能になるため、車の三つの価値は、多様な利用者にあまねく提供され、かつてない市場を生み出す可能性がある。

第3階層：IoTレイヤー

　コネクテッドカーでは車両とクラウドは高速・廉価なモバイル通信を介して接続される。車両レイヤーがEVとなることで、主に車両とバッテリーに関わるデータが通信されるが、通信フォーマットやプロトコルは各社で異なる。個人オーナーの囲い込みを目的とする既存のコネクテッドサービスの場合、サービス対象は自社ブランドの車両のみであるため、通信データの仕様

175

が各社で異なることは問題とはならない。

　しかし、カーリース、カーシェア、レンタカー、EV を分散電源として活用するリソースアグリゲーターのように、複数の自動車メーカーの EV を束ねるサービス事業を展開する場合、こうした仕様違いは、サービス事業者にとって大きな負担となり、サービス展開上の制約となる。また、データを提供する自動車各社にとってみれば、データ提供を第三者にその都度求められても対応が困難である。この課題は次の接続先であるクラウド側で解決される。

第4階層：クラウドレイヤー

　まず、IoT（Internet of Things；モノのインターネット）レイヤーにおける各社の仕様違いに起因する課題を解決するため、各社ごとに異なる車両データを集約し、これを共通形式に編集・加工して、サービス事業者に提供するデータ連携基盤が必要になる。この機能により、自動車メーカー、サービス事業者ともに、既存のシステムを大きく変更することなく、EV を用いた様々なサービス展開が可能になる。データ連携基盤には大量の EV データが収集されるため、このビッグデータを用いたバッテリー劣化予測や最適充電計画など、各種予測や最適化に関わる分析も進化する。欧米では、こうしたデータ仲介機能を提供するスタートアップ企業が複数出現している。

　二つ目の機能は、データ連携基盤から提供される車両情報を活用して、各種モビリティーサービスやエネルギーサービスを実現する個別のアプリケーションである。クラウドレイヤーは、これらデータクラウドとサービスクラウドの2層で構成される。

第5階層：サービスレイヤー

　第1階層から第4階層までのリソースが組み合わさることで、既存のモビリティーサービスの枠にとらわれない、新たなサービスが出現すると考えられる。たとえば、EV の情報源となるデータ連携基盤が、既存の電力サービスや空間シェアリングサービスと情報連携することで、VPP（バーチャル・パワー・プラント；仮想発電所）など EV を分散電源として活用するサービスや、可動産空間としての価値を利用したサービスなど、新たなモビリティーサービスが生まれることが期待できる。

このようにEV転換を起点とした車両のデジタルトランスフォーメーション（DX）が進展することで、今後はさらに、行政サービス、物流サービス、金融サービスなど、データ連携の輪が広がり、新たな価値やサービスが持続的に創出されていくものと思われる。これは、データドリブン型のスマートシティーやスーパーシティーの構築にほかならない。

第
3
部

Ⅱ｜運輸・モビリティー

技術トピック **12** # モビリティー燃料の
イノベーション

次世代バイオ燃料が実現する
「陸・海・空」の脱炭素化

㈱ユーグレナ　バイオ燃料事業部
小畑　亜季子

バイオ燃料とは

　バイオ燃料とは、再生可能な生物資源（バイオマス）を原料にした化石燃料の代替燃料の総称であり、その中には原料や製造プロセスの異なる、様々な種類のバイオ燃料が存在する。バイオ燃料は、燃焼時に化石燃料と同様に二酸化炭素（CO_2）を排出するが、その原料となる植物が成長過程における光合成により同量のCO_2を吸収・固定することで、燃焼時のCO_2排出分が相殺される。このカーボンニュートラルの考え方に基づき、バイオ燃料は昨今脱炭素社会実現の切り札の一つとして注目され、世界中で開発や導入が進められているが、その歴史は古く、かつてはエネルギーの国産化（エネルギーセキュリティー）や農業振興といった目的の下に開発が進められてきた。その一方で、普及が進んだ2000年代以降には、大豆やトウモロコシに代表される食料との競合やパーム栽培による熱帯雨林の破壊といった社会問題も引き起こしており、現在では脱炭素の効果に加え、サステナビリティー（持続可能性）にも十分に配慮された生産や普及に向けて、各種認証制度の整備が進められている。

　現在、モビリティー向けのカーボンフリーエネルギーとして電気（蓄電池）

や水素（燃料電池含む）が注目されているが、これらと比してのバイオ燃料、特に本稿で扱う次世代バイオ燃料の利点として、石油由来燃料と同等のエネルギー密度の高さと、その置き換えとして既存インフラをそのまま活用できる点が挙げられる。前者については、特に飛行機や長距離トラック、馬力が必要な重量車向けに重要な要素で、容量当たりで電気や水素の2倍以上、重量当たりでは電池の100倍ものエネルギーを運ぶことができる（図表3-20）。また、後者については、現状の供給インフラ（ガソリンスタンドやサービスステーション）とエンジン（車両・船舶・航空機等）をともにそのまま利用でき、新たなインフラ整備にかかるコストや時間の考慮が不要である。2050年のネットゼロに向けては水素や電気の台頭が期待されるが、日本の電力構成がいまだ化石燃料に大きく依存する中、2030年度までに2013年度比46%の脱炭素を実現するための手段として、バイオ燃料の貢献度は非常に大きなものになると考えている。

| 図表3-20 | 各種燃料のエネルギー密度比較

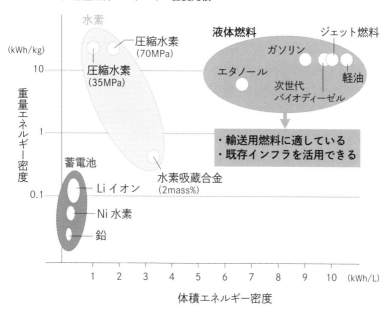

（出所）（公社）自動車技術会「ENGINE REVIEW」vol.8　No.1（2018年）をもとに作成

次世代バイオ燃料とは

　バイオ燃料の原料や製法は多岐にわたり、その分類方法も様々だが、当社は図表3-21の（国研）新エネルギー・産業技術総合開発機構（NEDO）の定義における、次世代バイオ燃料の製造と販売を行っている。これは、第1世代のディーゼル代替のFAME（脂肪酸メチルエステル）やガソリン代替のバイオエタノール・ETBEといった含酸素系燃料とは異なり、化石燃料と同じ炭化水素系燃料であるため、同等の燃焼特性や酸化安定性を有している。このため、特に厳しい品質規格が要求されるジェット燃料に対しても、化石燃料をそのまま置き換える形（Drop-in）での混合が可能であり、100%での使用に耐えうることもすでに実証されている（ただし、規格上はいずれも50%までの混合が推奨されている）。

　原料や製法については、図表3-22を参照されたい。㈱ユーグレナのバイオ燃料製造実証プラントでは、廃食油と微細藻類ユーグレナ（和名：ミドリムシ）由来の油脂に水素化処理を行い、分留を行うことでディーゼル、ジェット燃料、ナフサを製造している。同プロセスは石油精製で培われた技術をバイオ原料向けに応用したもので、現時点における次世代バイオ燃料製造の

| 図表3-21 | NEDOによるバイオ燃料の区分と定義

区分	食料との競合の観点から見た社会受容性	ガソリン・軽油代替	ジェット燃料代替	国内外の開発動向
第1世代バイオ燃料 可食部由来バイオエタノール /バイオディーゼル（FAME）	×	△ （混合率に制限あり）	×	商用化
第2世代バイオ燃料 セルロース系 バイオエタノール等	○ （非可食部）	△ （混合率に制限あり）	×	R&D ～商用化
次世代バイオ燃料 炭化水素系バイオ燃料	○ （原料の選択が重要）	○ （Drop-in）	○ （Drop-in）	R&D ～商用化

（出所）（国研）新エネルギー・産業技術総合開発機構（NEDO）技術戦略研究センター作成（2017）をもとに
㈱ユーグレナ加筆

| 図表3-22 | 次世代バイオ燃料製造プロセス一覧

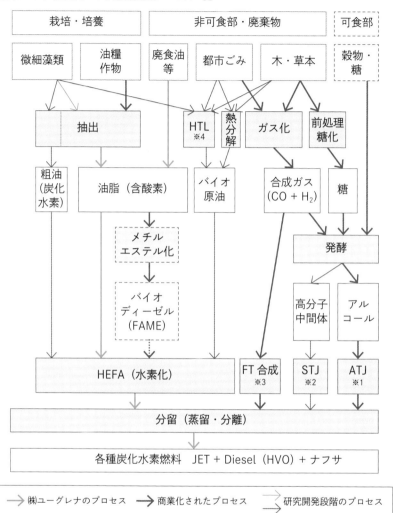

※1 ATJ(Alcohol to Jet)：エチレン等を経て重合させ、改質。米/LanzaTech社は排ガスを発酵させるATJ
　　技術を開発し、注目された
※2 STJ (Sugar to Jet)：アルコールの代わりに高分子中間体（ファルネセン）を経る反応
※3 Fischer-Tropschの略。石炭や天然ガスから液体燃料を製造する手段として発展。CO_2とH_2からの合
　　成燃料製造も研究開発が進む
※4 HTL(Hydrothermal liquefaction、水熱液化法)：亜臨海～超臨界領域の反応で、熱分解よりも生成
　　物のエネルギー密度や収率の向上が期待される

（出所）（国研）新エネルギー・産業技術総合開発機構（NEDO）技術戦略研究センター資料（2017）等を元に
㈱ユーグレナ作成

メーンプロセスとして、業界最大手のフィンランド・Neste社や米国・World Energy社、イタリア・ENI社等の商業生産にも採用されている。

㈱ユーグレナのバイオ燃料事業

㈱ユーグレナのバイオ燃料事業は、上場前の2009年5月、新日本石油㈱、㈱日立プラントテクノロジー（いずれも当時）とのバイオジェット燃料の共同開発の形でスタートした。2014年6月にはいすゞ自動車㈱との「DeuSEL®（デューゼル）プロジェクト」を始動、2015年12月の1市5社による「国産バイオ燃料計画」を経て、2018年10月に国内初となるバイオジェット・ディーゼル燃料製造実証プラントを横浜市鶴見区に完成させた（図表3-23）。

その後、2020年3月に供給を開始した次世代バイオディーゼル燃料は、「陸、海」における移動体のユーザーを開拓し続け、導入いただいた企業・自治体は2021年10月時点で約40社に及んでいる。また、（独法）鉄道建設・運輸施設整備支援機構（JRTT）とはバイオ燃料活用に関する包括提携を締結し、内航船舶へのバイオ燃料活用促進に向けたA重油との混焼試験も進めている。

バイオジェット燃料については、2020年1月にバイオジェット燃料の国際規格「ASTM D7566 Annex6」の新規発行を経て、2021年3月に初めてASTM規格に適合した燃料が完成した。2021年6月にはこの燃料を用いたフライトを、国土交通省が保有・運用する飛行検査機とプライベートジェット「HondaJet Elite」の各々で成功させ、「陸、海、空」すべてのフィールドへのバイオ燃料供給を果たした。

今後の展望と課題

㈱ユーグレナは2025年の商業生産開始に向けて、2021年10月に予備的基本設計（実行可能性調査の後、基本設計の前に実施される概念設計等）を開始した。このプラントは大規模な商業生産体制（年産25万kL）により、バイオ燃料の課題の一つである製造コストの大幅低減を目指している。

一方で、バイオ燃料製造の最大の課題はやはり原料調達であり、持続可能性基準の厳格化も相まって、これを満たす既存バイオマス原料の需給逼迫、価格高騰が予想されている。これに対して、㈱ユーグレナは国内外における

バイオマス原料の調達に加えて、単位面積当たりの油脂生産量の飛躍的な向上が期待されるユーグレナの大量培養技術の研究開発を続けており、バイオ燃料の原料生産／調達から製造、供給までを一貫して手掛けるサプライチェーンの構築と収益化を目指す。

| 図表3-23 | ㈱ユーグレナ・バイオ燃料事業の全体像

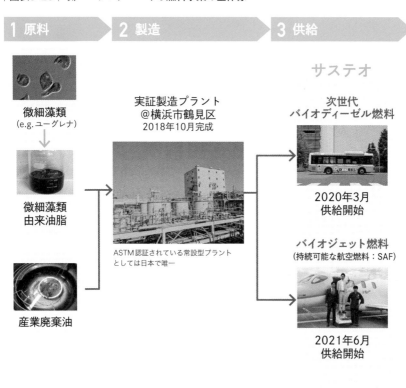

（出所）㈱ユーグレナ作成

COLUMN
❹

注目！ グローバルクリーンテック

東北電力㈱　事業創出部門　アドバイザー
出馬　弘昭

　2016年、イノベーションのメッカである米国・シリコンバレーに赴任した。イノベーションの主役はスタートアップであり、大企業が有望なスタートアップとの協業・出資・買収により、自ら変革しようとする姿を目の当たりにした。

　スタートアップ投資の一番多い国はアメリカだ。その投資マネーの半分がシリコンバレーに投下されるという。世の中を変えると豪語するスタートアップが全米だけでなく世界中からその投資マネーを狙いシリコンバレーに集まる。シリコンバレーのエンジェル投資家（創業間もない企業に出資する投資家）やベンチャーキャピタル（VC）はリスクを取ってスタートアップに投資し、適切なアドバイスで急速に成長させて、EXIT（資金回収）を狙う。主な大企業のコーポレートベンチャーキャピタル（CVC）もシリコンバレーにオフィスを持ち、破壊的なスタートアップを探索する。スタートアップを成長させる世界一のエコシステムがシリコンバレーにある。世界各地でシリコンバレーを模した動きが活発化し都市間競争が起こっている。しかし、80年以上の歴史を持つシリコンバレーの優位性は揺らがない。

　カーボンニュートラルに資するスタートアップはクリーンテックと呼ばれ、世界に2万7,000社以上（2022年1月時点）ある。毎年、業界の有識者が「グローバルクリーンテック（GCT）100」として、最も有望な革新的企業100社を選出する。世界のエネルギー大手が注目するリストだ。2021年版での内訳は北米が6割、欧州が3割、残念ながら日本の選出はゼロだ。日本のエネルギー企業、製造業、商社もシリコンバレーで

グローバルクリーンテックとの協業・出資を始めている。

バッテリー・モビリティー分野でGCT続々と

2016年当時、カリフォルニア州には独自のバッテリー補助金制度などがあり、多数のバッテリー関連スタートアップが生まれていた。その一つを紹介しよう。

Geliは2010年、サンフランシスコで創業し、産業用バッテリーの充放電制御を最適化するソフトウエアを開発していた。ShellやSiemensから出資を受け、地元電力PG&EとBMWの電気自動車（EV）を用いたデマンド・レスポンス（DR）実証実験でも成果を上げ、GCT100に3度選出されるなど高い注目を集めていた。創業者はバッテリーのマテリアルサイエンティスト（Ph.D.）で、日本の電機メーカーとの協業経験もある親日家だった。彼は、今後多様なバッテリーが商品化される時代に備え、MS Windowsのように多様なハードウエアにのるソフトウエアを作りたいと創業時の抱負を語った。

Geliはオーストラリアや日本などに海外展開した後、2020年にPV大手の韓国Q CELLSに買収された。Q CELLSの買収の目的は、自社ハードウエアとGeliのソフトウエアを統合した分散エネルギーソリューションを提供すること、Geliの顧客獲得により北米に本格展開することだ。なお創業者は別のスタートアップを立ち上げ、新たな挑戦を始めている。

同じく2016年頃から欧米エネルギー大手はモビリティーの電動化を見据え、スタートアップの投資・買収を本格化させていた。主なEV充電系スタートアップは買収されるか、SPAC（特別買収目的会社）上場した。石油メジャーのEV充電ビジネスのその先を見た投資事例を2つ紹介しよう。

2019年、あるイベントでフランス・TOTALがCVC活動について講演した。彼らの投資先のひとつにElroy Airがあった。2016年、サンフランシスコで創業したドローン自動配送スタートアップだ。石油メジャーがなぜドローン自動配送に出資したのか疑問に思い、発表者に尋ねた。彼曰く、TOTALはガソリンスタンドを順次EV充電所に変えつつある、その先にEV充電所の間で商品を自動配送するロジスティックスサービ

第
3
部

スを視野に入れている、とのことであった。また2020年、英蘭Royal Dutch ShellはZeroAviaに出資した。2017年、カリフォルニア州で創業した、水素燃料電池飛行機のスタートアップだ。創業者はロシアの物理学者で2010年にEV充電スタートアップeMotorWerksを創業し、2017年にイタリア電力・ENELに売却した。パイロット資格を持つ創業者は車の電動化の次に飛行機の電動化に挑戦を決めた。Shellの出資の目的は、水素マーケット成立に向けてまずは水素需要を創るところから始めるというものであった。

日本発・グローバルクリーンテックの創出へ

　各国はカーボンニュートラル立国に向けて、①自国のカーボンニュートラル達成、②カーボンニュートラルで新たな雇用創出、③カーボンニュートラルで海外展開——の3点セットを政策とイノベーションを総動員して進める。日本は特に③が課題だ。日本でグローバルクリーンテックが生まれない理由として、①世界を狙う創業者がほとんどいない、②投資家は日本市場での成功を優先する、③大学や企業の研究所の技術は実証実験止まりでプロダクトにならない、④国はカーボンニュートラルのイノベーションを大企業に依存する——などが挙げられ、課題山積だ。長期的な視点で解決が必要であろう。

| 図表3-24 | 主要なグローバルクリーンテック

分野	社名	概要	EXIT（買収、上場）
バッテリー	AMS	・2013年創業、米国・カリフォルニア州本社 ・バッテリー最適制御ソフトウエア ・GEが出資	・米Fluence （独Siemensと 米電力AESの合弁）
	Geli	・2010年創業、米国・カリフォルニア州本社 ・バッテリー最適制御ソフトウエア ・Shell、Siemensが出資	・韓Q CELLS
	Greensmith	・2008年創業、米国・メリーランド州本社 ・バッテリー最適制御ソフトウエア ・米電力AEPが出資	・Wartsila （フィンランドの製造大手）
	Stem	・2009年創業、米国・カリフォルニア州本社 ・産業用バッテリーおよび制御ソフトウエア ・独電力RWEが出資	・SPAC上場
	Sonnen	・2010年創業、ドイツ本社 ・欧州家庭用バッテリー最大手	・英蘭Shell
モビリティー	EVBox	・2010年創業、オランダ本社 ・EV充電ハードウエア＋ソフトウエア	・仏電力Engie
	eMotorWerks	・2010年創業、米国・カリフォルニア州本社 ・EV充電ハードウエア＋ソフトウエア	・伊電力ENEL
	Chargemaster	・2008年創業、英国本社 ・EV充電ハードウエア＋ソフトウエア	・英BP
	Greenlots	・2008年創業、米国・カリフォルニア州本社 ・EV充電ソフトウエア	・英蘭Shell
	Ubitricity	・2008年創業、ドイツ本社 ・路上EV充電インフラ	・英蘭Shell
	Volta	・2010年創業、米国・カリフォルニア州本社 ・無料EV充電インフラ	・SPAC上場
	ChargePoint	・2007年創業、米国・カリフォルニア州本社 ・北米EV充電インフラ大手 ・米電力Exelonが出資	・SPAC上場
	EVGo	・2010年創業、米国・カリフォルニア州本社 ・北米EV高速充電インフラ大手 ・米電力NRGからスピンアウト	・米電力LSPowerに買収後、SPAC上場

（出所）筆者作成

Ⅲ 製造業

CO₂削減コスト

プラスチック等の
高度資源循環技術

CO₂原料セメント・
CO₂吸収コンクリート製造

炭素再資源化による
機能性化学品製造

バイオプロセス

COURSE50

紙資源の再利用・
バイオマス燃料転換

メタネーション
（プロセス利用）

Super
COURSE50

実装済み　　　　　　　　　　　　　　　　　　　～2030年

「製造業」セクターにおける施策・技術ごとの二酸化炭素（CO_2）排出削減効果を以下に示す。2030年代にかけては資源循環・再利用技術の実装が見込まれると同時に、CO_2吸収コンクリート等CO_2排出削減効果の大きい技術の活用も期待できる。水素還元製鉄、ゼロカーボン・スチールは高コストかつ商用化の時期も先になる見通しであるものの、実装されれば高いCO_2削減効果を得られることが予想される。

ポジショニングマップ作成　小野透（Ⅲ.製造業 総論）

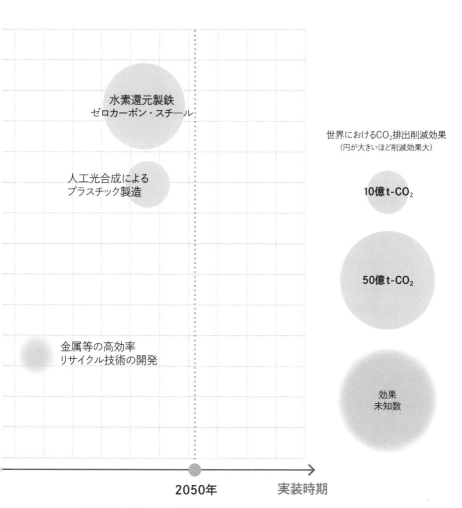

CO_2排出削減量の参考データ：内閣府統合イノベーション戦略推進会議革新的環境イノベーション戦略
※CO_2排出削減量は、世界における温室効果ガス（GHG）排出削減効果をCO_2重量換算したもの。
なお、技術確立した時期を「実装時期」とし、削減量は技術が浸透した段階での効果を想定している

気候変動対策をリードし
国際競争勝ち抜く
革新技術・包括戦略の重要性

日鉄総研㈱　常務取締役
小野　透

はじめに

「製造業」は、我々人類が文明社会を構築・維持する上で必須のセクターである。特に「ものづくり大国」とも称される日本において、製造業の我が国経済や雇用への貢献は極めて大きい。また気候変動問題への対応においても、日本の製造業は、優れた性能を有する技術や製品の提供を通じて、国内外で大きな貢献を果たしている。

一方で、製造業セクターは、エネルギーセクターに次ぐ大量の温室効果ガス（GHG）排出源でもある。カーボンニュートラルを目指すに当たって、製造業、中でも二酸化炭素（CO_2）排出量の大半を占める素材産業における脱炭素の取り組みは重要となる。

製造業セクターのCO_2排出の実態――太宗を占める素材産業

図表3-25に2019年度の我が国のセクター別CO_2排出量を示す。製造業・建築セクターのCO_2排出量（直接排出）は、約2.6億tで、これは日本のCO_2総排出量の約22％に相当する。中でも、素材産業である鉄鋼、化学、セメント、紙・パルプ、非鉄金属の排出量が同セクターの大半を占めている。

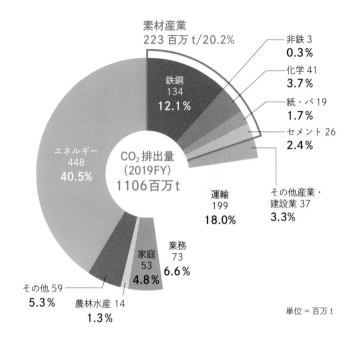

素材産業
223 百万 t/20.2%

非鉄 3
0.3%

化学 41
3.7%

紙・パ 19
1.7%

セメント 26
2.4%

鉄鋼
134
12.1%

CO$_2$ 排出量
（2019FY）
1106百万t

エネルギー
448
40.5%

その他産業・
建設業 37
3.3%

運輸
199
18.0%

業務
73
6.6%

家庭
53
4.8%

その他 59
5.3%

農林水産 14
1.3%

単位＝百万 t

（出所）環境省、日本国温室効果ガスインベントリ報告書2021年データをもとに筆者作成

　素材産業はエネルギー多消費型の産業であり、従来、徹底的な省エネルギーへの取り組みにより、CO$_2$排出量の低減を図ってきた。例えば、素材産業の中でも最大のCO$_2$を排出する鉄鋼業の場合、1970年代の石油危機を契機に、プロセス革新、副生ガスの高効率利用、廃エネルギー回収、廃棄物利用等、世界に先駆けた省エネ技術の開発と導入によって、世界最高のエネルギー効率を実現してきた（図表3-26）。プロセスの徹底した省エネは、鉄鋼業に限らず、他の素材産業やその他の製造業においても同様に取り組まれ、かつての京都議定書目標達成に向けた自主行動計画や、現在のパリ協定中期目標達成に向けた低炭素社会実行計画等を通して、確実な成果を上げるとともに、国の「京都議定書目標達成計画」や「パリ協定に基づく日本のNDC（国が決定する貢献）」の2030年度目標にも反映されてきた。

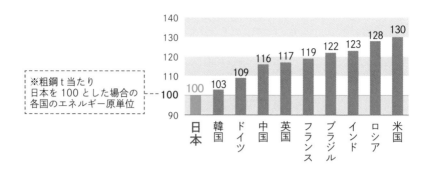

※粗鋼 t 当たり
日本を 100 とした場合の
各国のエネルギー原単位

（出所）（公財）地球環境産業技術研究機構（RITE）、
2015年時点のエネルギー原単位の推計を（一社）日本鉄鋼連盟が指数化

| 図表3-27 | 部門別最終エネルギー消費と実質GDPの推移

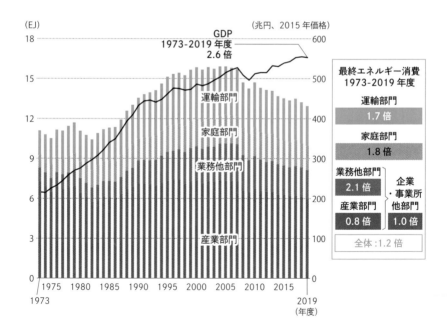

（出所）経済産業省資源エネルギー庁「エネルギー白書2021」

図表3-27に1973年の第一次石油危機以降の、日本の部門別最終エネルギー消費と実質GDPの推移を示す。2019年には実質GDPが1973年の2.6倍となり、これに伴い運輸、家庭、業務部門のエネルギー消費量が拡大する中、産業部門は逆に0.8倍に減少している。このことは製造業を中心とした我が国産業部門のエネルギー効率の大きな改善を示すものと理解される。

2050年カーボンニュートラルに向けた取り組み

　2019年6月、日本政府は「パリ協定に基づく成長戦略としての長期戦略」[*1]を決定し、その中で2050年目標については「最終到達点としての『脱炭素社会』を掲げ、それを野心的に今世紀後半のできるだけ早期に実現することを目指すとともに、2050年までに80％の削減に大胆に取り組む」とした。
　しかし近年、欧州を中心とした気候変動問題の政治的プライオリティーの上昇、ESG投資機運の盛り上がり等を背景に、各国が競って2050年に向けたさらに野心的な目標を掲げる潮流の中、日本も2050年カーボンニュートラルに大きく舵を切る政治決断がなされた。2021年10月、国連気候変動枠組み条約第26回締約国会議（COP26）に先立ち、政府は「パリ協定に基づく成長戦略としての長期戦略」を改訂し、「2050年カーボンニュートラルの実現を目指す」とする新たな長期目標を閣議決定した。また、「日本のNDC（国が決定する貢献）」[*2]も、従来の「2030年度において2013年度比26％削減」から、「2030年度において、温室効果ガスを2013年度から46％削減することを目指す。さらに、50％の高みに向け、挑戦を続けていく」との修正が地球温暖化対策本部により決定され、いずれも2050年、2030年度に向けた我が国の新たな気候変動対策目標として国際公約となった。

　「カーボンニュートラル」の実現を目指すには、これまでの省エネや燃料転換による低炭素化とは次元の違う、「革新的」技術開発とその導入が必要となる。
　2021年6月、政府は「2050年カーボンニュートラルに伴うグリーン成長戦略」[*3]を策定・公表した（図表3-28）。同戦略では、温暖化への対応を成長の機会と捉え、経済と環境の好循環をつくっていくことを目指すとして

193

図表3-28 「2050年カーボンニュートラルに伴うグリーン成長戦略」の概要

**2050年に向けて
成長が期待される、
14の重点分野を選定。**
- 高い目標を掲げ、技術のフェーズに応じて、実行計画を着実に実施し、国際競争力を強化。
- 2050年の経済効果は約290兆円、雇用効果は約1,800万人と試算。

1 洋上風力・太陽光・地熱
- 2040年、3,000万〜4,500万kW の案件形成【洋上風力】
- 2030年、次世代型で14円/kWh を視野【太陽光】

2 水素・燃料アンモニア
- 2050年、2,000万t程度の導入【水素】
- 東南アジアの5,000億円市場【燃料アンモニア】

3 次世代熱エネルギー
- 2050年、既存インフラに合成メタンを90%注入

4 原子力
- 2030年、高温ガス炉のカーボンフリー水素製造技術を確立

5 自動車・蓄電池
- 2035年、乗用車の新車販売で電動車100%

6 半導体・情報通信
- 2040年、半導体・情報通信産業のカーボンニュートラル化

7 船舶
- 2028年よりも前倒しでゼロエミッション船の商業運航実現

8 物流・人流・土木インフラ
- 2050年、カーボンニュートラルポートによる港湾や、建設施工等における脱炭素化を実現

9 食料・農林水産業
- 2050年、農林水産業における化石燃料起源の CO_2 ゼロエミッション化を実現

10 航空機
- 2030年以降、電池などのコア技術を、段階的に技術搭載

11 カーボンリサイクル・マテリアル
- 2050年、人工光合成プラを既製品並み【CR】
- ゼロカーボンスチールを実現【マテリアル】

12 住宅・建築物・次世代電力マネジメント
- 2030年、新築住宅・建築物の平均でZEH・ZEB【住宅・建築物】

13 資源循環関連
- 2030年、バイオマスプラスチックを約200万t導入

14 ライフスタイル関連
- 2050年、カーボンニュートラル、かつレジリエントで快適なくらし

**政策を総動員し、
イノベーションに向けた、
企業の前向きな挑戦を
全力で後押し。**

1 予算

2 税制

3 金融

4 規制改革・標準化

5 国際連携

6 大学における取り組みの推進等

7 2025年日本国際博覧会

8 若手ワーキンググループ

（出所）経済産業省

成長が期待される14の重点分野を選定、予算、税制、金融、規制改革・標準化、国際連携などの側面からサポートしていくこととしている。

特に「予算」に関しては、「高い目標を目指した、長期にわたる技術の開発・実証を、2兆円の基金で支援」することとする「グリーンイノベーション基金」が創設された。グリーンイノベーション基金では、成長戦略で選定された14重点分野から、18のグリーンイノベーションプロジェクトが組成され、現在プロジェクト開始に向けた検討が、産業構造審議会に新たに設置された「グリーンイノベーションプロジェクト部会」で進められている[*4]。グリーンイノベーション基金の対象となっているプロジェクトは次の通りである。

●グリーン電力の普及促進分野
　①洋上風力発電の低コスト化
　②次世代型太陽電池の開発
●エネルギー構造転換分野
　③大規模水素サプライチェーンの構築
　④再エネ等由来の電力を活用した水電解による水素製造
　⑤製鉄プロセスにおける水素活用
　⑥燃料アンモニアサプライチェーンの構築
　⑦CO_2等を用いたプラスチック原料製造技術開発
　⑧CO_2等を用いた燃料製造技術開発
　⑨CO_2を用いたコンクリート等製造技術開発
　⑩CO_2の分離・回収等技術開発
　⑪廃棄物処理のCO_2削減技術開発
●産業構造転換分野
　⑫次世代蓄電池・次世代モーターの開発
　⑬電動車等省エネ化のための車載コンピューティング・シミュレーション技術の開発
　⑭スマートモビリティー社会の構築
　⑮次世代デジタルインフラの構築
　⑯次世代航空機の開発

⑰次世代船舶の開発

⑱食料・農林水産業のCO_2削減・吸収技術の開発

　グリーン成長戦略やグリーンイノベーション基金は、今後の我が国産業界のカーボンニュートラルに向けた技術開発を加速させることが期待されるが、ここで開発された技術の実装にはさらなる経済的後押しや、野心的な気候変動対策目標を目指す中でも日本の製造業の国際競争力を毀損させないための戦略が必要となる。例えば欧州では、2018年3月に「サステナブルファイナンス戦略」[*5]を公表し、「EUタクソノミー」[*6]の検討を開始した。さらに2019年12月には、気候変動を軸とした包括的政策パッケージである「欧州グリーンディール」[*7]を公表し、野心的な気候変動対策の中でも欧州製造業の保護を狙いとした「炭素国境調整措置」の検討を進めている。また予算面においても、EU7カ年予算および復興予算（総額約230兆円）の30％をグリーンリカバリーに充当する[*8]ことを決定するなど、気候変動問題をてことした産業競争力強化戦略を繰り広げている。

製造業におけるカーボンニュートラル実現に向けた課題

　国連が定めた持続可能な開発目標（SDGs）には、持続可能でよりよい社会を目指すための17の目標（ゴール）が定められており、その一つに「気候変動」が掲げられている。一方、世界人口の増加や経済発展を支えるための多くのゴールには、素材を含む様々な工業製品の需要拡大が示唆されている。生産活動を含む社会生活・人間活動には、エネルギーが必要であり、その多くを化石エネルギーに頼っている限り、CO_2排出は免れない。そのような現実の中で「カーボンニュートラル」を目指すということは、これまでの省エネや省CO_2対策とは次元の異なる技術革新が必要となる。特に素材系産業プロセスでは、化石資源が、単にエネルギー源としてだけではなく、原料や還元材など、他への代替が技術的にも経済的にも困難な原材料として利用されている。このため、素材系製造業がカーボンニュートラルを目指すためには、抜本的なプロセス転換が必要であるが、既存の技術や設備から革新技術への現実的な移行も考えなければならない。

例えば、鉄鉱石（酸化鉄）を原料炭で還元することが必要な鉄鋼業におい
ては、中期的には既存の高炉を利用することを前提に、高炉内での水素還元
比率を高めることによる低炭素化、さらに鉄鉱石の炭素による還元によって
発生するCO_2のCCS（二酸化炭素回収・貯留）による処理が現実的である。
さらに長期的には、高炉を利用しない、完全な水素還元製鉄に移行すること
が考えられるが、鉄鉱石の還元が吸熱反応となる水素還元製鉄は、近代製鉄
の歴史の中でも前人未到の試みであり、技術確立に向けては様々な困難が想
定される。

　また、水素還元製鉄には莫大な量の水素の供給が必要であり、水素資源の
開発、国際サプライチェーンの構築にも莫大な投資や権益の確保が必要とな
る。水素還元製鉄技術が確立しても、水素が経済的価格で安定的に供給され
なければ、革新技術を商業的に利用することはできない。

　さらに、革新技術の開発・導入には莫大な資金の確保が必要となる。日本
製鉄㈱は「日本製鉄カーボンニュートラルビジョン2050」[*9]の中で、研究
開発費に5,000億円、実機化設備投資に4兆～5兆円規模の投資を、個社と
して必要としている。

　加えて、このような革新技術による「グリーン製品」の生産コストは、既
存の生産プロセスによる製品コストより高くなる。気候変動対応のためのこ
のような増分コストの負担の在り方についても、一定のルールや社会的合意
が必要となる。

　最後に、これらの革新技術への取り組みやその実現のためには、日本国内
での将来にわたっての生産活動が前提となるが、そのためには日本の製造業
が国際市場で戦っていくための国際的なイコールフッティングや、将来の事
業環境確保の予見性が必要である。特に、多くの革新技術は今以上の電力を
必要とする。このために、産業用電力の、国際的に遜色のない価格での安定
供給は必須の要件となる［第1部-COLUMN②/p44を参照］。

結言

　カーボンニュートラルを実現するには、従来の取り組みを超えた次元の異
なる取り組みが必要となる。しかもそのような異次元の革新技術の実装は、

第3部

197

単独産業セクターの技術開発だけで達成できることではなく、国際サプライチェーン、国内インフラ、金融、社会ルール、事業環境など、多くの課題をクリアした上で成し得るものである。日本の製造業が国際競争に打ち勝ち、温暖化対策技術をリードしていくためには、国による万全のサポートと、気候変動を軸とした包括的な戦略が必要である。

＊1　パリ協定に基づく成長戦略としての長期戦略
　　　http://www.env.go.jp/press/110060/117011.pdf
＊2　日本のNDC（国が決定する貢献）
　　　http://www.env.go.jp/press/110060/116985.pdf
＊3　2050年カーボンニュートラルに伴うグリーン成長戦略
　　　https://www.meti.go.jp/policy/energy_environment/global_warming/ggs/index.html
＊4　産業構造審議会グリーンイノベーションプロジェクト部会
　　　https://www.meti.go.jp/shingikai/sankoshin/green_innovation/index.html
＊5　Sustainable Finance, European Commission
　　　https://ec.europa.eu/info/business-economy-euro/banking-and-finance/sustainable-finance_en
＊6　EU taxonomy for sustainable activities, European Commission
　　　https://ec.europa.eu/info/business-economy-euro/banking-and-finance/sustainable-finance/eu-taxonomy-sustainable-activities_en
＊7　A European Green Deal, European Commission
　　　https://ec.europa.eu/info/strategy/priorities-2019-2024/european-green-deal_en
＊8　Recovery plan for Europe, European Commission
　　　https://ec.europa.eu/info/strategy/recovery-plan-europe_en
＊9　日本製鉄カーボンニュートラルビジョン2050
　　　https://www.nipponsteel.com/csr/env/warming/zerocarbon.html

技術トピック **13** # ゼロカーボン・スチール

産業セクターのCO_2排出を
大幅に削減

日鉄総研㈱　常務取締役
小野　透

　鉄は地球上に豊富に賦存し、製造時の環境負荷・コストが低く、リサイクル性に優れた素材である。このため、我々の社会生活のあらゆる断面で利用されている。世界の鉄鋼生産・利用は経済発展とともに伸びてきた。このため、鉄鋼セクターからの温室効果ガス（GHG）排出量は産業セクターの中で最大となっている。鉄鋼セクターにおける二酸化炭素（CO_2）排出削減への取り組みは、将来のカーボンニュートラル社会実現に向けて極めて重要である。

　今後も世界人口の増加や経済発展に伴う大幅な鉄鋼蓄積（建築物や車両などの形で社会に存在する鉄の総量）の拡大が予測される。鉄鋼蓄積を増やすには、天然資源である鉄鉱石を還元して生産される銑鉄の生産が必要となる。銑鉄生産では、鉄鉱石と炭素系の還元剤（コークス、石炭、天然ガス）を化学反応させることで鉄を還元・分離するため、大量のCO_2が発生する。このため、銑鉄生産（製銑）工程における低炭素化、脱炭素化が「ゼロカーボン・スチール」実現の鍵を握る。

第3部

「ゼロカーボン・スチール」実現へ、段階的に技術開発を推進

2018年11月、（一社）日本鉄鋼連盟は、将来のカーボンニュートラルに向けた長期温暖化対策ビジョン「ゼロカーボン・スチールへの挑戦」[*1]を公表した［第4部-日本鉄鋼連盟/p325を参照］。同ビジョンにおいて、現行の高炉による製銑技術を①COURSE50（水素活用還元プロセス技術；所内副生水素利用による高炉内の水素還元比率アップ）、②Super COURSE50（外部水素利用による高炉におけるさらなる水素還元比率アップ）、③水素還元製鉄（石炭を利用しない水素還元製鉄）──と段階的に技術開発/導入を進めていくという技術ロードマップが示されている。

これは、カーボンニュートラルという究極の目標に対して、現在の技術/設備からのスタートと、水素供給やCCS（二酸化炭素回収・貯留）など、外部環境整備の時間軸を意識した現実的なトランジションを表している。

2019年11月にはEUROFER（欧州鉄鋼連盟）も、「Low Carbon Roadmap」を公表[*2]。カーボンニュートラル実現に向けて、炭素による還元とCCUS（二酸化炭素回収・利用・貯留）を組み合わせた「Smart Carbon Usage」と、水素還元や電解精錬など炭素によらない還元を実現する「Direct Carbon Avoidance」という二つの「Pathways＝道筋」を示し、それぞれに可能性のある複数の技術メニューを示している。

また近年、個社としての温暖化対策に関する長期戦略やビジョンも多く公表されている（図表3-29）。日本製鉄㈱は2021年3月に「カーボンニュートラルビジョン2050」を公表した[*3]。同ビジョンでは2030年のCO_2排出量を2013年比30％削減、2050年カーボンニュートラルを目標とし、COURSE50、Super COURSE50、水素還元製鉄を脱炭素に向けた主たる技術系譜としている。その上で、さらに将来の水素還元鉄利用とスクラップ比率拡大に備えた大型電炉による高級鋼生産技術の開発を、2050年までの技術ロードマップに位置付けている。

JFEホールディングス㈱は2021年5月に「環境経営ビジョン2050」を公表した[*4]。日本製鉄と同様に2050年カーボンニュートラルを目指すこととしており、COURSE50、水素還元製鉄は日本製鉄と足並みをそろえるも

のの、COURSE50を超える高炉における水素還元比率拡大については、高炉ガス中のCO_2を外部水素によりメタネーション［第3部 - 技術トピック05/p137を参照］して、再度高炉で還元材として利用するカーボンリサイクル高炉を独自技術として掲げている。水素還元鉄をはじめとした鉄源多様化に向けた電炉活用による高級鋼製造技術についても、日本製鉄同様、技術ロードマップに位置付けられている。

㈱神戸製鋼所は2021年5月に公表した「KOBELCOグループ中期経営計画」[*5]の中で、「MIDREX® によるCO_2排出削減」を提案している。当面は天然ガスによって還元した還元鉄（DRI/HBI）を高炉で利用することによって、高炉における還元材比を低減させるとともに、将来的には、MIDREX® の還

| 図表3-29 | ゼロカーボン・スチールに向けた技術ロードマップ

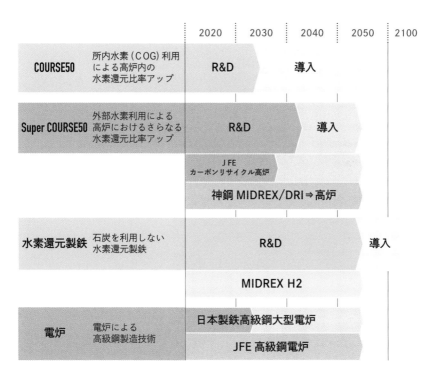

（出所）（一社）日本鉄鋼連盟及び各社公表資料より筆者作成

元材である天然ガスを水素に転換し、完全な水素還元への移行を図ろうとしている。

　以上のように、日本では高炉各社が、日本鉄鋼連盟のゼロカーボン・スチールに向けた技術ロードマップをベースとしつつも、各社独自の技術やニーズに基づくアレンジを加え、2050年カーボンニュートラル実現に向けた技術開発に取り組んでいる。なお、水素還元製鉄では、高炉法におけるような副生ガスの発生は期待できない。このため、現在副生ガスによって賄われているプロセス用燃料は、外部からの「カーボンフリー燃料」による代替が必要となる。また主たる電力供給源であった副生ガスによる自家発電や既存の排熱回収発電が喪失する一方で、電炉による製錬に大量の電力が必要となることから、外部からの大量の「カーボンフリー電力」の供給が前提となっている点には留意が必要である。

＊1　日本鉄鋼連盟長期温暖化対策ビジョン「ゼロカーボン・スチールへの挑戦」、(一社) 日本鉄鋼連盟、2018
　　　https://www.zero-carbon-steel.com/
＊2　Low Carbon Roadmap: PATHWAYS TO A CO2-NEUTRAL EUROPEAN STEEL INDUSTRY, EUROFER, 2019
　　　https://www.eurofer.eu/assets/Uploads/EUROFER-Low-Carbon-Roadmap-Pathways-to-a-CO2-neutral-European-Steel-Industry.pdf
＊3　日本製鉄カーボンニュートラルビジョン2050、日本製鉄㈱、2021
　　　https://www.nipponsteel.com/csr/env/warming/zerocarbon.html
＊4　JFEグループ環境経営ビジョン2050、JFEホールディングス㈱、2021
　　　https://www.jfe-holdings.co.jp/investor/zaimu/g-data/jfe/2020/2020-environmental-management-vision210525-01.pdf
＊5　KOBELCOグループ中期経営計画 (2021〜2023年度)、㈱神戸製鋼所、2021
　　　https://www.kobelco.co.jp/releases/1209072_15541.html

技術トピック **14** カーボンフリー水素製造

グリーン水素の大規模生産、低品位炭の水素化など実用プロジェクト続々と

日鉄総研㈱ 常務取締役
小野 透

　水素は多様なエネルギーや資源から製造することが可能である。それぞれの水素製造技術は、安定性や環境性、経済性などの面でメリットとデメリットがあり、技術の実用化段階も勘案し、水素実用化のフェーズに合った展開を考える必要がある。本稿では、水素製造技術のなかでも特にカーボンフリー水素製造技術について、現在確立されているものから開発中のものまで幅広く紹介する。

水の電気分解
──再エネ「グリーン水素」、コスト低減・設備利用率向上など課題

　電気エネルギーにより水を分解して水素を製造するプロセス（$H_2O+E \rightarrow H_2+0.5O_2$）である。技術的には確立しており、工業用に中小規模の水素製造装置が普及している。再生可能エネルギーを用いた水電解は、いわゆるグリーン水素製造法として注目されている。再エネ電気由来水素の拡大のためには、経済性向上に向けた、システム最適化や水電解装置のコスト低減、大規模化、効率・耐久性の向上、効率的な運用技術の確立などが鍵となる。水電解による1kgの水素製造に必要な水の量は9kg、電力量（理論値）

は39.4kWh（3.52kWh/Nm³-H₂）であるが、実プラントでは電解効率や補器電力を考慮する必要がある。さらに、太陽光・風力発電など自然変動型の再エネを用いる場合には、設備利用率の低さも大きな課題となる。

主な水電解技術は、①アルカリ水電解法、②固体高分子水電解法（PEM；Proton Exchange Membrane）、③高温水蒸気電解法（SOEC；Solid Oxide Electrolysis Cell）──に大別される（図表3-30）。アルカリ水電解・PEMはすでに商用化されている。これまでの大規模水素製造の主流はアルカリ水電解であったが、最近は、電流密度が高いため電解層を小型化でき、操作やメンテナンスが簡単なPEMの導入が増えている。

近年、中東の砂漠地帯などで、豊富な日照による大規模太陽光発電プロジェクトが実施されており、サウジアラビア[*1]、UAE[*2]、オマーン[*3]などの中東諸国による大規模なグリーン水素生産計画が公表されている。

| 図表3-30 | 水の電気分解技術の特徴

アルカリ水電解	固体高分子水電解（PEM）	高温水蒸気電解（SOEC）
商用化 ・大規模製造の主流	商用化 ・電解質が不要 ・操作・メンテナンス容易	研究開発 ・低コスト・高効率 ・熱源必要

（出所）筆者作成

炭化水素改質＋CCS──実装50年超の成熟技術

天然ガス、石炭、バイオマスなどの炭化水素物質を改質[*4]することによって、水素を生産することができる（図表3-31）。改質には水蒸気改質法や、部分酸化法、その両方を組み合わせた自己熱（オートサーマル）改質法などがある。現在主流となっているのは水蒸気改質法であり、特に天然ガス（メタン）を原料に用いるものを水蒸気メタン改質（SMR；Steam Methane Reforming、CH_4[*5] $+ H_2O \rightarrow CO + 3H_2$）と呼ぶ（図表3-32）。SMRは既に50年以上の歴史があり、大型のプラントが世界中で多数稼働し、成熟した技術といえる。

ここで炭化水素改質により、輸送困難な褐炭のエネルギーを水素に転換、移送・輸出を目指すプロジェクトとして日豪水素サプライチェーン構築実証事業[6]を紹介しよう。同プロジェクトでは、豪州ビクトリア州の褐炭から水素を製造・貯蔵・輸送し、日本国内における水素エネルギー利用までをサプライチェーンとして構築するための技術開発と実証が行われている。褐炭は、石炭化度が低く水分や不純物が多い低品位な石炭で、乾燥すると自然発火の危険性が大きいことから輸送に適さない。褐炭の持つエネルギーを水素に転換して移送・輸出を可能とする意味合いがある。

　一方、炭化水素改質による水素製造では、水素と同時に二酸化炭素（CO_2）が副生されるデメリットもある。このため天然ガスや石炭を原料として得られた水素を「カーボンフリー」とするためには、副生CO_2をCCS（二酸化炭素回収・貯留）、CCU（二酸化炭素回収・利用）等によって処理する必要がある（バ

| 図表3-31 | 炭化水素改質による水素製造法

水素製造方法	原料炭化水素
水蒸気改質法・自己熱改質法	天然ガス、石油随伴ガス、ナフサ等
部分酸化法	天然ガス、石炭、バイオマス、廃棄物等

(出所) 筆者作成

| 図表3-32 | 水蒸気メタン改質・水性ガスシフト反応による水素製造プロセスフロー

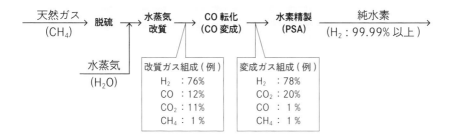

(出所) 日鉄総研㈱作成、図中の各ガス組成は、白崎義則ら, 水素エネルギーシステム Vol.22, NO.1（1997）による

イオマスの場合はネガティブエミッション化も可能)。CCSによるCO_2処分には
コストが発生するが、CO_2がEOR（原油増進回収法）に利用できれば、CCS
はコストではなく、ベネフィット側に評価することも可能となる場合もある。

　CO_2を化学製品等の原料として利用するCCUに関する研究も欧州、日本
等で盛んに行われているが、多くの場合CCUには水素が必要であることや、
CO_2と生産物の量的マッチングなどの課題があるほか、CO_2削減効果の帰属
などの問題を解決する必要がある。

熱分解による水素製造──耐熱・耐腐食性の材料開発が課題

　高温ガス炉や太陽熱による水の熱分解が国内外で研究されている。日本で
は、（国研）日本原子力研究開発機構（JAEA）において、ヘリウムを冷却材
とした高温ガス炉(High Temperature engineering Test Reactor：HTTR)
で得られる850〜1,000℃の熱による水の熱分解の研究が行われている[*7]。

　水を熱エネルギーのみで分解するためには4,000℃以上の高温が必要だ。
対して複数の吸熱反応と発熱反応を組み合わせた熱化学水素製造法は、直接
熱分解温度より低温で水を分解することができる[*8]。

　高温ガス炉で得られる1,000℃以下の温度が利用でき、かつ最も反応数が
少ないシンプルなプロセスとして、ヨウ化水素（HI）と硫酸（H_2SO_4）を用
いた「ISプロセス」が提案されている（図表3-33）。ISプロセスは高温腐食
性環境のプロセスとなることから、実用可能な材料開発などが課題と考えら
れる。

　また、メタンに熱を加えて水素と固体炭素に分解するメタン熱分解法
（$CH_4 \rightarrow 2H_2 + C_{(s)}$）も、$CO_2$を排出することなく水素を製造することができ
る手法として近年注目されている。メタン熱分解法では、副産物として生成
する固体炭素を、カーボンナノチューブをはじめ、様々な次世代素材の原料
として利用できる可能性もある。実用的な反応効率・反応速度のための適切
な触媒の探索・開発などが課題となる。

| 図表3-33 | ISプロセスの概念

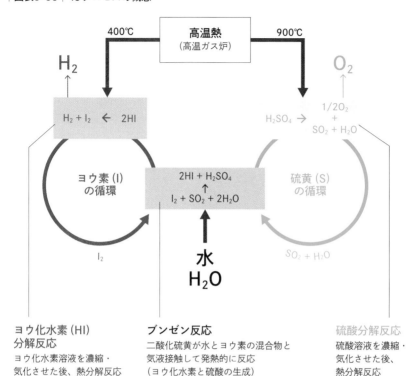

ヨウ化水素 (HI)
分解反応
ヨウ化水素溶液を濃縮・
気化させた後、熱分解反応

ブンゼン反応
二酸化硫黄が水とヨウ素の混合物と
気液接触して発熱的に反応
(ヨウ化水素と硫酸の生成)

硫酸分解反応
硫酸溶液を濃縮・
気化させた後、
熱分解反応

(出所)(国研)日本原子力研究開発機構

* 1 例えば、https://www.jetro.go.jp/biz/areareports/special/2021/0401/dc1d6ac38dc070f8.html
* 2 例えば、https://www.meti.go.jp/press/2021/04/20210409002/20210409002.html
* 3 例えば、https://jime.ieej.or.jp/report_detail.php?article_info__id=12012
* 4 天然ガスなどの化石燃料を原料にして、一酸化炭素と水素からなる合成ガスを生成する反応。水素を高効率に製造するためには、生成する一酸化炭素に更に水蒸気を反応させ、水素と二酸化炭素を得る水性ガスシフト反応 ($CO + H_2O \rightarrow CO_2 + H_2$) が必要となる
* 5 メタン
* 6 http://www.hystra.or.jp/about/
* 7 https://snsr.jaea.go.jp/research/nhc.html
* 8 小貫薫 et al.,表面科学 Vol. 36, No. 2, pp. 80-85, 2015

第3部

技術トピック **15** 水素キャリア

社会実装に不可欠な 長距離輸送・長期貯蔵技術

日鉄総研㈱　常務取締役
小野　透

　水素は常温で軽い気体であり、単位体積当たりの密度が低く、体積当たりのエネルギー量も天然ガスの約3割と小さいため、そのままの形では大量輸送、長距離輸送には適さない。このため、水素の長距離輸送、特に輸入を念頭に置いた輸送キャリア技術の確立が不可欠だ。本稿では体積当たりの水素密度の高い液化水素、有機ハイドライド、あるいはアンモニアなどの「水素キャリア[*1]」について概説する。図表3-34に主要な水素キャリアの特性を示す。

液化水素──課題多くも超高純度の水素生成に脚光

　水素は液化することにより体積が800分の1となり、長距離輸送が可能となる。水素を液化するためには、-253℃という極低温まで冷却する必要があり、サプライチェーン全般の設備の極低温・対水素脆化[*2]・高断熱対策が必要となる。長大なサプライチェーンでは、外部からの侵入熱は避けられず、また水素の蒸発潜熱も小さいことから、輸送中の気化を抑制することはできない。気化した水素は容器内の圧力を高めるため、放散せざるを得ず、これがサプライチェーンでのロスとなる。また、エネルギーとして重要な備蓄においても、極低温での長期間貯蔵はLNG（液化天然ガス、沸点-161℃）

水素キャリア	液化水素	有機ハイドライド (MCH)	液化アンモニア (-33.4℃)
分子量	2	98.2	17
沸点（℃）	-253	101	-33.4
密度（g/cm³）	0.0706	0.769	0.676
質量水素密度（wt%）	100	6.16	17.8
体積水素密度 (kg-H_2/m³)	70.6	47.3	120
水素放出Δh (kJ/mol-H_2)	0.899	59.4	30.8
特徴	●高純度 ●極低温対策が必要	●既存のタンカー・ローリーを使用可能 ●再転換コスト低減、高純度化が課題	●貯蔵・輸送が容易 ●発電等において直接利用の可能性

（出所）各種データより筆者編集

第3部

よりもさらに困難と考えられ、安定供給上の課題もシステム全体で解決する必要がある。実装に向けた課題は多いものの、液化水素の温度領域では、ヘリウム以外の物質は全て固化するため、液化プロセスの中で不純物は除去され、超高純度の水素を得ることができる。

　液化水素の長距離海上輸送実現へ、未利用褐炭由来水素大規模海上輸送サプライチェーン構築実証事業[3]において、液化装置の大型化・効率化、タンカーの大型化、液化水素冷熱の利用といった実証が進められている。

有機ハイドライド（MCH）── 既存輸送設備の活用が可能

　水素キャリアの有機ハイドライドとしていくつか提案されているが、安全性や利便性などの点から実用化が進められている技術として「メチルシクロヘキサン（MCH）－トルエン系」が挙げられる。水素をトルエン等に反応させてMCHに転換し（トルエン＋3H_2→MCH、発熱反応）、輸送・貯蔵を行い、

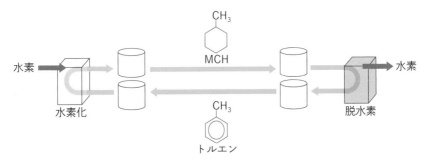

（出所）筆者作成

水素需要地側で再転換し水素を取り出す（MCH→トルエン＋3H₂、吸熱反応）。MCH、トルエンともに、気体水素体積の500分の1程度の液体の汎用化学品であり、既存のケミカルタンカーやケミカルローリーを利用できる利点がある（図表3-35）。

　有機ケミカルハイドライド法による未利用エネルギー由来水素サプライチェーン実証事業[*4] では、日本／ブルネイ間での有機ハイドライドを用いる水素輸送・貯蔵の実証試験が行われている。この事業では、ブルネイのプラントで水素とトルエンを結合させMCHを生成、コンテナで海上輸送し、川崎市内に設置した脱水素プラントでMCHから水素を分離し、東亜石油㈱京浜製油所内の水江発電所のガスタービンに供給する。MCHから水素を取り出した後のトルエンは再度ブルネイへ輸送し、繰り返し水素輸送に使用される。

　同法による課題は、再生された水素の高純度化と、転換・再転換に伴うコストの低減とされている。

アンモニア──実装に最も近い選択肢

　アンモニアは主に肥料原料として世界で年間約2億t（2019年時点）生産されている汎用化学品で、生産・輸送技術自体はすでに確立されている。水素を17.8wt％含み、常圧で気体（沸点：-33.4℃）であるが、20℃、0.857MPa

で容易に液化する。液化アンモニアは、液化水素と比較して1.7倍の高い体積水素密度を有するため、貯蔵も輸送も容易という特徴がある。アンモニアから水素の再分離も容易で、近年水素キャリアとしても注目されている（図表3-36）。

アンモニアは水素と窒素からハーバー・ボッシュ法により合成される。電解法による水素製造の場合、アンモニア合成のための窒素製造（深冷空気分離）が必要となるが、天然ガス起源の場合、窒素も併せて副生するため、窒素製造の必要はない。

アンモニアは可燃性であり、その発熱量（HHV）は383kJ/mol（H_2当たりに換算すると255kJ/mol）と大きく、水素の発熱量（HHV）286kJ/molからの大きなロスはない。すなわち、水素を再生せずにアンモニアのまま燃料として用いることもできる。もちろん二酸化炭素（CO_2）は発生しない。一方、燃料中に窒素を含むため、NO_X生成抑制がアンモニアを直接燃料として利用する際の課題であった。

2017～2018年度に実施された内閣府戦略的イノベーション創造プログラム（SIP）において、アンモニア直接燃焼が研究開発テーマとして取り上げられ、既設石炭火力発電設備[*5]やガスタービン発電設備[*6]へのアンモニア混焼及び専焼に関する研究が精力的に展開された。また、SIPの研究成果

| 図表3-36 | アンモニアをキャリアとした水素のサプライチェーン

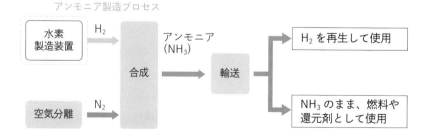

（出所）経済産業省資源エネルギー庁燃料電池推進室「水素の製造、輸送・貯蔵について」、2014年4月の掲載図に日鉄総研㈱が追記

を受けて、経済産業省主導の「燃料アンモニア導入官民協議会」*⁷や、民間主体の（一社）クリーン燃料アンモニア協会*⁸が設立されるなど、アンモニア燃料利用実現に向けた官民の取り組みが進められている。

---

* 1　水素を効率的に貯蔵・運搬するための媒体
* 2　水素脆化：水素が金属内に吸収されることで、金属素材の靭性が低下すること
* 3　https://www.nedo.go.jp/news/press/AA5_101250.html
* 4　https://www.nedo.go.jp/news/press/AA5_101322.html
* 5　SIP・エネルギーキャリア・アンモニア直接燃焼・既設火力発電所におけるアンモニア混焼に関する検討（2019）
　　 https://www.jst.go.jp/sip/dl/k04/end/team6-12.pdf
* 6　SIP・エネルギーキャリア・アンモニア直接燃焼・アンモニア利用ガスタービンの技術開発（システムおよび燃焼器）（2019）
　　 https://www.jst.go.jp/sip/dl/k04/end/team6-15.pdf
* 7　https://www.meti.go.jp/shingikai/energy_environment/nenryo_anmonia/index.html
* 8　https://greenammonia.org/

水素の色

元内閣府戦略的イノベーション創造プログラム（SIP）
「エネルギーキャリア」サブ・プログラムディレクター
（NPO法人）国際環境経済研究所　主席研究員
塩沢　文朗

　水素は無色透明のガスである。それなのに「水素の色」とは？　水素の色を云々したところで、「水素の色」の違いを私たちが目で見分けることはできないのに。

　しかし、水素が脱炭素社会の実現に重要な役割を担うと世界が考えるようになってから、にわかにその「色」が取り沙汰されるようになった。「水素の色」は、水素という物質の本質に起因する問題でもある。

　水素は、宇宙で最も多い元素で、地球にも豊富に存在するが、地球上では水素（単体）としては存在せず、水素化合物の形でしか存在しない。このため水素を製造するには、エネルギーを投入して水素化合物から水素を取り出す必要がある。しかし、このエネルギーの種類や水素の取り出し方によっては、製造の際に二酸化炭素（CO_2）が排出されるなどの好ましくない影響が生ずる。

　こうして水素の製造方法を区別する目的で「色」が付けられ始めた。「色」は、一義的にはそうした水素の出自に関する科学的な識別票のようなものなのだが、それに社会の価値観が反映されると「色」による政策内容の差別化につながる。例えば、図表3-37のグリーン水素、ブルー水素は、ともにライフサイクル全体でCO_2の排出はないのだが、水素の製造に化石エネルギーを用いるブルー水素は好ましくないとの考え方もある。

　「水素の色」が国によって異なっては困るので、「色」の国際標準づくりを目指した活動も始まっているが、その作業はなかなか進んでいない。なぜなら、水素関連資源の賦存状況や、水素の製造方法に関する価値観の違い等によって、国によって「色」やその区分の考え方が異なるからだ。技術的にも、例えば水の電気分解に用いる電力について、再生可能

エネルギー電力の割合をどこまで高めれば「グリーン」と認めるかという線引きは容易ではない。

　こうした中で、欧州諸国、米国、オーストラリア等は、それぞれの水素関連政策の中で「色」に関する識別区分の考え方についての案をまとめるとともに、区分への適合性を保証するための認証システムや、区分に応じた政策的インセンティブの内容の案を作成し始めている。こうした活動には、日本企業も企業活動を通じ、あるいは、国際的な企業連合に参加して意見の反映を行っているが、日本はグリーンやブルー水素の生産施設や資源を保有していないこともあって、この分野で日本が主体的に活動しているとは言い難い状況にある。

| 図表3-37 | 水素のカラー分類

水素のカラー分類（ドイツの「国家水素戦略」に記載されているもの）	
グリーン水素	再生可能エネルギーによる電力を用いて水を電気分解することにより製造した水素
ブルー水素	化石燃料の改質により、水素を製造。その際、生成・排出されるCO_2を分離、回収し、地下貯留（CCS）することでCO_2フリーとする
グレー水素	化石燃料の改質により、水素を製造。その際、生成・排出されるCO_2は、そのまま大気中に排出
ターコイズ（トルコ石色）水素	メタン（CH_4）の熱分解により、製造する水素。熱分解に必要なエネルギーは、再エネ起源のエネルギーを用いる。固体として生成する炭素は、回収し貯留
（参考）その他のカラー分類の例	
イエロー（またはパープル（紫））水素	原子力発電による電力を用いて水を電気分解することにより製造した水素
ブラック水素	石炭から製造する水素（グレー水素に分類されることもある）
ブラウン水素	褐炭から製造する水素（グレー水素に分類されることもある）
ホワイト水素	他の製品生産プロセス（苛性ソーダの製造プロセス等）で副産物として生成された水素

（出所）JOGMEC資料（https://oilgas-info.jogmec.go.jp/_res/projects/default_project/_page_/001/008/834/2009_j_ru_recenttopic_EUHydrogenStrategyAndRussiasCounterMeasures.pdf）などより筆者作成

技術トピック 16

炭素循環型
セメント製造技術

セメントサプライチェーンにおける
カーボンニュートラルを目指して

太平洋セメント㈱　カーボンニュートラル技術開発プロジェクトチームリーダー
上野　直樹

太平洋セメント㈱　中央研究所　第1研究部長
平尾　宙

第3部

　国内セメント産業は、諸外国と比べて早くから省エネルギー設備の導入を進めており、セメント製造工程におけるエネルギー効率は世界のトップレベルを誇っている。一方、セメント製造工程においては、主要構成要素であるクリンカを焼成する過程でエネルギー由来の二酸化炭素（CO_2）が排出されることに加え、主原料である石灰石の脱炭酸プロセス（$CaCO_3 \Rightarrow CaO + CO_2\uparrow$）に伴う原料由来の$CO_2$が排出される。そのため、カーボンニュートラルの実現には、エネルギー使用量の削減や高効率化だけでなく、従来技術の延長上にはない革新的な技術の開発と導入が必要とされている［第4部 - セメント協会 /p337 を参照］。

　近年、脱炭素社会の実現に向け、産業を横断した革新的な技術開発の取り組みが活発化している。太平洋セメント㈱は、セメント製造時に排出されるCO_2を回収し、そのCO_2をセメントサプライチェーンの中で活用するカーボンリサイクル技術の開発を進めている。2018年より国内セメント工場としては初となるCO_2回収装置を設置し、本格的にセメント工場の排ガスからCO_2を回収する技術開発に着手した。さらに2020年より、新たにスケー

ルアップした設備（図表3-38）によるCO_2回収技術と、回収したCO_2をセメントの最終製品であるコンクリートに炭酸塩（$CaCO_3$）として固定化する技術を組み合わせた「炭素循環型セメント製造プロセス技術開発（（国研）新エネルギー・産業技術総合開発機構（NEDO）助成事業）」（図表3-39）を、セメント工場および近隣のセメントユーザーと一体で進めている。

　CO_2回収は、アミン吸収液を用いた化学吸収法が採用されている。回収されたCO_2は、生コンクリート、コンクリート製品、コンクリート廃材など

| 図表3-38 | 建設中のCO_2分離回収塔（太平洋セメント㈱熊谷工場）

（出所）太平洋セメント㈱

のセメントのライフサイクルの中で炭酸塩固定化される。炭酸塩固定化したコンクリートは、単にCO_2を固定するだけでなく、新たな機能を発揮する製品としてセメントサプライチェーンの中で活用することを目指している。

現状における課題
——CO_2回収コスト低減、鋼材の腐食保護技術など不可欠

　セメント工場におけるCO_2の回収方法は、研究段階から商用段階のもの

| 図表3-39 | 炭素循環型セメント製造プロセス技術開発（NEDO助成事業）

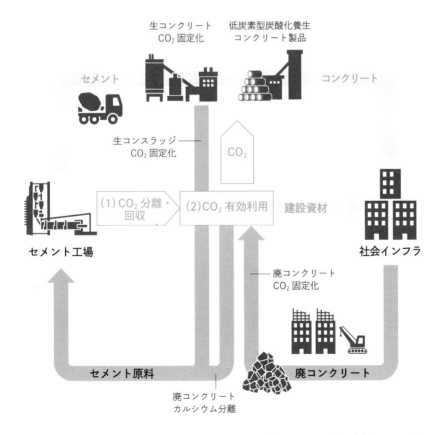

（出所）（国研）新エネルギー・産業技術総合開発機構（NEDO）プレス

まで様々なものが提案されており、①セメント工場の排ガスから大気汚染成分を取り除いて高濃度の CO_2 を回収する方法（化学吸収法、物理吸収法など）と、②クリンカの焼成工程において直接高濃度の CO_2 を回収する方法（カルシウムルーピング法、酸素燃焼法、間接燃焼法など）——に大別される。前者は、工場設備を大幅に改造することなく適用できるが、後者は運用時のコストの低減が可能とされる。回収効率、設置・運用コスト、立地条件などを踏まえ、セメント工場に適した低コストで新しい CO_2 回収技術を開発していく必要がある。

　回収 CO_2 をコンクリートに炭酸塩固定化する技術は、理論的にはセメント製造時の原料由来の CO_2 をニュートラル化できる。脱炭酸済みのカルシウム原料の活用や焼成エネルギーの改善により、さらに CO_2 の削減が可能となる。一方、炭酸塩固定化する過程で、通常アルカリ性を呈するコンクリートは中性化し、鋼材を腐食から保護する性能が失われてしまう。多くのコンクリートは、鋼材と組み合わせて用いられており、普及拡大には両者を共存させる技術の開発が鍵となる。また、 CO_2 はコンクリート外部から内部へ拡散しながら固定されることから、固定化効率にはコンクリートの寸法の大小が影響する。小型のコンクリート製品だけでなく、大型のコンクリート構造物への適用拡大は技術の普及拡大には欠かせない要素である。

将来展望 —— 資源・炭素循環の両立へ

　2050年カーボンニュートラルという長期的なゴールの実現に向けて、現状技術の延長上にない革新的な技術が求められている。太平洋セメント㈱は、セメントの製造過程において CO_2 を回収し、最終製品であるコンクリートの段階で回収 CO_2 を資源として利活用するセメントサプライチェーンにおけるカーボンリサイクル技術の開発に取り組んでいる。実現に向けては、セメント産業だけでなくコンクリート製造者、設計・施工者、オーナー等の幅広いステークホルダーの理解と協力を得ることが重要となる。また、国内外の政策動向、経済的負担のあり方、 CO_2 を炭酸塩固定化することによるインセンティブ付与など制度面での整備も必要となる。

　セメント産業は、その製造過程において他産業・自治体から排出された多

くの廃棄物・副産物を受け入れ、原料やエネルギーとして再利用しており、わが国の資源循環型社会の形成に大きな役割を果たしている。今後は、資源循環と炭素循環を両立する未来へ向けた挑戦を進めていくことが強く望まれる。

第3部

219

技術トピック**17** # CO_2分離回収・有効利用

改良が進むCO_2分離回収装置と活発化するカーボンリサイクル技術開発

関西電力㈱ 研究開発室 技術研究所 発電技術研究室 主幹
数野 裕史

二酸化炭素（CO_2）分離回収分野では、商用機がすでに実用化済みで設置も進んでおり、さらに脱炭素技術として今後の活用の幅が広がることが期待される。また、回収したCO_2の処理には様々な方法があるが、我が国ではカーボンリサイクル技術の開発が近年活発化している。

世界で商用展開進む、「化学吸収法」利用のCO_2分離回収

ガス分離の分野では、地球温暖化問題が大きく取り上げられる以前から高圧の化学プロセスでの窒素や酸素等の分離技術が存在し、燃焼排ガスからのCO_2分離回収技術は1990年代以降に開発が加速した。

排ガスCO_2回収法では、かつての物理吸着法や、現在では固体吸収法や膜分離法等の研究が進められているが［第2部-重要基盤技術08／p100を参照］、関西電力㈱は、化学吸収法によるCO_2分離回収パイロットプラントを1991年に南港発電所に設置し、三菱重工業㈱（現 三菱重工エンジニアリング㈱）との共同研究でKS-1™吸収液を発表した。その後、2018年には新たに、運転コスト低減が可能なKS-21™吸収液を発表し、装置のプロセスとともに

改良を重ねて現在に至っている。現時点において常圧排ガスからの回収で、世界の大型商用機に最も採用されている方法としては、関西電力㈱と三菱重工エンジニアリング㈱が開発した上記化学吸収法が挙げられる。

　化学吸収法では、燃焼排ガス中の酸性ガスが主にCO_2であることから、温度が上がるとCO_2吸収量が減る性質を有するアルカリ性吸収液を利用する。図表3-40の装置フローでは、まず冷却塔で温度を下げた排ガスを吸収塔下部から上部に送り、上部からの吸収液が充填材表面を流下する間に排ガスと接触してCO_2を吸収する。この後、脱離塔に送った吸収液を加熱昇温することでCO_2を脱離し、99.9％以上の純度でCO_2を回収する。CO_2脱離後の吸収液は冷却して吸収塔に戻し、装置内を循環させる。この方式では脱離塔の加熱にエネルギーを多く消費するため、省エネ性に優れた吸収液の開発及び各種のシステム改良によってCO_2分離回収に伴うエネルギー消費の低減

| 図表3-40 | 化学吸収法によるCO_2回収プロセス図

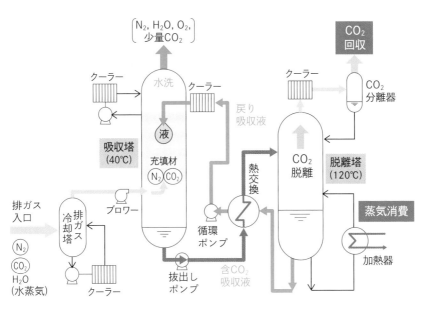

（出所）関西電力㈱作成

221

を図ってきた。

　近年、CO_2回収率については、従来設計値の90％を超えた回収率を望む潜在顧客が欧州を中心に増えてきており、これら要望に応えるべく、三菱重工エンジニアリング㈱と関西電力㈱では、例えばガスタービン排ガスCO_2濃度の場合、回収率98％以上でも運転に問題ないことを南港の排煙脱炭装置で確認した。装置の入口CO_2濃度がガスタービン排ガス程度の4％で回収率が仮に99％であれば、出口CO_2濃度が単純計算で大気中のCO_2濃度（約400ppm）レベルになるため、将来のカーボンニュートラル技術の一つとなる可能性がある。

カーボンリサイクル技術、脱炭素のキーテクノロジーに

　火力発電所の燃焼排ガスや産業プロセス等で発生・回収したCO_2に関しては、地中への貯留や、EOR（原油増進回収法）に利用するといった処理方法があるが、我が国においては2019年に経済産業省「カーボンリサイクル技術ロードマップ」が策定され、CO_2を有価値な物質に変換していくカーボンリサイクル（Carbon Recycle = CR）の技術がカーボンニュートラル実現に向けたキーテクノロジーとして位置付けられている。同ロードマップでは、CR技術を「CO_2を資源として捉え、これを分離・回収し、コンクリート、化学品、燃料など多様な製品として再利用するとともに、大気中へのCO_2排出を抑制する技術」と定義しており、図表3-41のような技術が掲げられている[*1]。

　❶化学品

　　基幹物質としての合成ガスやメタノール等のアルコール類は様々な化学品や燃料に変換可能である。人工光合成（CO_2と水を原料に、光エネルギーで化学反応を促し化学品を合成する技術）を活用する場合には、変換効率を高める光触媒等の研究開発も課題である。製造する化学品としては、ポリカーボネートやポリウレタン、アクリル酸等の含酸素化合物、バイオマス由来化学品、オレフィン等が挙げられる。代表的な含酸素化合物として広く利用されているカーボネート化合物は、これまで主に使用されてきた猛毒のホスゲンを原料に製造する方法において、近年は安全性

	CO_2変換後の物質	主な製造品	技術の現状
1. 化学品	含酸素化合物 （ポリカーボネート、ウレタン 等）	ポリカーボネート カーボネート ウレタン アクリル酸 等	一部実用化 （ポリカーボネート等） その他は研究開発段階
	バイオマス由来化学品	エタノール 等	技術開発段階 （非可食性バイオマス）
	汎用物質 （オレフィン、BTX[※1]（ベンゼン・トルエン・キシレン）等）	オレフィン（エチレン、プロピレン 等） BTX（ベンゼン・トルエン・キシレン）等	一部実用化 （石炭等から製造した合成ガス等を利用）
2. 燃料	液体燃料①合成燃料	e-fuel、SAF[※2]	技術開発段階
	液体燃料②微細藻類バイオ燃料	SAF、ディーゼル	実証段階
	液体燃料③バイオ燃料（微細藻類由来を除く）	MTG[※3]、エタノール等	技術開発段階 バイオエタノールのうち、可食性バイオマス由来については一部実用化
	ガス燃料	メタン、プロパン、ジメチルエーテル	技術開発／実証段階
3. 鉱物	コンクリート、セメント 炭酸塩、炭素、炭化物 等	同左	一部実用化、低コスト化に向けた様々な技術の研究開発実施中
4. その他	ネガティブエミッション （BECCS[※4]、ブルーカーボン／マリンバイオマス、植物利用、風化促進 等）	———	研究・実証段階

※1 BTX：Benzene, Toluene, and Xylene
※2 SAF：Sustainable Aviation Fuel
※3 MTG：Methanol to Gasoline
※4 BECCS：Bio-energy with Carbon Capture and Storage

（出所）経済産業省「カーボンリサイクル技術ロードマップ」（2019年6月／2021年7月改訂）

を考慮し、CO_2を原料とした合成法に関する研究開発が進められており、一部製造まで実施されている[*2]。バイオマス由来化学品としては、例えばバイオマス残渣から糖を生産、さらに糖からエタノールを製造する技術開発が進んでいる[*3]。オレフィンは、炭素の二重結合を有する不飽和炭化水素で、エチレン、プロピレン等の化合物の総称である。従来

化学製品の出発原料として、高温下、ナフサの熱分解で製造されてきたが、これに代わり、CO_2をメタノールを経由してオレフィンへ直接変換する研究が進められている[*3]。

　CO_2と他物質との合成品としては、アンモニアとの間で合成される尿素も以前から製造されている。

　なお、化学品を製造するCRプロセスはCO_2からの炭素還元反応であるため水素等の還元剤が不可欠である。脱炭素を目指すCRにおいては、最終的には、利用する水素および投入エネルギーを原子力発電や再生可能エネルギー等のCO_2フリー由来エネルギーにシフトしていく必要がある。

❷燃料

　燃料としては、CO_2から製造されるメタン等のガス燃料や［第3部-技術トピック05/p137を参照］、CO_2由来で化成品と同様の合成ガス等を経た炭化水素系の液体または気体の合成燃料、ジェット燃料に利用される微細藻類バイオ燃料［第3部-技術トピック12/p178を参照］が挙げられる。メタン製造（メタネーション）については、触媒存在下で水素とCO_2からメタンを製造する既存技術（サバティエ反応）の高効率化や、水とCO_2からメタンを製造する新しい技術（共電解プロセス）の研究が進められている[*4]。合成燃料製造の技術としては、まずCO_2を水素で還元してCOを製造し（逆シフト反応）、COと水素を反応させて（フィッシャー・トロプシュ（FT）合成反応）炭化水素を製造するプロセスが知られているが、製造効率の向上が課題となっている[*5]。液体合成燃料はエネルギー密度が高く、可搬性があること、既存の燃料インフラや内燃機関が活用できるため、他の新燃料に比べ、導入コストを抑えることが可能である[*6]。微細藻類バイオ燃料は、藻類が光合成により油脂分を生産する能力を活用し、ジェット燃料等を生産するものである。これら燃料市場の規模は大きいが、大量生産やコスト削減等の技術開発が課題である。

❸鉱物（無機物）

　CO_2の鉱物化は比較的安価でCO_2を大気から隔離する方法として有

効であり、コンクリート製品化や炭酸塩化といった方法がある。セメント製造工程では材料である石灰石を加熱する際にCO_2が発生するが、まずはこのCO_2を回収し、更に廃コンクリートなどの廃材等から取り出したカルシウムに吸着させて炭酸塩（$CaCO_3$）にすることで、セメントの主原料である石灰石の代替（人工石灰石）を生成する技術研究が進められている。コンクリート製造過程では、主原料であるセメント製造時に発生するCO_2を特殊な混和剤に吸収させる技術が開発され、既に実用化もなされている[7]。

❹その他

「カーボンリサイクル技術ロードマップ」においては、バイオマス燃料を燃焼させ、その排ガス中CO_2を地中貯留して、大気中CO_2を大気から隔離するBECCS（Bioenergy with Carbon Capture and Storage）や、植物栽培での成長促進への利用や海洋の生物資源に利用するマリンバイオマス等、大気中からCO_2を隔離する、いわゆるネガティブエミッション系の技術もCRに分類されている。

---

* 1　経済産業省「カーボンリサイクル技術ロードマップ」（2019年6月／2021年7月改訂）
* 2　旭化成㈱技術ライセンス事業HP
　　　http://www.asahi-kasei.co.jp/tlb/
* 3　経済産業省資源エネルギー庁「カーボンリサイクル技術事例集」
* 4　（一社）日本経済団体連合会チャレンジゼロHP／（一社）日本ガス協会
　　　https://www.challenge-zero.jp/jp/casestudy/223
* 5　経済産業省資源エネルギー庁「合成燃料研究会中間取りまとめ」（2021年4月）
* 6　内閣官房ほか「2050年カーボンニュートラルに伴うグリーン成長戦略」（2021年6月18日）
* 7　経済産業省資源エネルギー庁HP／スペシャルコンテンツ
　　　https://www.enecho.meti.go.jp/about/special/johoteikyo/concrete_cement.html

技術トピック **18** パワーエレクトロニクス

カーボンニュートラル実現に貢献、ユニバーサルスマートパワーモジュール(USPM)技術

東北大学　国際集積エレクトロニクス研究開発センター
研究開発部門長・教授
高橋　良和

ユニバーサルスマートパワーモジュール(USPM)技術の特徴と概要

　現在、カーボンニュートラル社会実現に向け、太陽光発電、洋上風力発電など再生可能エネルギーの主力電源化の推進、再エネの活用を前提とした電気自動車(EV)への急速な転換および次世代データセンターの構築、それらの電力供給を最適運用する次世代エネルギーマネジメントシステムの構築が急務となってきている。

　このような中、内閣府戦略的イノベーション創造プログラム(SIP)第2期の「IoE(Internet of Energy)社会のエネルギーシステム」(2018〜2022年度)では、ユニバーサル性とスマート性を両立させたユニバーサルスマートパワーモジュール(USPM)の開発を進めている。USPMは数百Wから数kW程度の出力に対応し、ノイズフィルター、高速コントローラーなどを備えた電力変換モジュールであり、USPMを用いた電力変換器の設計では、主回路、ノイズフィルター、コントローラー、ゲートドライバー等を、設計者のノウハウを用いながら設計する必要はなくなる。また、USPMを用いた

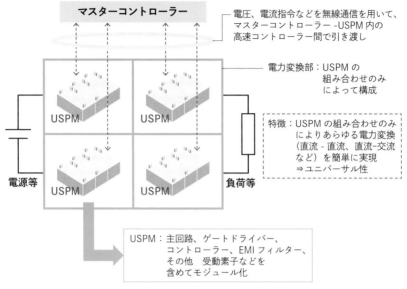

マスターコントローラー：各USPMの統括制御

マスターコントローラー

電圧、電流指令などを無線通信を用いて、
マスターコントローラー-USPM内の
高速コントローラー間で引き渡し

電力変換部：USPMの
組み合わせのみ
によって構成

USPM　USPM

USPM　USPM

電源等

負荷等

特徴：USPMの組み合わせのみ
によりあらゆる電力変換
（直流 - 直流、直流-交流
など）を簡単に実現
⇒ユニバーサル性

USPM：主回路、ゲートドライバー、
コントローラー、EMIフィルター、
その他　受動素子などを
含めてモジュール化

（出所）筆者作成

第3部

システムでは、複数個のUSPMの接続のバリエーション（直列、並列、直並列）のみによって電力変換部を構築することができる。これにより、電力変換器の設計を大幅に簡単化できることになる。図表3-42にはUSPMによる電力変換システムの概略図を示す。

　この電力変換システムは複数台のUSPMおよび、それらUSPMの動作を統括制御するマスターコントローラーで構成される。マスターコントローラーはUSPMが出力するべき電圧、電流の指令値を各USPMに送る。USPMは高速コントローラーを内包しており、USPMが内包するフィードバック制御はマスターコントローラーから受信した指令値に対し高速、かつ高精度に応答する。マスターコントローラーは電圧、電流指令の生成の他、各USPMの動作が干渉しないように、各USPMの動作を統括する。

　USPMの応用例として、大電流容量が要求される場合はUSPMを並列接

続することで複数台のUSPMから電流を出力し、大電流化に対応できる。一方で、高耐圧化が要求される場合は、USPMを直列接続することで対応できる。

　USPMを構成するコアパワーモジュールはSiC（シリコンカーバイド；炭化ケイ素）、GaN（窒化ガリウム）、Ga_2O_3（酸化ガリウム）などの最新WBG（ワイドバンドギャップ）デバイスの特性を最大限に引き出すため、低熱抵抗化と低インダクタンス化の実現を目指し開発が進められている。

　図表3-43にコアパワーモジュールの概略図と要素技術を示す。現状の構成は2in1構造（インバーターの上下アームを構成）、600V/100A（適用デバイスはSiC-MOSFET[*1]）であり、SiC-MOSFETのソース電極とソース側銅回路パターン間はバンプ接続によりワイヤボンディングレスで低インダクタンス化を実現した（図表3-43-右上）。SiC-MOSFETのドレイン電極とドレイン側銅回路パターン間には大容量分野としては初めてADB（原子拡散ボンディング）直接接合を開発し、低熱抵抗化を実現している。図表3-43-右下にはADB層のTEM（透過電子顕微鏡）画像を示しており、ボイドがない理想的な接合が確認されている。

　また、図表3-43-左下の赤外線温度測定結果（IR view）に示すように、ADBのRth（熱抵抗値）がはんだ接合のRthより33％低いことを確認している。さらに、USPMの高周波動作と高速制御性にとって重要なコアパワーモジュールの内部インダクタンスは、中大容量領域を扱うモジュールとしては10nH[*2]以下という低インダクタンスを達成し、従来のモジュールと比較して80％減少可能なことを確認している。

現状におけるパワーエレクトロニクス機器の課題

　次世代エネルギーマネジメントシステムの実現には電力変換器（電気を直流や交流といったあらゆる形態に変換する機器）の利用は必須である。これまで、電力変換器は用途に応じて必要な機能ごとに、設計・開発が行われてきた。電力変換器の特徴として、幅広いアプリケーション（数Wから数百kWまでの幅広い電力容量、数Hzから数MHzまでの動作周波数、単相、三相、直流用途など）が存在することに加え、電磁ノイズや熱設計、電力変換器を駆動するための

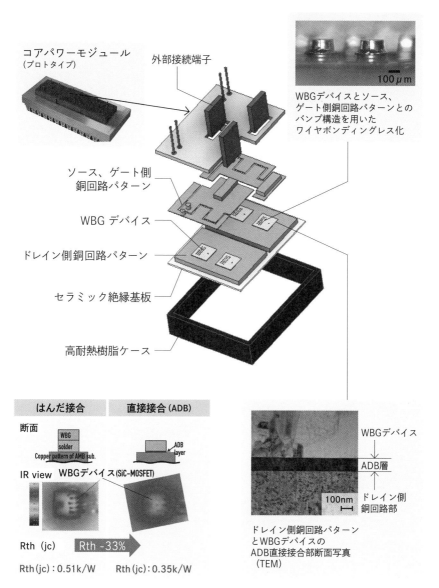

コアパワーモジュール
(プロトタイプ)

外部接続端子

100μm

WBGデバイスとソース、
ゲート側銅回路パターンとの
バンプ構造を用いた
ワイヤボンディングレス化

ソース、ゲート側
銅回路パターン

WBG デバイス

ドレイン側銅回路パターン

セラミック絶縁基板

高耐熱樹脂ケース

第3部

はんだ接合　　直接接合 (ADB)

断面

WBG
solder
Copper pattern of AMB sub.

ADB
layer

IR view　WBGデバイス(SiC-MOSFET)

Rth (jc)　　Rth -33%

Rth(jc): 0.51k/W　　Rth(jc): 0.35k/W

WBGデバイス

ADB層

100nm

ドレイン側
銅回路部

ドレイン側銅回路パターン
とWBGデバイスの
ADB直接接合部断面写真
(TEM)

（出所）筆者作成

229

電気回路など、複合的な視点から設計、試作が必要であり、設計の最適化には多くのノウハウが必要とされてきた。

しかしながら、今後、カーボンニュートラル社会へのスムーズな移行に伴う、電気エネルギー利用の普及スピード、電力変換機器の爆発的な増加に対応するためには、電力変換器の高機能化（高度な制御性やネットワーク機能の強化など）のみならず、開発の簡単化、開発リードタイムの短期化が喫緊の課題と考える。

USPM技術の将来展望

これまでに、USPMのようなフレキシブルかつユニバーサル性を持つパワーモジュール開発は行われていない。特にUSPMのコンセプトではモジュール内に多くの技術的ノウハウを集約することで、ユーザーに対して設計ノウハウ無しにパワーエレクトロニクス機器構築を可能とさせる点が本技術の大きなインパクトである。これを実現するため、コントローラー、ノイズフィルター、ゲートドライバーなどを含めたモジュール化という視点で、さらなる高度化を目指していく予定である。

また、USPMは現在、コアパワーモジュールに対しデバイス容量を増やした2 in 1構造、1,200V/100Aモジュール（適用デバイスはSiC-MOSFET）の開発と同時にa型Ga_2O_3への適用に関しても研究開発を進めている。このa型Ga_2O_3デバイスは「SiCの持つ優れた低損失性能をSi並みのコストで実現すること」が可能といわれており、USPMが次世代エネルギーマネジメントシステムの基幹要素技術として広く社会に適用されるための切り札のパワーデバイスと考えている。

a型Ga_2O_3は、工業的に広く用いられているサファイア基板と同じコランダム構造を持ち、2008年に安価で簡易なミストCVD法により初めて結晶成長が確認された。その後、2018年にはp層による反転層チャネルを用いたノーマリーオフ型MOSFETの動作が可能となり、2019年にはSiCを凌駕するチャネル移動度を実現した。現在は1,200V耐圧のMOSデバイスの実現に向けSIP第2期にて鋭意研究開発が進んでいる。

SiCデバイスの持つ低損失をSi並みのコストで実現できれば、USPMの拡

大およびカーボンニュートラル社会実現に向けた高度な次世代エネルギーマネジメントシステムの普及に大きく貢献するものと考えている。

　以上述べてきたように、カーボンニュートラル社会の実現は日本の最重要課題であり、その実現のための手段として、USPMによりモータードライブやデータセンター用電源など各種電源システムが早期にかつ、自在に構築できることから、効率向上に伴う省エネルギー化の早期実現が期待できる。

　さらには、現在、太陽光発電をはじめとする再エネの大量導入が望まれている。それに対して変動性の大きな再エネを電力系統に連系した場合には、電圧、周波数、系統の安定性という課題がある。これらの課題を解決するためには、例えば、系統安定運用に寄与する蓄電池の高速制御などが重要となる。高度な制御性や強化されたネットワーク機能を持つUSPM技術を応用することで電圧、周波数、系統の安定性を担保できる高度な次世代スマートインバーター構築が可能となり、カーボンニュートラル社会の早期実現に貢献できるものと考えている。

＊1　SiC-MOSFETはSiC材料による金属酸化膜半導体電界効果トランジスタ。SiC材料の持つ高絶縁性、高耐熱性などの優れた特性により最近ではEVモーター駆動用途や新幹線モーター駆動用途などに幅広く適用され始めている
＊2　ナノヘンリー。インダクタンスの単位

IV エネルギー利用

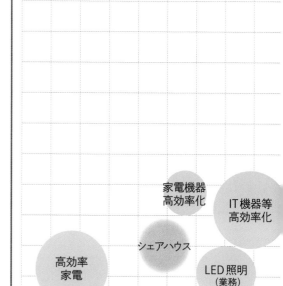

Positioning Map

ポジショニングマップ

日本における
CO_2排出削減効果（年間）
（円が大きいほど削減効果大）

100万 t-CO_2

1,000万 t-CO_2

5,000万 t-CO_2

効果
未知数

CO_2削減コスト

家電機器
高効率化

IT機器等
高効率化

シェアハウス

高効率
家電

LED照明
（業務）

実装済み

「エネルギー利用」セクターにおける施策・技術ごとの二酸化炭素（CO_2）排出削減効果を以下に示す。2020年代では高効率家電やIT導入による効率化等が排出削減に大きく貢献することが予想される。2030年代以降、2050年頃にかけてはHEMS（家庭用エネルギー管理システム）・BEMS（ビルエネルギー管理システム）、ZEB（ネット・ゼロ・エネルギー・ビル）・ZEH（ネット・ゼロ・エネルギー・ハウス）といった、今のところ実証～実装フェーズにある技術の普及拡大、これに伴う排出削減が期待される。

ポジショニングマップ作成　小宮山涼一（IV. エネルギー利用 総論）

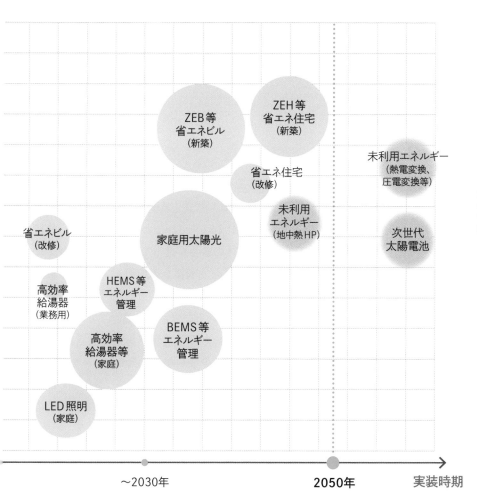

第3部

CO₂排出削減量の参考データ：経済産業省「2030年におけるエネルギー需給の見通し」

※実装時期・削減量は、技術の本格的な普及展開が想定される時期としている。
ただし、実装時期は技術開発の進捗等により不確実性がある点に留意する必要がある

IV｜エネルギー利用 　総論

省エネ・レジリエンス向上に資する分散型資源とエネルギーシステム

東京大学大学院工学系研究科　准教授
小宮山　涼一

はじめに

　日本は2050年までのカーボンニュートラル実現、さらに、2030年度の温室効果ガス排出量を2013年度比で46％削減する新たな目標を表明した。2030年度目標は従来目標（2013年度比26％削減）を大幅に上回る野心的目標となる。国際的にも省エネルギー技術の普及が進んで省エネ余地が徐々に少なくなる中、2030年度の新目標では原油換算6,200万kLの省エネ目標が掲げられた（2019年度のエネルギー需要は3億3,400万kL）。これは、石油危機以降と同等の省エネテンポが求められる従来目標の省エネ水準（2030年度5,030万kL）を上回り、徹底した省エネの追求が不可欠となる。産業、民生、運輸部門での省エネポテンシャルが少なくなる状況で省エネをさらに進めるには、エネルギー利用部門での従来政策を一層強化し、最先端の高性能機器やデジタル化を踏まえたエネルギー管理技術の活用、そして建築物のネットゼロエネルギー化等が必要となる。

　またエネルギー利用部門では、徹底した省エネに加えて、近年の自然災害等の影響を踏まえ、レジリエンス強化も必要になる。事前に災害対策を強化して備えることが、エネルギーサービスを享受する主体であるエネルギー利用部門では特に必要となり、停電などのエネルギー供給障害時に被害の最小

化ならびに迅速な復旧を遂行しうる能力、すなわち、レジリエンスを高めることが重要になる。特に日本では、東日本大震災での重要インフラの深刻な被害を踏まえ、レジリエンスを向上することに対する社会意識が高まり、その一側面として、エネルギーレジリエンス強化への機運も高まりつつある。

今後のエネルギー利用側では、技術の高効率化やデジタル技術による省エネのさらなる徹底、レジリエンスなどエネルギーの品質向上などが重要になる。これらを踏まえ本章では、省エネやレジリエンスの意義や動向に関して概説する。

省エネルギー──実装技術として国際的な存在感増す

今後の省エネの推進に際しては、技術単体のさらなるエネルギー効率改善に加えて、デジタル技術の役割が大きく、技術やシステムの運転を最適に制御することでエネルギー消費量を節約することが重要になる。再生可能エネルギー、水素、CCUS（二酸化炭素回収・利用・貯留）などの技術は脱炭素化に不可欠であるが、現状では経済性で課題を抱えており、本格普及には時間を要する。例えば、太陽光発電のコスト低減は着実に進んでいるが、エネルギー貯蔵や調整力の確保、送配電網の増強など供給不安定性を補完する投資が求められ、再エネも経済的に優位性があるとは限らない [第3部-技術トピック01「再生可能エネルギー」/p118を参照]。一方、省エネは、再エネ等に比べて安価で短期での投資効果があり、環境問題の解決やエネルギー安定供給に貢献し、さらに消費者が光熱費を節約できるため、多面的な効果を期待できる。そのため省エネは、カーボンニュートラル実現を目指す上で、国際的にその社会実装の重要性が共有されている。2021年11月に英国・グラスゴーで開催された国連気候変動枠組条約第26回締約国会議（COP26）にて採択されたグラスゴー気候合意においても、省エネ対策の急速な展開が求められている。

日本はこれまで、事業者に対するエネルギー使用状況の報告と省エネ計画作成の義務付け、また、車や電気・電子機器等へのトップランナー方式による燃費・効率規制の導入により、国際的な省エネ先進国となった。しかし、カーボンニュートラル実現に向けては、さらなる省エネの徹底が求められる。

その中でエネルギー利用部門は、産業や家庭、業務など多様な消費主体から成り、省エネの徹底は容易ではない。例えば、民生部門は消費支出に占める光熱費の割合が小さく、省エネへの経済的インセンティブが働きづらく、また、多様な居住形態のある家庭部門は規制的手法の適用が難しく、省エネ効果の高い対策を打ちづらい。機器性能の向上と買い替えの推進、建築物の断熱性能向上、再エネ等の創エネ設備の導入、エネルギー利用の管理・制御技

| 図表3-44 | 主要家電製品のエネルギー効率の変化

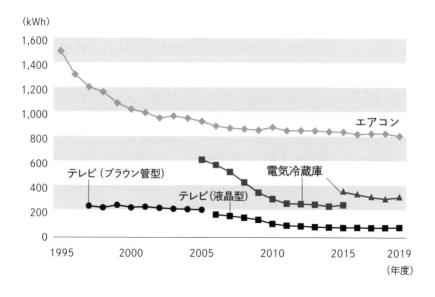

※1 エアコンは冷暖房期間中の電力消費量。冷暖房兼用・壁掛け型・冷房能力2.8ｋＷクラス・省エネルギー型の代表機種の単純平均値
※2 電気冷蔵庫は年間消費電力量。定格内容積400Lとする場合。定格内容積当たりの年間消費電力量は主力製品（定格内容積401〜450L）の単純平均値使用。2015年度以降JIS規格が改訂されている
※3 テレビは年間電力消費量。ワイド32型のカタログ値の単純平均値

（出所）経済産業省「令和2年度エネルギーに関する年次報告（エネルギー白書2021）」（2021年）

術の普及拡大、省エネ意識の向上など幅広い対策が必要となるだろう。その中で近年の技術進歩やデジタル技術の進展を踏まえ、個別技術のさらなるエネルギー効率の改善や、建築物や都市全体でのエネルギー管理・制御技術への期待が高まっている。

●エネルギー効率改善

　省エネ技術の普及は、世帯数やビル延床面積の増加の中にあっても、民生部門のエネルギー消費抑制に大きく貢献している。エアコン、冷蔵庫、テレビ等の家電、空調機器や照明機器等の効率は着実に改善している（図表3-44）。

　その中で、エネルギーとしての価値の優れた電気を利用するヒートポンプ技術の効率改善が顕著であり、その優れた省エネ効果や、環境負荷低減効果が国際的にも注目され、有力な技術オプションとして位置付けられている［第3部-技術トピック19「ヒートポンプ」/p244を参照］。ヒートポンプ技術は、民生部門のエネルギー消費の半分近くを占める冷暖房・給湯需要を賄う空調機器や給湯機器に適用可能なため、快適性や利便性を維持したうえで、大幅な省エネを可能とする基盤技術である。ヒートポンプを利用したエアコン機器では、COP（成績係数）が5〜6の機器が販売され（消費電力の5〜6倍以上の熱エネルギーを供給）、省エネ効果が大きい。電力を一次エネルギー換算した場合でも（LNG火力平均効率55％の場合）、その効率は2.8〜3.3（=5〜6×0.55）となり、ガスヒートポンプ空調（COP約1.5）を上回る。また日本の家庭部門では需要の2〜3割を占める給湯の省エネが重要であり、省エネ性能の優れたヒートポンプ給湯機の普及が、家庭部門のエネルギー消費抑制に貢献している。最近では、産業用においても低温熱（100℃未満の加熱工程）を供給するヒートポンプの導入が進みつつある。

●エネルギー管理・制御技術

　近年、IoT（Internet of Things；モノのインターネット）などデジタル技術の進展により、情報端末から電気・電子機器の管理や制御が可能になり、また、機器と建物全体をIT（情報通信）技術で総合的に管理・制御することで、快

適性や利便性の向上を目指す考え方が広まりつつある。特に業務用の建築物
ではBEMS（ビルエネルギー管理システム）とも呼ばれ、ITを活用し、建物の
室内環境をセンサー等によりリアルタイムかつ集中的に管理し、照明・空調
等の運転を状況に応じて最適化して省エネを進めるなど、エネルギー管理・
制御技術が着実に普及している。住宅でもITを活用して、気温など在宅環
境情報をセンサーで管理し、自動でエアコン等の家電製品を制御して省エネ

| 図表3-45 | ネット・ゼロ・エネルギー・ハウス（ZEH）

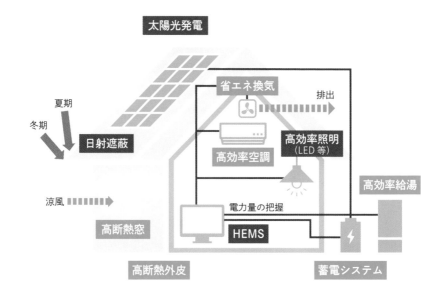

（出所）経済産業省「ZEH（ネット・ゼロ・エネルギー・ハウス）に関する情報公開について」

運転を実現しうるシステム（HEMS；家庭用エネルギー管理システム）の導入も期待されている［第3部-技術トピック22「都市管理技術」/p257を参照］。

　加えて、太陽光発電等も設置されれば、デジタル技術により太陽光発電量の予測やヒートポンプ給湯機の貯湯量、定置用や車載用蓄電池の残量、在宅状況などから総合判断し、再エネと他の設備機器の組み合わせによる徹底した省エネ制御も可能となりうる。断熱性能向上と高性能機器導入による省エネと再エネ設置により、エネルギー消費量の収支をゼロとした建築物や住宅は、それぞれZEB（ネット・ゼロ・エネルギー・ビル）やZEH（ネット・ゼロ・エネルギー・ハウス）とも呼ばれ（図表3-45）、コスト削減が課題ではあるが、省エネの深掘りに大きく貢献しうると考えられる［第3部-技術トピック21「ZEB、ZEH」/p252を参照］。

　このようにさらなる省エネ徹底のため、エネルギー利用側の資源（太陽光発電や家庭用燃料電池等の創エネ設備、蓄電池や電気自動車等の蓄エネ設備、ネガワット等の省エネ機器）の最適制御により、建物全体や、ひいては都市全体のエネルギー効率改善を目指すことがトレンドになると考えられる。

レジリエンス——エネルギーシステム分散化でより強固に

　太陽光発電や蓄電池などの分散型資源やデジタル技術の普及、すなわち、エネルギーシステムの分散化が、エネルギーレジリエンス強化への社会の関心を高める原動力となっている。例えば近年、卒FIT太陽光[*1]が、災害時の電力自給に加え、経済性のあるエネルギー資源として平時の自家消費でも活用可能になり、また、災害時に非常用電源として電気自動車（EV）の車載用蓄電池の活用などが進んでいる。こうした分散型資源の普及が、レジリエンス強化につながるとの社会的認識を深めている。

　また、エネルギーシステム分散化は、従来の大規模発電・大容量送電といった集中型システムに対して、複合的なメリットが期待される。エネルギー供給リスクの分散化への貢献に加え、送電ロス低減やコージェネレーションシステム（CGS）等での熱の有効利用による省エネ推進、再エネ導入によるエネルギー自給率向上、電力系統（上流系統）負荷の軽減や地域経済の活性化にもつながる。

電力に着目すると、電気の流れは現在、大規模火力・原子力発電のような集中型電源から需要家への一方向が主流であるが、再エネ、EV、蓄電池、CGS等の普及が将来進めば、電気の流れが供給―消費で双方向化する電力システムが形成され、集中型よりもレジリエンスの高い電力システムへ転換すると見込まれる。さらに、電気事業者を介さずに分散型電源と電力負荷をデジタル技術で仮想的にバランスさせる「P2P電力取引」や、多様な分散型資源をデジタル技術で一つの電源として運用するVPP（バーチャル・パワー・プラント；仮想発電所）、需要家の行動変容によるデマンド・レスポンス（DR）等の普及が進めば［第3部 - 技術トピック24「電力ネットワークの運用管理技術」/p268を参照］、需給構造の柔軟性が高まり、レジリエンスがより強固になると考えられる。

●分散型電源

　近年のコスト低下や補助支援を受けて、太陽光発電や風力発電といった再エネ電源に加え、家庭用燃料電池などのCGS、蓄電池、EV等の分散型電源が電力系統の下流で普及しつつある。分散型電源は特に、緊急時や災害時におけるエネルギー供給の確保に大きな貢献が期待される。

　中でもCGSは熱電併給システムであり、都市ガスや石油等を燃料とした発電時の排熱を給湯や暖房等に有効活用することにより、エネルギーの高効率利用と一次エネルギーの削減や、電力需要の負荷率の緩和、ならびに災害時のエネルギー安定供給に資するため、多様な価値が期待される。特に高圧・中圧ガス導管に接続されたCGSはこれまで、大規模な地震や台風等においても、都市ガス導管でのガス供給障害がほとんど発生していないことから、災害時でも電力、熱エネルギー供給の継続が可能となり、非常時対応や事業継続計画（BCP）の遂行に大きく貢献している。

　また近年は、燃料電池CGSの高効率化、高性能化が進んでおり、固体酸化物型燃料電池（SOFC：Solid Oxide Fuel Cell）は高温作動（700〜1,000℃程度）で発電効率が高く（50％前後）、省エネならびにレジリエンスへの貢献が期待されている［第3部 - 技術トピック20「燃料電池コージェネ」/p248を参照］。

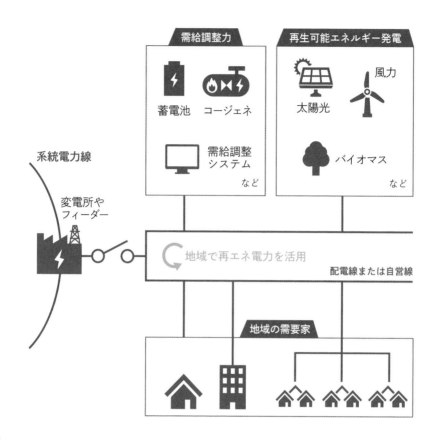

（出所）経済産業省「地域分散型電源活用モデルの確立に向けた支援制度について」（2019年）

●次世代エネルギーネットワーク

　省エネやレジリエンスに対する社会の意識が高まる中、エネルギー需給管理技術の役割が重要になっている。エネルギー利用側で普及が進む分散型資源を、IoTなどデジタル技術により統合的に制御・運用することで、エネルギー需給管理の高度化が期待されている。分散型資源の普及により、需要と

供給がローカルにある程度バランスする場合、その地域でのエネルギー融通のインセンティブとなりうる。ある地域で発電、蓄エネルギー設備、DR等により需給がおおむね均衡するならば、需給の管理・制御により、需要家間でのエネルギー取引も実現しうる。例えば災害時に備え、既存の電力系統を活用した地産地消型のマイクログリッドを形成すれば、地域の再エネ電源や蓄電池等を非常時のバックアップ電源として活用可能となり、停電等の災害対策をより効果的に実現できる可能性もある（図表3-46）。ただし、災害時に備えた技術や体制を企業等が自己投資のみで整備することは困難である場合もあることから、対象エリア全体で災害時のみならず平常時も想定した技術のマルチユースを進めることも有益と考えられる。また、事業者による既存インフラの活用を可能にする規制緩和（平時・災害時の送配電線の面的運用など）も重要になる。

その中で、直流（DC）によるマイクログリッドの導入検討が本格化している。太陽光発電や蓄電池が直流であり、電気・電子製品もインバーター技術の適用により直流が中心である。そのため、これらの直流の資源を接続するグリッド自体も直流化した方が、直交変換に伴う電力損失や設備コストを総合的に抑制できることから効率性の面で優位性があり、また、太陽光発電等の分散型電源の導入も容易になりうる。また直流グリッドは基幹系統障害時も、グリッド内の電力線を独立的に運用することで、電力を継続的に供給できる。特に、社会のデジタル化において重要な役割を担うデータセンターなどに、レジリエントな直流電力を供給しうる有効なシステムになると考えられる［第3部-技術トピック23「直流マイクログリッド」/p262を参照］。

おわりに

これまでのエネルギーシステムは大型発電所など集中型資源が集積する上流側を中心に発展を遂げてきたが、技術イノベーションを背景に、エネルギー利用側での分散型資源の普及が進みつつある。今後のエネルギーシステムは上流と下流の双方で大きな発展が見込まれ、集中型と分散型が共生するシステムへ移行するものと考えられる。このようなエネルギーシステムの発展は、エネルギー需給構造全体のレジリエンス向上に寄与するとともに、その

中で、省エネはエネルギーシステムの集中型と分散型の双方で脱炭素化と安定供給に貢献する普遍的なオプションとして、その重要性は一層高まると考えられる。

＊1　FIT（再生可能エネルギー固定価格買取制度）の買い取り期間を終えた太陽光発電

技術トピック **19** ヒートポンプ

熱の脱炭素化に寄与する
成熟技術

（一財）電力中央研究所　グリッドイノベーション研究本部　主任研究員
甲斐田 武延

　ヒートポンプとは熱を低温から高温にポンプのようにくみ上げる技術であり、身近なところではエアコンやヒートポンプ式給湯機などに活用されている。すでに商用フェーズにある技術だが、近年、産業用の加熱工程にも適用されるようになってきた。ヒートポンプには様々な形式があるが、エアコンなどに広く利用されている蒸気圧縮式ヒートポンプでは、電力を投入して圧縮機を稼働し、冷媒の圧縮→凝縮→膨張→蒸発→圧縮を繰り返すことで、冷媒を介して熱をくみ上げる（図表3-47）。

　ヒートポンプの効率は、利用可能な熱エネルギーを投入したエネルギーで割った値として定義される、COP（Coefficient of Performance）で表す。例えば、4kWの熱（温水や温風など）をつくるために1kWの電力を消費した場合、COPは4となる。すなわち、1の電気エネルギーで4倍の熱エネルギーをつくり出すことができ、高効率な加熱技術である。別の見方をすると、熱をくみ上げる元（熱源）である外気や工場排熱などから3の熱エネルギーを回収しており、そのままでは温度が低いために加熱に利用できない熱を有効利用している。

　このような効率の高さから、従来のガスや重油の燃焼機器からヒートポンプに置き換えることによって、エネルギー消費量と二酸化炭素（CO_2）排出

| 図表3-47 | ヒートポンプの仕組み

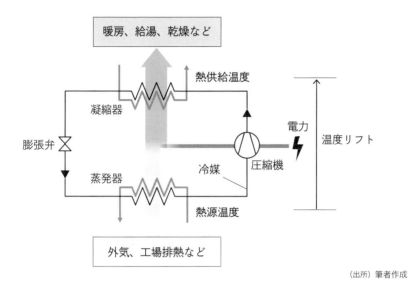

（出所）筆者作成

量を削減できる。また、削減したエネルギーコストによってヒートポンプの導入に要するコストを回収できるため、経済的にも成立しやすいCO_2排出削減技術である。

　ヒートポンプによるCO_2排出削減効果は、ヒートポンプのCOPと使用する電力のCO_2排出係数、比較対象の燃焼機器の効率と燃料の種類に依存する。例えば、CO_2排出係数が444g-CO_2/kWhの電力（2019年度の電気事業低炭素社会協議会における実績値）を用いてCOPが4のヒートポンプに置き換えた場合、熱効率が90%の都市ガス燃焼機器と比べてCO_2排出量を45%削減できる。今後、発電側の脱炭素化が進むことでこの削減効果は大きくなっていくため、高効率な電化技術であるヒートポンプは熱の脱炭素化技術として期待される。

普及拡大に向けた課題―― 一層の高効率化、導入支援策を

　ヒートポンプはくみ上げる熱の温度差（温度リフト）が小さいほど高いCOPで運用できるが、温度リフトが大きいほど適用先は広がる。例えば、

同じ給湯温度であっても、熱源である外気温度が低い寒冷地ではCOPは低くなる。また、同じ熱源温度であっても、給湯よりも高い温度が要求される乾燥ではCOPは低くなる。このように温度リフトが大きい条件でのCOP向上はヒートポンプ全般に共通する課題であり、長きにわたって技術開発が進められている。

また、ヒートポンプ全般に共通する課題として、冷媒の低GWP（地球温暖化係数）化が挙げられる。現在主に使用されている冷媒（代替フロンHFC）はCO_2の数百倍以上とGWP値が比較的高いため、冷媒が大気に放出されると温室効果の要因となる。そのため、冷媒の漏えい防止や回収・再利用の促進とともに、低GWP冷媒（グリーン冷媒）への転換が急務となっている。

一方、用途によってヒートポンプの普及状況や普及拡大に向けた課題は異なる（図表3-48）。

家庭・業務部門の暖房・給湯用ヒートポンプについては、技術的にはほぼ成熟している。暖房用ヒートポンプは冷房との兼用機としてすでに普及しているが、主に快適性の面から利用されていない場合がある。建物の性能向上と並行して、快適性向上に資する技術開発が求められる。給湯用ヒートポンプは引き続き小型化や低コスト化が求められる。また、これまでは深夜電力を活用して運転していたが、今後は再生可能エネルギーによる電力（特に太陽光自家発電力）をより有効に活用できる蓄熱槽を含めた高度な運転制御などの技術開発が求められる。制度面では、熱源設備は建物の寿命までロックインされやすい技術であるため、早期に新築建物への対策を強化することで導入障壁を解消していくことが求められる。

産業用ヒートポンプについては、製品が登場し始め、主に100℃未満の加熱工程で徐々に導入が進んでいる段階である。様々な加熱工程に対応するため、製品ラインアップの拡充、特により高温供給が可能なヒートポンプの開発も必要である。高温供給のためには外気温度よりも高い温度の熱源が必要であり、工場排熱を活用する。そのため、生産工程の熱需要と排熱を精査し、ヒートポンプ生産工程への統合手法を確立していく必要がある。また、熱源設備を変更する際に生産工程（製品品質や生産工程の運転スケジュール）への影響が懸念されるため、信頼性を確保するための取り組みも必要である。

	家庭・業務部門		産業部門
用途	暖房	給湯	洗浄、殺菌、乾燥、蒸留など
技術的成熟度/普及状況	• 技術的にはほぼ成熟 • 冷房との兼用として普及 • 利用されていない場合あり	• 技術的にはほぼ成熟 • 普及は不十分	• 製品が登場してきた段階 • 100℃未満の加熱工程への導入が漸進
導入・利用障壁	• 信頼性 （主に寒冷地域） • 快適性	• 初期コスト • 設置スペース （主に集合住宅）	• 信頼性（生産工程への影響） • 初期コスト（付帯設備も含む） • 供給温度（現状100℃未満）
技術的課題	• 低外気温での加熱能力確保（着除霜運転中も含む） • 快適性の向上 （建物の性能も含む）	• 小型化 • 再エネ電力との協調運転 （蓄熱槽の有効活用）	• 供給温度の高温化（200℃程度まで） • 生産工程への統合手法の確立
制度的課題	• 建物の脱炭素化に向けた取り組み強化など		• パイロット試験への支援など

（出所）筆者作成

制度面では、導入が確定した後の補助事業だけでなく、信頼性確保のための事前評価（パイロット試験）も含めて支援するような制度が求められる。

まとめと将来展望——導入機会捉えた取り組み加速

　ヒートポンプは高効率な電化技術であり、技術的な成熟度が高く、経済的にも成立しやすい熱の脱炭素化技術である。海外でも高い優先順位に位置付けられており、寒冷地向けヒートポンプや高温ヒートポンプの研究開発・実証、ヒートポンプの導入を促すような制度設計が活発化している。

　建物や工場設備の寿命を考慮すると、2050年は決して遠い将来ではなく、ヒートポンプに転換できる機会は一〜二度しかない。建物の新築や設備の更新の際にヒートポンプが導入されるように、技術的・制度的な取り組みを加速することが必須である。

技術トピック20 燃料電池コージェネ

発電時の熱を有効利用、エネルギーの無駄もCO₂排出量も削減

東京ガス㈱　デジタルイノベーション本部
　　　　　水素・カーボンマネジメント技術戦略部
　　　　　水素製造技術開発グループマネージャー
白崎　義則

　水素と酸素を化学反応させて発電する燃料電池は、発電時に発生する熱も無駄なく利用することができるコージェネレーションシステムとして、家庭用や業務・産業用に利用されている。実使用上は、広く普及している都市ガスなど炭化水素燃料から取り出した水素と空気中の酸素を利用することで、高いエネルギー利用効率を実現している。

　家庭用燃料電池コージェネレーションシステム「エネファーム」は、家庭の二酸化炭素（CO_2）排出量、一次エネルギー消費量を削減できる環境にやさしいシステムとして、世界に先駆けて2009年に商品化された。2021年6月までに累積販売台数は40万台[*1]を達成している。

　エネファームに使用されている燃料電池は、固体高分子型燃料電池（PEFC：Polymer Electrolyte Fuel Cell）と固体酸化物型燃料電池（SOFC：Solid Oxide Fuel Cell）がある。PEFCは低温作動（80〜100℃程度）で起動停止性に優れ、小規模発電に適しており、家庭用として先行普及している。SOFCは高温作動（700〜1,000℃程度）で発電効率が高く、大規模発電にも対応可能である。

現在販売されているエネファームのラインアップは、PEFCタイプのパナソニック㈱製、SOFCタイプの㈱アイシン製、京セラ㈱製となる（図表3-49）。

PEFCシステムは燃料電池ユニットと貯湯ユニット、熱源機で構成され、貯湯ユニット内に熱源機を設置した構成もある。発電効率40％、排熱回収効率57％で、熱需要に合わせた熱主電従方式で運転される。SOFCシステムは貯湯タンクを燃料電池ユニットに内蔵することで、システムの小型化が

| 図表3-49 | エネファーム商品ラインアップ

製造メーカー	パナソニック	アイシン	京セラ
外観			
燃料電池形式	固体高分子型 (PEFC)	固体酸化物型 (SOFC)	固体酸化物型 (SOFC)
定格発電出力 （出力範囲）	700 W (200〜700 W)	700 W (50〜700 W)	400 W (0〜400 W)
定格発電／ 総合効率 （低位発熱量基準）	40％／97％	55％／87％	47％／80％
貯湯温度・ タンク容量	約60℃・130 L	約65℃・25 L	約75℃・20 L
外形寸法(mm) 高さ×横幅 ×奥行	［燃料電池ユニット］ 1,650×400×350 ［貯湯ユニット］ 1,650×700×400	1,274×600×330 ［燃料電池ユニット］	700×800×350 ［燃料電池ユニット］
ターゲット 市場	熱需要が多い ご家庭向け	電力需要が多い ご家庭向け	エネルギー使用量によらず幅広いご家庭向け

（出所）筆者作成

図られている。発電効率が47～55％と高く、電力需要に合わせた電主熱従方式での運転となる。お湯をたっぷり使う家庭、電気をたくさん使う家庭など、家庭のエネルギー需要に合わせて選択することができる。

さらなる普及拡大に向けての商品性向上と市場開拓

定置用燃料電池システムのさらなる普及に向けて以下の課題に取り組む必要がある。

●設置施工費も含めたイニシャルコストの低減

エネファームは2009年の市場投入当初は設置施工費を含めたイニシャルコストが約300万円であったが、2020年までに100万円を下回る程度までコストダウンが実現している。国の指針（経済産業省「水素・燃料電池戦略ロードマップ」、2019年3月改定）では、2030年時には投資回収年数を5年に短縮することが目標とされており、機器コストに加えて設置施工費の低減に取り組む必要がある。現在、エネファームで発電した電力は200V出力3線で屋内分電盤に接続する必要があるが、電気工事の簡素化に向けて、屋内工事が不要となる100V出力2線接続を可能とする規定の整備が検討されている。

●小型化、高効率化による市場拡大

エネファームは戸建て住宅を中心に普及が進んでいるが、これまで導入の進んでいなかった集合住宅への導入拡大に向けては、限られたスペースにも設置できるようにするため、より小型化・高効率化した製品の開発が必要である。

また、発電効率の向上は、業務用市場など電気の需要が大きく熱需要が小さい（低熱電比）需要家への導入拡大も期待できる。東京ガス㈱では三浦工業㈱と超高効率SOFCシステムの共同開発を行い、SOFCセルを2段化して燃料利用率を高めることで、5kWシステムで発電効率65％を達成している。大型火力発電など大規模集中型電源を超えるレベルまで発電効率を向上させることで、排熱利用なしでも省エネルギーやCO_2排出削減に貢献するモノジェネレーションシステムでの利用も可能となる。

分散型電源として価値提供と系統安定化への貢献

　エネファームは、災害時などで停電が発生した場合、都市ガスが供給されていれば自立して発電を継続する停電時発電継続機能（レジリエンス機能）を搭載している。停電時に発電するためには、停電発生時にエネファームが稼働しているよう発電時間をコントロールする必要があるが、最新のパナソニック㈱製エネファームでは、IoT（Internet of Things；モノのインターネット）技術を活用した停電予測情報に基づき、発電時間が自動で制御される機能を搭載するなど著しい進化を遂げている。

　また、近年、脱炭素化に向け太陽光発電など再生可能エネルギーの普及が進むが、エネファーム、蓄電池、電気自動車といった需要家側の分散型エネルギーリソースを組み合わせて、デジタル技術を活用して統合制御し、一つの発電所のように機能させる「VPP（バーチャル・パワー・プラント；仮想発電所）」の構築が進められている。昼夜、天候を問わず発電ができ、起動停止が容易なエネファームは、太陽光が発電できる晴れ間には発電出力を下げたりするなどの最適制御により、気象条件によって出力が変動する再エネ電力を補完することが可能なため、需給バランスの調整力として系統安定化への貢献が期待できる。

　エネファームなど燃料電池コージェネレーションシステムは、需要家の省エネルギー、CO_2削減に貢献してきた。今後はレジリエンス機能や再エネと調和する分散型電源としての価値を提供することで、脱炭素社会の実現に向けて再エネ普及を支えるとともに、将来の水素インフラに応じた純水素燃料電池としての活用も期待される。

＊1　https://www.ace.or.jp/web/works/works_0090.html

技術トピック**21** **ZEB、ZEH**

脱炭素社会の実現を目指す
ゼロエネルギー建築・住宅

芝浦工業大学建築学部長　教授
秋元　孝之

　人間活動に伴い生じる温室効果ガス濃度上昇が気候変動を引き起こし、世界各地で熱波や豪雨等による激甚災害が増加してきている。省エネルギー・省CO_2による地球環境負荷の低減が人類共通の喫緊の課題であることは論をまたない。

　脱炭素社会を実現するためには、民生部門における迅速かつ確実な方法による建築・住宅の省エネ化・低炭素化の推進が重要となる。建物におけるエネルギー消費の多くを占める居住空間の冷暖房負荷削減は大変重要であり、様々な工夫によってそれを実現することが求められる。その技術を大別すると「パッシブ技術」と「アクティブ技術」とに分類することができる。

　「パッシブ技術」とは、断熱、日射遮蔽、自然換気、昼光利用といった建築計画的な手法によって、周辺環境や室内環境を適正に保ち、建物の負荷を抑制するものである。エネルギー需要そのものを減らすことで、導入設備を小容量化し、運用時のコスト低減にもつながる。一方の「アクティブ技術」とは、高効率な省エネルギー設備を導入するとともに未利用エネルギー（地下水、河川水の熱源等）を活用し、エネルギー消費量を最小限とする技術のことである。これらの技術をバランスよく最大限に取り入れることで建築や住宅のゼロエネルギー化を可能とする。

「ZEB（ネット・ゼロ・エネルギー・ビル）」、「ZEH（ネット・ゼロ・エネルギー・ハウス）」は、先進的な建築設計によるエネルギー負荷の抑制やパッシブ技術の採用による自然エネルギーの積極的な活用、高効率な設備システムの導入等により、室内環境の質を維持しつつ大幅な省エネ化を実現した上で、太陽光発電等の再生可能エネルギー導入により、エネルギー自立度を極力高め、年間の一次エネルギー消費量の収支をゼロとすることを目指した建築物、住宅のことである。

| 図表3-50 | ZEBの概念

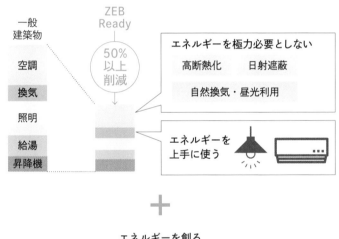

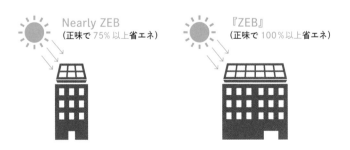

（出所）経済産業省資源エネルギー庁「ネット・ゼロ・エネルギー・ビル実証事業調査発表会2020」（2020年11月）

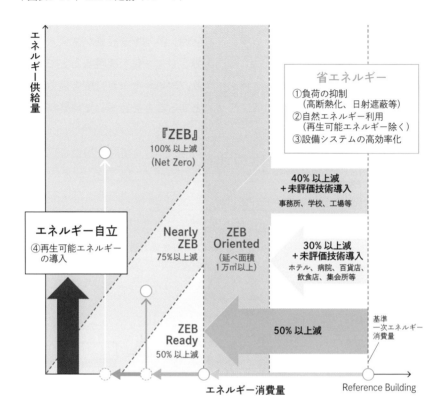

（出所）経済産業省資源エネルギー庁
「平成30年度 ZEBロードマップフォローアップ委員会 とりまとめ」（2019年3月）

民間企業・地方自治体での認知向上が課題

　第5次エネルギー基本計画（2018年7月閣議決定）に定められた「2020年までに国を含めた新築公共建築物等でZEBを実現することを目指す。」という2020年目標の達成状況としては、用途（庁舎、学校、病院、集会所）と規模によって分けられた全ての区分においてZEBの建設実績が得られており、2020年目標は達成できている。一方で、2030年目標および2050年カー

ボンニュートラルの達成に向けては、民間建築物も含めてZEB化をより一層推進していく必要がある。

　ゼロカーボンシティを表明している地方公共団体のうち、その実行計画に「ZEB」を明記しているのは、都道府県では27団体中8団体、市区町村では242団体中25団体となっている（2021年3月時点）。ゼロカーボンシティであってもZEB化を実行計画に位置付けていないところもある。これらの地方公共団体に対しては、積極的にZEB化を推進するよう促していく必要がある。また、環境省において2020年9月に実施された、「公共建築物のZEB化意向等に関する実態調査」によれば、地方公共団体においてZEB化を実現するための課題として、最も多かった回答は、「ZEB実現のための専門的な発注ノウハウを持った職員がいない」というものであり、その他の課題としても情報や認知度の不足等が挙げられている。

　一方、ZEHについて第5次エネルギー基本計画に定められた「2020年までにハウスメーカー等が新築する注文戸建住宅の半数以上でZEHの実現を目指す。」という目標の達成状況としては、大手ハウスメーカーは、おおむね達成しているものの、一般工務店によるZEH化がいまだ十分に進んでおらず、2030年目標の達成に向けて、今後取り組みの加速が必要な状況である。そのため官民が連携し、広報活動等のZEHの普及推進を図っていくことがこれまで以上に重要である。ZEHビルダー／プランナーへのアンケート調査によれば、「顧客の予算」や「顧客の理解を引き出すことができない」といった点がZEH化の主な課題となっているが、その背景には、ZEHが顧客に認知されておらず、経済性のみならず、安全性や快適性、レジリエンスといった面でのメリットが十分に浸透していないことが考えられる。

DX、GXに伴うZEB、ZEH技術の進化

　建築・住宅のゼロエネルギー化は脱炭素社会を実現するための必須条件の一つである。その推進のためには、「建築物省エネ法」改正へ議論が進んでいる省エネ基準への適合義務化も歓迎すべきことといえる。また新型コロナウイルスの感染拡大による景気後退を受け、環境を重視した投資などを通して経済を浮上させようとする「グリーンリカバリー」が進められている。そ

第3部

255

の一環として、ZEBやZEHのさらなる普及は重大なアクションである。感染症対策のレジリエンス性能という点に注目するならば、外気導入量の増加や間仕切り区画の変更によって感染リスクを軽減することができるような建築・住宅の機能があるとよい。次世代の建築・住宅には、頻発する自然災害やその複合災害に備えたロバスト性の高い可変性能が求められる。DX（デジタルトランスフォーメーション）、GX（グリーントランスフォーメーション）に伴った技術の進化が期待される。

技術トピック **22** # 都市管理技術

建築・都市の
エネルギーマネジメントの
スマート化

東海大学建築都市学部建築学科　教授
山川　智

　建築や都市のカーボンニュートラルの実現に向けて、ZEB（ネット・ゼロ・エネルギー・ビル）やZEH（ネット・ゼロ・エネルギー・ハウス）、既存の建物等をネットワークでつなぎ、都市のエネルギーマネジメントをスマート化する技術として、都市管理技術の研究・開発が進められている。

　エネルギーマネジメントのスマート化は、スマートフォンや電気自動車（EV）の分野では実用化が進んでいる。例えばスマートフォンは、OSが常にリモートからアップデートされ、消費電力の削減やバッテリーの充放電を効率化する制御が度々追加されている。またあるEVメーカーは、100万台以上のEVのビッグデータを収集、分析し、モーターやバッテリーの制御ロジックを改善したソフトウェアをリモートでリリースし、納車後も継続的にエネルギー効率（電費）の向上を図っている。

エネルギー利用のスマート化

　建築の分野においても、日々、新しい省エネルギー設備が開発され新築の建物に導入されているが、建築の設備は寿命が長いため、大部分の建物では

257

ひと昔前の設備が稼働している。都市全体のカーボンニュートラルを実現するには、既存建物の設備も含めてエネルギー効率を継続的に底上げする必要がある。そのためには、すでにエネルギーマネジメントのスマート化が進んでいるスマートフォンやEVと同様に［第3部 - Ⅱ.運輸・モビリティー/p150を参照］、稼働する建築設備のビッグデータをリモートにより収集、分析し、制御ロジックを改善、アップデートする都市管理技術の普及が求められる。

　これまで、建築設備は制御に用いる設定値をあらかじめ定めて運転していた。一例として、オフィスビルの照明の場合、視力の低下した年配者が書類の小さな文字を読む等、最も照度を必要とする人や状況を想定して照度を設定していた。しかしPC作業をする若者向けであれば、必要な照度はそのおよそ半分で済む。部屋全体を低照度とし、パーソナル照明の照度を最適化することで、大幅な省エネが可能となる。

　一方、省エネだけを目的に照度を制限することは、我慢の省エネとしてユーザーにストレスを与える恐れがあり、また省エネによる光熱費削減分だけで省エネ設備の導入コストを賄うことが難しいことも多い。そのため、調光に加え、1,600万色の調色が可能な演色性の高いLEDランプ等を用い、時間帯によって変化する自然光を模して体内時計を整えるサーカディアン照明や、スマートウオッチの生体データと連動するウェルネス照明、生産性を高めるマインドフルネス照明、映画のシーンに連動するエンタメ照明など、時代のニーズに合わせたサービスの開発も重要と考えられる。

　EVの分野でMaaS（Mobility as a Service）の展開が見られるように、住宅や建築の分野においても、都市管理技術の普及にはHaaSやBaaS（House as a ServiceやBuilding as a Service；筆者による造語）のモデル構築が有用であると考えられる。

再生可能エネルギー利用のスマート化

　建築・都市のカーボンニュートラルには、省エネと併せて、再生可能エネルギーを最大限活用することが求められる。しかし再エネは地理的な偏在や発電が「お天気任せ」の面もあり、建物のエネルギー需要とは場所や時間等にずれが生じることが多い。そのため偏在する再エネと建築をつなぐエネル

ギーネットワーク、さらに時間等のずれを調整するスマート化したエネルギーマネジメントを行う都市管理技術が必要となる。

　太陽光や風力等の再エネ電気のエネルギーマネジメントについては［第3部 - 技術トピック02/p123、第3部 - 技術トピック24/p268］で解説するため、ここでは再エネ熱について述べる。再エネ熱とは、大気熱や地中熱、河川水や海水の熱等の自然界に存する熱エネルギーをいう。大気熱を利用する技術にはエアコンやエコキュートがあり、すでに多くの家庭に普及している。そして大気熱と比べ、さらなる省エネが可能となる地中熱や河川水、海水等の熱の利用が期待されている。また再エネ熱に加え、清掃工場の焼却排熱やデータセンターの冷却排熱等の人工排熱も熱のエネルギーネットワークに取り込むことで、都市の大幅な省エネを図ることができる。これらの熱の発生量は、気象条件や施設の稼働条件等により時々刻々と変動し、建物の熱需要も同様に変動する。都市管理技術により、両者がバランスするようエネルギーマネジメントを行うことで、時間的、空間的制約によりこれまで利用できなかった再エネ熱等を、時空を超えて最大限、利用することが可能となる。

スマート化を実現する都市管理技術

❶スマートメーター、HEMS、BEMS

　スマート化に必要なセンサー情報等のビッグデータをリモートで収集する技術として、最も導入が進んでいるのがスマートメーターである。関東地方ではすべての建物への導入が完了し、2024年度までには全国での導入が完了する。そして、さらに精密なデータの収集を可能とする次世代スマートメーターの規格が検討されている。

　またHEMS（家庭用エネルギー管理システム）が新築住宅を中心に普及し、太陽光発電やIoT家電、室内環境等の情報を収集、分析し、省エネ支援に用いられている。ビルも同様にBEMS（ビルエネルギー管理システム）が普及しつつあり、両者ともにクラウド化によるビッグデータ分析やリモートからのソフトウエアアップデートの開発が進められている。

　さらにスマートフォン、スマートウオッチ、AI（人工知能）スピーカー等によるパーソナルデータや人流データ等も併せて収集、分析し、制

第3部

259

御に活用する技術の開発が期待される。

❷BIM、GIS

　建物の図面や設備の詳細情報等を3Dデータ化し、一体的な管理を可能とするBIM（Building Information Modeling）の整備が進んでいる。BIM上に位置情報として、ITV（監視カメラ）の画像認識やスマートフォン等のパーソナル情報を落とし込むことで、個々のユーザーの周囲にある照明や空調等を必要条件や嗜好に合わせてきめ細かく制御することが可能となる。同様に人流データを都市の3DデータであるGIS（Geographic Information System）に載せることで、人々の動きに合わせて、都市設備を最適に制御できるようになる。

❸Human Centric AI

　前述の膨大なデータを分析して最も高効率となる制御を探索するのがAIである。人々の生活空間である建築や都市を今後はAIがコントロールすることになる。そのため、AIがなぜそう判断したのか説明が可能なExplainable AIなど、人々に信頼され、生活の質を向上するHuman Centric AIの開発が期待される。

❹デジタルツイン

　❶〜❸の技術を組み合わせ、実際の建物や都市をサイバー空間にリアルタイムに再現するデジタルツイン技術の研究が進んでいる。サイバー空間上で気象や人々の動き、エネルギー需要等の現状を再現し、将来を予測、最適解をリアルタイムに探索する。そしてその探索結果に基づき、現実世界の建物や都市をコントロールすることで、温室効果ガス排出の最小化を図ることが可能となる。

都市管理技術の課題と展望

　都市管理技術によるエネルギーマネジメントのスマート化には、これまで個別に情報収集・制御していた建築・都市設備からの情報やスマートフォン、スマートウォッチ、人流データ等を収集する巨大なプラットフォームが必要となる。そしてその情報に基づき、様々な設備を横断的・統合的に最適化するOSが必要となる。

これらの開発には、省エネのコストメリットだけではインセンティブが不十分であることも課題である。そのため、HaaSやBaaS等、マネタイズが可能となるビジネスモデルの開発も同時に必要と考えられる。

　都市管理技術により、建物や都市のビッグデータをAI分析し、建築・都市設備のソフトウエアを継続的にアップデートすることによって、エネルギー消費量を大幅に削減することが可能となる。また都市管理技術によりエネルギーネットワークを最適化することで、再エネ利用を最大化することも可能となる。そして、エネルギー消費量と再エネ量とがバランスする建築・都市のカーボンニュートラルが実現できると考えられる。

技術トピック**23** # 直流マイクログリッド

創・蓄・省エネを統合する 分散型需給システム、 既存系統とも協調運用へ

(国研)新エネルギー・産業技術総合開発機構(NEDO)
スマートコミュニティ・エネルギーシステム部　主査
廣瀬　圭一

　再生可能エネルギーを主体とした分散型エネルギー資源（DER）と需要家・負荷（エネルギー需要）を特定区域・構内で統合し、一体化したエネルギー需給システムとして運用することは、エネルギー効率の観点から効果的であり、カーボンニュートラルの実現へも貢献できる。また、防災・レジリエンスや産業構造変革、地方創生等の観点でも、このような需給システムは重要であり、マイクログリッドを構築することで実現化、社会実装が可能となる。

　マイクログリッドは、政策と法制度が整い、商用化が進む米国の例から、次のように定義することができる（図表3-52）。

> 　マイクログリッド：DERと負荷を含み、デマンド・レスポンスや様々な管理・運用手法、および予測・分析ツールにより、全体を制御可能な単一の集合体として機能させる。既存の電力系統と任意に連系、解列、または並行して運転できる相互接続システムである。

　マイクログリッドの性能・機能を最大限に発揮するには、発電・蓄電・負荷消費に共通する直流技術が必要になる。その特徴（後述）や利点を活用し

| 図表3-52 | マイクログリッドの構成例

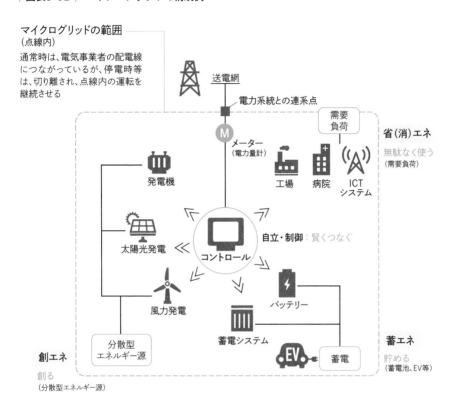

マイクログリッドの範囲
（点線内）

通常時は、電気事業者の配電線
につながっているが、停電時等
は、切り離され、点線内の運転を
継続させる

送電網

電力系統との連系点

Ⓜ メーター
（電力量計）

発電機

工場　病院　ICT
システム

需要
負荷

省（消）エネ
無駄なく使う
（需要負荷）

太陽光発電

自立・制御：賢くつなぐ
コントロール

風力発電

バッテリー

分散型
エネルギー源

蓄電システム

蓄電

蓄エネ
貯める
（蓄電池、EV等）

創エネ
創る
（分散型エネルギー源）

EV

（出所）筆者作成

た「直流マイクログリッド」は、既存系統と協調することで、再エネ大量導
入時の諸問題（例えば、配電系の混雑、出力抑制、信頼性・電力品質の低下、電圧
上昇等）の解決への一助にもなる。

　また、社会・産業環境の変化により、デジタルを活用した経済・社会のス
マート化によるカーボンニュートラルへの貢献と、エネルギー・環境負荷の
増大を最小化するためのデジタル分野でのエネルギー効率向上の同時達成が
求められている。

　データセンターは、デジタル情報の処理・演算、また保管を行う新たな産

第
3
部

業インフラであり、デジタルデータの処理量と比例して莫大な電力を消費する負荷需要である。データセンターで運用される機器類は、CPUやメモリー、各種デバイスが多数実装されており、電力消費のほとんどが直流負荷である。直流負荷が大半を占めるデータセンターの電力消費抑制と損失低減、および脱炭素化のためには、再エネを主電源とした直流マイクログリッドとすることが理想である（図表3-53）。

　図表3-53は、データセンターや通信施設の例であるが、負荷に生産・FA（ファクトリー・オートメーション）設備、または、LED照明、空調設備、電気自動車（EV）充電器等を適用すれば、工場や商用施設向けにも直流マイクログリッドの展開が可能になる。

| **図表3-53** | 直流マイクログリッドの例（データセンター、通信施設の一例）

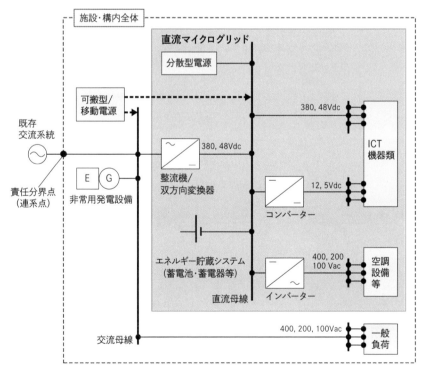

（出所）筆者作成

直流技術の特徴──電力損失を削減、系統制御も容易

現在の標準的な電力供給方式である交流（AC）と比べ、馴染みがない直流（DC）であるが、次のような特徴があり、マイクログリッドのような需給システムとして運用する場合、様々な便益をもたらす。

●電力損失低減

太陽光・風力発電や蓄電池、負荷機器を既存の電力系統を介さずに用いる際、AC⇔DCの変換回数が少なくなり、損失が削減できる。

●省資源・省スペース、信頼性向上

ACアダプターや変換回路、部品点数が減ることで、機器類が小型軽量化され、故障頻度も減り信頼性も高まる。

●非同期連系

交流系統に安定して連系する際の同期（電圧、周波数、位相、波形、相バランス、相回転等）制御[*1]は不要。直流は、電圧のみの制御でシンプル。また、交流系統との分離が容易で、周波数動揺や電圧変動・停電等の波及も回避できる。

●運用・管理

L・C分が無く、リアクタンスによる電圧降下や安定度、誘電損失やフェランチ効果等の影響も受けない。また、相間バランスや無効電力の補償や力率の管理も不要であるため、運用・管理の負担を軽減する。

●電力輸送効率向上

交流は、実効値に対し波高値で機器設計・運用を行うが、直流は、実効値ベースで実施でき、絶縁が容易。交流と同耐圧の場合、40％以上、電力輸送量が多くなる。また、表皮効果の影響を受けず、電力輸送ロス削減や、より大きい導体径の適用が可能となる。

●電磁干渉耐量

電磁干渉が少なく、電磁誘導対策が軽減できる。

直流分野の課題──事故対応の強化、法令・規格等整備を

一方、直流を適用する場合の課題を次に示す。技術としては、遮断とアー

265

クが最大の課題である。また、技術以外に、法令・規格・標準化、市場などの課題が、導入の妨げとなっている。

[技術的課題]

●遮断とアーク

　過電流や短絡が生じた場合、ゼロ点が無く遮断が困難となり、事故地点の除去ができない恐れがある。また、絶縁不良や故障等により発生するアークの検出と保護が必要。

●系統の安定性

　電源や負荷等、電力変換装置が複数ある場合、相互干渉による電圧変動や発振、また回転機との間での系が不安定になることがある。

●電食

　水中や土中の金属構造物が、大地帰路や漏洩する電流により腐食する。

●技術体系・知見の整備

　技術や知見、また、事例等の蓄積が交流に比べると少なく、養成・教育面の体制も十分でない。

[技術以外の課題]

●法令・標準化

　法規・標準・規格類は、交流を前提としたものが多く、直流向けの多くは未整備。

●市場とコスト

　相対的に市場が小さく、プロダクト類が限定的であり、交流と比べてコスト高。

●理解度・認知度

　情報発信やPRが不十分であり、認知度・関心度も低く、結果として市場拡大につながっていない。

●移行・混在時の管理

　既存設備との併用、電力ネットワークの二重管理、二重投資となる場合がある。また、導入のタイミング（設備更改時等）が合わない場合もある。

直流マイクログリッドの展望──面的展開にかかる期待

データセンターや通信施設等、需要家単体（点）としての直流マイクログリッドの事例は、国内外で多数あるが、次のように、「点としての機能拡充」、「点と点」、「点から面」へ今後の展開が期待されている。

マイクログリッドの機能拡充として、給電指令に基づく需要調整やデマンド・レスポンス（DR）の実施、電力取引や調整力市場（国内における需給調整市場）への参加、また、双方向変換器を介し、上げ下げ電力潮流、および無効電力供給等、既存系統との協調運用が可能となる。

また、配電線や自営線を活用した複数マイクログリッドの物理的な連系（Networked Microgrids）による相互補完や電力融通、経済的運用、他需要家への給電等が、制度設計の見直しにより実現味を帯びている。

さらに、複数マイクログリッドの仮想連系は、VPP（バーチャル・パワー・プラント；仮想発電所）やアグリゲーションサービス等にも展開できるが、DERおよび負荷を効率的に運用できる直流マイクログリッドは、きめ細かな調整制御が容易であり、運用に際しての柔軟性が高い。

＊1　同期制御：交流の電力系統に接続する発電機は、商用周波数に合わせて発電機の回転数を制御する。周波数が大きく変動すると系統全体で電力供給が停止することがある

技術トピック **24**

電力ネットワークの運用管理技術

VPPから需要側フレキシビリティー、DERプラットフォームへ進化する電力ネットワークのイノベーション

大阪大学大学院工学研究科　招聘教授
西村　陽

VPP・需要側フレキシビリティー活用の現状

電力ネットワークの運用は、1920年代の技術的確立から一貫して、同期発電機[*1]と多重化した送配電網という供給側のシステムを充実させることで発展してきた。これが2000年代以降、IoT（Internet of Things; モノのインターネット）に代表されるデジタル技術を使って、需要側の機器・システムを電力ネットワーク運用に取り入れる動きが加速している。必要な時に電力ユーザーの利用電力を削減するデマンド・レスポンス（DR）の導入や、蓄電池、自家発電設備のようなユーザーが持つ機器を周波数維持に利用する需給調整の導入等、「需要側フレキシビリティーの活用」と呼ばれる取り組みだ。特に再生可能エネルギー急拡大が顕著な欧州と米国の一部地域で広がるようになった。「フレキシビリティー」とは電力需給の変動に応じて、電力の供給量・消費量を調整する能力を表し、近年欧州を中心に幅広く使われるようになっている言葉である。

ではカーボンニュートラル実現に、需要側フレキシビリティーはどう貢献するのだろうか。

太陽光、風力発電など自然変動型の再エネ電源が今後さらに電力系統へ接続されると、それら再エネのバランシングや周波数の維持に必要なフレキシビリティーが増大するが、現状ではそれらの多くを火力発電が担っている。これに対して蓄電池、電気自動車（EV）など脱炭素化された需要側エネルギー資源を活用することで、電力ネットワークの脱炭素化を推進することになる。

　日本では2014年の第4次エネルギー基本計画でDRの導入が示され、2016年からは調整力公募における「調整力I'」として実際に電力システム運用での活用が始まっている。太陽光発電の導入量が多い地域での夏季・冬季ピーク時、急に曇る時間帯や日没時間帯での電力供給力低下を補う際になくてはならないリソースとして定着してきた。

　さらに2016年からはその発展形としてのVPP（バーチャル・パワー・プラント；仮想発電所）実証[*2]が5年間にわたって行われた。これは、太陽光発電、蓄電池、EV、給湯・空調機器等のDER（Distributed Energy Resources；分散型エネルギー資源）を統合して一つの発電所のように動作させるものだ。機器動作に必要なIoTの確実性と取得データ伝送、通信規格、セキュリティーについて実証が行われるとともに、需給調整資源としてこれらの機器が十分実用に資することも明らかにされた。

　このVPP実証は2021年度から、再エネ大量導入、さらに2022年4月のFIP（フィード・イン・プレミアム）制度導入によって再エネ発電事業者にも計画値同時同量が求められることを踏まえ、DERによる再エネバランシングをねらいとして内容を拡充している。

需要側フレキシビリティーの展望

　第1部［p33〜p34］で紹介したように、日本よりも早く風力の大量導入が進んだ欧州では、主として当日卸電力市場でのDERの最適運用（充電―電気利用―分散型発電のタイムシフト）が進み、DERを集めて運用するアグリゲーターやBRP（Balancing Responsible Parties；同時同量責任者）が大きな活躍を見せている。ここではEV、蓄電池、バイオ自家発電等のアグリゲーターが、

| 図表3-54 | 欧州DERの各市場アクセス確保策と日本の制度整備

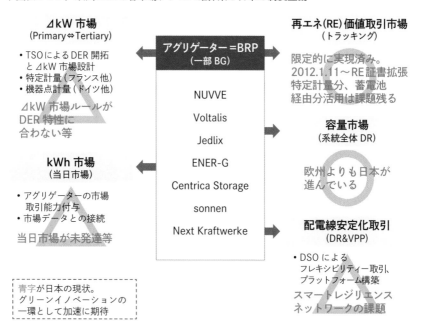

⊿kW 市場
(Primary⇔Tertiary)

- TSOによるDER開拓
  と⊿kW市場設計
- 特定計量（フランス他）
- 機器点計量（ドイツ他）

⊿kW市場ルールが
DER特性に
合わない等

kWh 市場
(当日市場)

- アグリゲーターの市場
  取引能力付与
- 市場データとの接続

当日市場が未発達等

青字が日本の現状。
グリーンイノベーションの
一環として加速に期待

アグリゲーター＝BRP
（一部BG）

NUVVE

Voltalis

Jedlix

ENER-G

Centrica Storage

sonnen

Next Kraftwerke

再エネ(RE)価値取引市場
（トラッキング）

限定的に実現済み。
2012.1.11〜RE証書拡張
特定計量分、蓄電池
経由分活用は課題残る

容量市場
（系統全体DR）

欧州よりも日本が
進んでいる

配電線安定化取引
（DR&VPP）

- DSOによる
  フレキシビリティー取引、
  プラットフォーム構築

スマートレジリエンス
ネットワークの課題

（出所）経済産業省資源エネルギー庁　エネルギー・リソース・アグリゲーション・ビジネス検討会
第15回制御量評価ワーキンググループ（資料5）に筆者加筆

当日市場、需給調整（⊿kW）市場、再エネ（RE）価値取引市場、配電線の
安定化取引等で多様なビジネスを展開しているが（図表3-54）、日本ではま
だその段階に至っていない。

　DERの活用は前述のように、フレキシビリティーの非火力化＝脱炭素化
を意味する。このため欧州、米国の系統運用者や規制当局はDERの発掘、
電力ネットワークへの組み込み（統合）を、安定化リソース獲得、システム
全体の脱炭素化という二つの観点から加速している。

　日本でも2021年6月の「2050年カーボンニュートラルに伴うグリーン
成長戦略」の14の重点分野の一つとして「次世代電力マネジメント産業」
の育成、政策サポートを掲げ、資源エネルギー庁において各種市場の整備、
次世代スマートメーターの機能拡充によるDER活用支援等を進めている。

| 図表3-55 | 電力ネットワーク側/DER側　二つのプラットフォーム

送配電プラットフォーム

- 送配電設備や系統管理のためのデータ集積・利用・公開
- スマートメーターデータの集積・加工・活用
（電力データと他データの複合、提供）
- DER、フレキシビリティー（調整力、配電系統安定機能、非常時機能）の
管理活用の基本となる動作能力等情報の登録

↕ DSO/ユーザー接点で二つのプラットフォームが存在

アグリゲーター / 小売 / その他サービスプラットフォーム（連携・進化の可能性）

アグリゲーター	蓄電池・EV・太陽光等のアグリゲーション・ 一日前・当日市場での最適化 ＋送配電会社：TSO/DSOとのフレキシビリティー取引
小売	顧客とのエネルギー取引・エネマネサービス等の提案、運用 ＋データ集積、分析
サービス	P2P取引、環境価値等の新サービス、 その他生活関連サービスへの展開

（出所）経済産業省資源エネルギー庁　第9回次世代技術を活用した新たな電力プラットフォームの在り方研究会
（資料4）に筆者加筆

　今後の課題としては、まずは定置型蓄電池、EVなどDERの大幅な価格低減による大量普及が挙げられる。さらにそれらを電力システムに取り込むために不可欠な需給調整市場、当日（時間前）市場といった制度・市場整備が求められる。

DERのイノベーションと二つのプラットフォーム形成が課題

　DERを電力システム運用で最適活用していくためには、以下の二つが求められることになる（図表3-55）。

❶電力側のプラットフォーム

　DERの存在場所や動作能力を把握し、電気を使う・使わない、電力系統への逆潮流等、望ましい動作を伝える。

271

❷アグリゲーター側のプラットフォーム

ユーザーの持つDERを実際に動作させ、対価の受け取りや他のサービスとの複合を行う。

現状のVPP実証では、活用リソースを統合するためのプラットフォームを各々のアグリゲーターが持っているのみであり、小売サービス等との統合も行われていない。一方の電力ネットワーク側は、2020年から（国研）新エネルギー・産業技術総合開発機構（NEDO）でプラットフォーム構築の実証が始まっている。関連して、数多くのリソースとアグリゲーター関係者が参画する「スマートレジリエンスネットワーク」が2020年に発足し、電力ネットワーク運用への活用だけでなくDERの活用によるレジリエンス価値の向上、さらなるビジネスの開拓まで視野に入れた活動を展開している。

＊1　商用周波数に合わせた回転数で電磁石（ローター）が回転する発電機
＊2　経済産業省資源エネルギー庁による補助事業「バーチャルパワープラント構築実証事業」。2016年に開始、エネルギー関連企業、メーカー、商社など14事業者が参画

Ⅴ 農林水産・吸収源

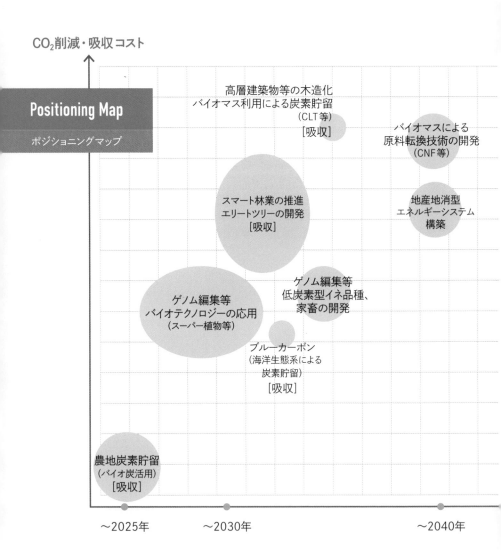

CO₂削減・吸収コスト

Positioning Map

ポジショニングマップ

高層建築物等の木造化
バイオマス利用による炭素貯留
（CLT等）
［吸収］

バイオマスによる
原料転換技術の開発
（CNF等）

スマート林業の推進
エリートツリーの開発
［吸収］

地産地消型
エネルギーシステム
構築

ゲノム編集等
バイオテクノロジーの応用
（スーパー植物等）

ゲノム編集等
低炭素型イネ品種、
家畜の開発

ブルーカーボン
（海洋生態系による
炭素貯留）
［吸収］

農地炭素貯留
（バイオ炭活用）
［吸収］

〜2025年   〜2030年   〜2040年

「農林水産・吸収源」セクターにおける施策・技術ごとの二酸化炭素（CO$_2$）排出削減・吸収効果を以下に示す。バイオ炭等を活用した農地土壌への炭素貯留、スマート林業推進・エリートツリーの開発、バイオテクノロジーの応用によるスーパー植物等の開発は2030年までの比較的早期に実装できる見通しであると同時に、高いCO$_2$排出削減・吸収効果も見込まれる。DAC（Direct Air Capture）は多くのCO$_2$吸収効果が見込まれるものの、実装時期・コストともに厳しさを伴う見通しとなっている。

ポジショニングマップ作成　齊藤三希子（EYストラテジー・アンド・コンサルティング㈱）

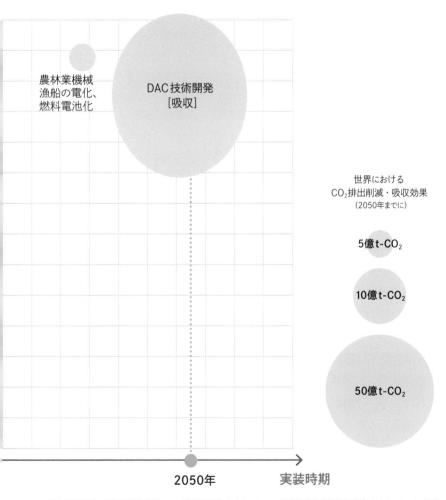

CO$_2$排出削減・吸収量の参考データ：内閣府統合イノベーション戦略推進会議革新的環境イノベーション戦略
※CO$_2$排出削減・吸収量は、世界における温室効果ガス（GHG）排出削減・吸収効果をCO$_2$重量換算したもの

V | 農林水産・吸収源 | 総論

食・農林水産分野における
脱炭素化の必要性

京都大学エネルギー理工学研究所　特任教授
柴田　大輔

　世界の温室効果ガス（GHG）排出量のうち、農業・林業、その他土地利用に起因する排出量は4分の1を占めており、現行の食料生産システムや不適切な森林利用が気候変動を加速させる大きな要因の一つとなっている。気候変動による温暖化・乾燥化が続けば、世界各地の穀倉地帯での穀物生産量の大幅低下が起こり、食料流通を不安定化させるだけでなく、将来の世界人口の増加に備えた食料増産への負の要因ともなる。食・農林水産分野でGHG排出量を抑制し、持続的な食料生産システムの確立や健全に森林を利用することによる脱炭素化が喫緊の課題である。その際、農林分野は二酸化炭素（CO_2）の貯留や再生可能エネルギーの生産にも貢献できることに留意すべきである。

食・農林水産分野におけるGHG排出抑制

　農業分野では農耕地の耕作・栽培・収穫・保存・流通、林業分野では森林の維持管理・材木の伐採・流通に伴うエネルギー消費によってCO_2が排出されており、作業最適化によるエネルギー消費の効率化を進めるとともに、地産地消での再エネの導入が必要である。水産業では漁船が使う燃料消費量が多く、漁船の電動化や燃料電池化などが求められる。持続可能なエネルギーを使って生産された農作物、木製品を消費者が積極的に購入するという行動変容への公的支援も大切である。

　地球環境・資源の持続可能性を示した「グローバルコモンズ管理指標」（東

京大学、2020年）によると、持続可能な方法で生産されていない食料等の大量輸入のために日本の管理指標が悪く、食料システムの転換が求められている。日本の農林水産分野におけるGHG排出量は、全排出量の4.0%（2018年度）にすぎないが、自国の需要を賄うのに必要な食料を海外輸入に依存し、海外の資源（水、土地、肥料など）を間接的に搾取していることに留意すべきである。食肉の生産には多量の穀物を必要としており、牧畜に依存しない食肉生産技術も検討されている［第3部-COLUMN⑥「料システムのゼロカーボン化へ寄与する細胞農業」/p304］。また、国内では食品廃棄物等は年間2,531万t、そのうち食品ロスは年間600万t（2018年度）であり、これらの抑制と食料システムの効率化はGHG排出の抑制につながる［第3部-技術トピック27「データ駆動型フードシステム」/p289］。

　農業分野はGHG排出量の中でCO_2換算でのメタン（CH_4）と一酸化二窒素（N_2O）の割合が多いことが特徴的である［第3部-技術トピック26「N_2O削減根粒菌の利用技術」/p284］。日本ではCH_4とN_2Oの排出量は農業分野の排出量（CO_2換算）の6割程度を占めている。CH_4は土壌中や家畜の体内で、農産物や餌由来の有機物が嫌気的条件下（酸素のない条件下）でメタン発酵して発生するが、様々な抑制方法が検討されている。N_2Oは作物に吸収されずに残存した窒素肥料成分から発生する。N_2OはCO_2よりも約300倍のGHG効果を有することから、窒素施肥の方法の改良や微生物を用いた削減技術の開発が行われている［第3部-技術トピック25「農耕地・畜産の温室効果ガス排出削減」/p280］。

農林水産分野における炭素貯留

　農地土壌は有機物を「炭素貯留」する機能を有しており、広大な面積を有する農地を使うことによるGHG削減効果は大きい。土壌での炭素貯留は、土壌の乾燥化を防ぐとともに、土壌中の生物の多様性を確保することにつながり、食物連鎖を通して地上の生物多様性にも資する。間伐材などをバイオ炭にして農地に投入することも行われている。有機栽培の推進も炭素貯留に有効であるが、食料生産性を確保するための技術開発とセットで考えるべきである。

木材を使った都市での炭素貯留はGHG削減効果が大きい。耐火性能の高い木質材料の開発が進み、木造高層ビルが注目を集めており、海外では、高さ80mを超える木造高層ビルも建設されている。国産材を利用する場合、林道が十分に整備されていないために、効率的に材木の搬出ができないことが大きな制限要因である。今後、長期的視点で国内の森林資源管理への投資が必要である。

　海洋生態系で貯留される炭素（ブルーカーボン）の量は大きく、沿岸での藻場の回復・整備などが求められる。

農林分野での持続可能なエネルギー生産

　木質チップや農業廃棄物などを発酵させて得られるメタンはバイオマス発電に利用されている。また、植物バイオマスは、バイオエタノールなどの持続可能な燃料製造に使われている［第3部 - 技術トピック29「低炭素型の食料・エネルギー増産システム」/p299、第3部 - 技術トピック12「モビリティー燃料のイノベーション」/p178］。これらの技術は、化石資源から生産される化成品を代替する工業原材料の生産に流用でき、GHG削減に貢献できる［第3部 - 技術トピック28「バイオマスを用いた石油製品の代替素材の開発」/p295］。この分野では、ゲノム編集を含む最先端バイオテクノロジーを用いて、成長スピードを早めるなど、高性能な植物（エリート樹木や高成長性草本など）の作出への期待が大きい。

　農作物生産と太陽光発電を同時に行う営農型発電（ソーラーシェアリング）は、作物収量の低下などに課題があるものの、農地法の特例として認められている。今後は、営農型発電だけでなく、荒廃農地（28万3,000ha、2019年度）などを積極的に活用して太陽光発電を行い、得られる電力を活用した持続可能な農業技術の開発が望まれる。

国内外の政策動向

　国際連合食糧農業機関（FAO）は持続可能な食料供給システムへの移行を提唱している。米国は、「農業イノベーションアジェンダ」（2020年2月）を策定し、2050年までに農業生産量40％増加と環境フットプリント半減に

着手した。EUは、2020年5月に持続可能な食料供給・消費体制への移行を目的とし、"Farm to Fork Strategy"を策定した。日本も持続可能な食料システムの構築に向け、「みどりの食料システム戦略」（2021年5月）を策定し、2050年までに農林水産業のCO_2ゼロエミッション化を目指している。

技術トピック 25

農耕地・畜産の温室効果ガス排出削減

日本古来の農法の改良で水田土壌のメタン抑制など実現

(国研)農業・食品産業技術総合研究機構　農業環境研究部門
気候変動緩和策研究領域　革新的循環機能研究グループ長
秋山　博子

　農耕地土壌は二酸化炭素（CO_2）の吸収源となる可能性があるとともに、メタン（CH_4）および一酸化二窒素（N_2O）の排出源ともなっている。

　土壌中には植生の約3倍、大気の約2倍の量の炭素が土壌有機物として存在すると推定されており、土壌炭素の増減は大気中CO_2濃度に大きな影響を及ぼす。農地において土壌炭素量を増加させるためには、①堆肥、作物残渣、緑肥等の投入有機物量を増やす、②不耕起栽培（農地を耕さない農法）や省耕起栽培（農地の耕起回数を減らしたり耕起深を浅くする農法）により土壌有機物の分解を遅くする管理が有効である。一方、堆肥等の有機物の土壌中での分解は比較的早く、施用した炭素の一部が難分解性有機物として土壌中に蓄積されるのに対し、バイオ炭（生物資源を材料とした炭化物）の分解は非常に遅く、施用炭素の多くが数千年単位で土壌中に残るため、農地へのバイオ炭の施用は効果的な炭素隔離技術となる可能性がある。

　水田土壌においてはメタン生成古細菌が稲わらなどの有機物を分解することによりCH_4が生成される。メタン生成古細菌は絶対嫌気性菌（酸素のないところで生育する菌）のため、湛水期間の短縮によりCH_4排出量を削減できる。日本では昔から慣行的に行われている「中干し」は田植えから約1カ月後に

一時的に湛水を中断する作業であり、増収効果があるとされている。しかし、世界的には常時湛水栽培も広く行われており、これらの地域に中干しを導入することにより、世界の水田からのCH_4排出量の16%が削減可能と試算されている[1]。

また日本の中干し期間は1〜2週間程度が一般的であるが、中干し期間を地域の慣行よりも約1週間延長するとCH_4排出量を平均30%削減できる[2]。この技術は「長期中干し」として、農林水産省環境保全型農業直接支払交付金において滋賀県の地域特認取組として2012年より採用され、滋賀県の水田面積の約4割にまで普及が進んでいる。さらに2021年度より同交付金の全国共通取組として採用され、さらなる普及が期待される。

また、稲わらを春にすき込むよりも秋にすき込むほうが、冬の間に稲わらの好気的分解が進むため、CH_4の排出量を平均約5割削減できる[3]。本技術は「秋耕」として農林水産省環境保全型農業直接支払交付金の全国共通取組に2021年度より採用され、今後の普及が期待される。一方、イネ品種の開発による新たなCH_4削減技術の開発が期待されている。

農耕地土壌においては、化学肥料や有機肥料として施用される窒素が微生物により硝化（$NH_4^+ \rightarrow NO_2^- \rightarrow NO_3^-$）および脱窒（$NO_3^- \rightarrow NO_2^- \rightarrow NO \rightarrow N_2O \rightarrow N_2$）される過程において$N_2O$が生成する。$N_2O$削減技術としては硝化抑制剤入り肥料および被覆肥料が挙げられる。これらの肥料は作物による窒素肥料の吸収効率向上や施肥回数削減を目的として開発され、すでに市販されている。硝化抑制剤によるN_2O削減効果は平均38%である[4]（図表3-56）。被覆肥料は樹脂などで被覆することにより肥料成分がゆっくりと溶出する肥料であり、N_2O削減効果は平均35%である[4]。一方、微生物を用いた新たなN_2O削減技術の開発が期待されている［第3部 - 技術トピック26／p284を参照］。

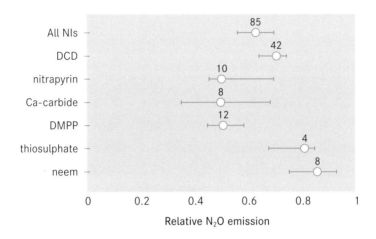

慣行を1とした相対的な発生量を示す。図中の数字はデータ数であり、エラーバーが重なっている場合は有意な差がないことを示す。すべての硝化抑制剤の平均削減率は38%であり、硝化抑制剤の種類（DCD, nitrapyrin, DMPP, thiosulphate, neem）により、削減効果は異なるが、いずれの硝化抑制剤も有意な削減効果が見られた

（出所）Akiyama et al., 2010より

家畜の「げっぷ」からのメタン、生産性向上・飼料改善で大幅減

　畜産においては家畜消化管内発酵（牛などの反芻家畜のげっぷ）によるCH$_4$と家畜排泄物管理（堆肥製造過程や汚水処理過程）からN$_2$OおよびCH$_4$が発生している。反芻家畜の胃は嫌気的であり、メタン生成古細菌によりCH$_4$が生成される。消化管内発酵によるCH$_4$削減技術としては、①家畜の生産性の改善（乳・肉の生産量の向上により生産物当たりの排出量を削減）、②ルーメン内発酵の制御（反芻家畜の第一胃内微生物による発酵を抑制。カシューナッツ殻液、3-ニトロオキシプロパノール、紅藻類などの添加物の利用）等が研究されている*5。

　一方、家畜排泄物管理においては、アミノ酸添加低たん白質飼料（低CP）により総窒素排泄量を減らすことでN$_2$Oを削減する技術が開発されている。

アミノ酸製造過程を考慮した場合でも、低CPのGHG排出量は慣行の20%削減となる。本技術はJ－クレジット制度（省エネルギー機器導入や森林経営などによるGHG排出削減・吸収量を国が認証する制度）の対象として認められ、実用化されている[*6]。

　また、汚水浄化処理過程におけるN$_2$O削減技術として、炭素繊維担体を利用した汚水浄化方法が開発されている。本技術は、炭素繊維担体に微生物を付着させて、汚水中の亜硝酸イオンおよび硝酸イオンを低減させることによりN$_2$Oの排出を削減するものである。養豚廃水を用いた検証では活性汚泥法と比較して90％以上のN$_2$Oが削減されており、今後の実用化が期待される[*7]。

＊1　Yan X, H Akiyama, K Yagi, H Akimoto, 2 0 0 9, Global estimations of the inventory and mitigation potential of methane emissions from rice cultivation conducted using the 2006 Intergovernmental Panel on Climate Change Guidelines, Global Biogeochemical Cycles, 23

＊2　Itoh M, S Sudo, S Mori, et al., 2 0 1 1 Mitigation of methane emissions from paddy fields by prolonging midseason drainage Agriculture Ecosystems & Environment 141(3-4) 359-372

＊3　Kajiura M, K Minamikawa,T Tokida, Y Shirato, R Wagai, 2 0 1 8, Methane and nitrous oxide emissions from paddy fields in Japan: An assessment of controlling factor using an intensive regional data set, Agriculture Ecosystems & Environment, 252:51-60

＊4　Akiyama H, X Yan, K Yagi, 2010 Evaluation of effectiveness of enhanced-efficiency fertilizers as mitigation options for N$_2$O and NO emissions from agricultural soils: meta-analysis, Global Change Biology, 16(6), 1837

＊5　小林, 2020, 環境調和をみすえる家畜栄養学の展開：温暖化ガスの低減に向けて, 日畜会報, 91（3）：295-314

＊6　AG-001, 豚への低タンパク配合飼料の給餌, https://japancredit.go.jp/pdf/methodology/AG-001.pdf

＊7　Yamashita T, M Shiraishi, H Yokoyama, A Ogino, RY-Ikemoto, T Osada, 2019, Evaluation of the nitrous oxide emission reduction potential of an aerobic bioreactor packed with carbon fibers for swine wastewater treatment, Energies 12(6)

第3部

技術トピック26

N₂O削減根粒菌の利用技術

N₂O還元活性の高い根粒菌を育成、農地由来N₂O発生削減へ

東北大学大学院生命科学研究科　特任教授
南澤　究

　農地からの一酸化二窒素（N_2O）発生の主要な原因は、畜産関係を除くと、化学窒素肥料の大量施肥と、マメ科作物根などの作物残渣である。前者は、硝化抑制剤と緩効性肥料のN_2O削減技術があるが［第3部-技術トピック25/p280を参照］、後者は有効な技術がなかった。根粒菌はマメ科作物の微生物資材（植物の生育向上ために種子等に接種される微生物）として130年前から世界で利用されており、N_2O還元活性を保有する根粒菌接種資材によりN_2O発生を削減する微生物利用技術が近年着目されている。

農地からのN_2O発生削減の意義

　農業・林業・その他の土地利用から排出される温室効果ガスは二酸化炭素（CO_2）換算で人為的な温室効果ガスの約4分の1を占める。なかでもCO_2の約300倍の温暖化係数を示すN_2Oは、農業から排出される割合が人為的な全排出量の59%を占めている[*1]。世界の平均気温の上昇を産業革命時から1.5℃未満に抑えるためには、CO_2だけでなく、N_2Oなど非CO_2温室効果ガスの排出削減が必須である。

　マメ科作物は根粒菌と共生窒素固定を行うために窒素肥料に大きく依存せずに栽培できる作物であるが、マメ科作物の根圏から多量のN_2Oガスが発

生している。そのメカニズムについて近年明らかにされてきた[*2]。ここでは
ダイズ根圏からのN_2O発生機構と根粒菌によるN_2O削減技術について説明
する。

生物的窒素固定とは

　マメ科作物の根には、土壌微生物である根粒菌が感染し、根粒を形成し生
物的窒素固定を行う。根粒菌はマメ科作物の根粒内に共生し、植物からの光
合成産物をエネルギー源にして、窒素（N_2）ガスをアンモニアに還元する窒
素固定を行っている（図表3-57）。固定された窒素は、地上部や根に輸送さ
れ利用される（図表3-57）。したがって、マメ科作物と根粒菌は光合成産物
と固定窒素の物々交換を行い互いに利益を得る相利共生である[*3]。この生物
的窒素固定は植物の光合成に支えられており、工業的窒素固定で生産される
窒素肥料と比較し、作物の持続的な窒素源となる。

│ 図表3-57 │ 共生窒素固定と温室効果ガス N_2O 発生源としての根粒

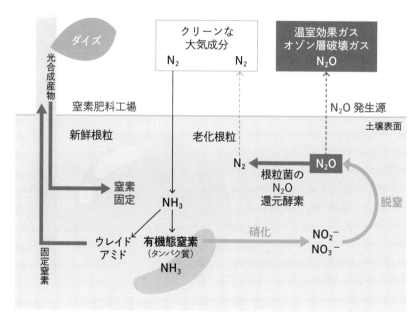

（出所）筆者作成

285

ダイズ根粒菌の種類と脱窒遺伝子

　日本のような多雨で酸性土壌の場合は、*Bradyrhizobium*属が主要なダイズ根粒菌であり、*B. diazoefficiens*、*B. japonicum*、*B. elkanii*の3種に分けられる（図表3-58）。沖積土壌には共生窒素固定能の高い*B. diazoefficiens*が多いが、黒ボク土壌では*B. japonicum*が多く、沖縄などの亜熱帯地域には*B. elkanii*が生息している（図表3-58）。一部のダイズ根粒菌は共生窒素固定だけでなく、その逆過程の脱窒反応も触媒し、硝酸イオンから窒素ガス（N_2）までの還元（$NO_3^- \rightarrow NO_2^- \rightarrow NO \rightarrow N_2O \rightarrow N_2$）を行う。*B. diazoefficiens*では各ステップの反応を担う還元酵素遺伝子を保有しているが、*B. japonicum*と*B. elkanii*ではN_2O還元酵素（$N_2O \rightarrow N_2$）をコードしている*nosZ*遺伝子を欠いているためにN_2O還元活性は示さない[4]（図表3-58）。

| 図表3-58 | ダイズ根粒菌の系統とN_2O削減ダイズ根粒菌接種技術の普及

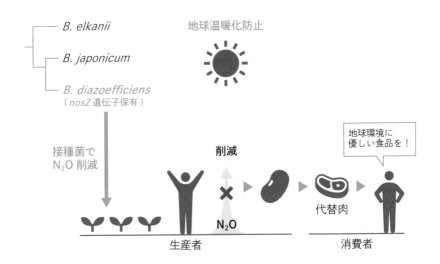

系統樹中の記号は*Bradyrhizobium*属内の種名を示す。N_2O削減能は*nosZ*遺伝子を保有する*B. diazoefficiens*のみで、*B. elkanii*と*B. japonicum*には*nosZ*遺伝子はなく、N_2O削減能を持たない。温室効果ガスN_2O削減の根粒菌接種技術により現在加速している代替肉市場にも貢献できる

（出所）筆者作成

ダイズ根圏のN_2O発生、*nosZ*遺伝子保有株で低減可能

　根粒には寿命があり、根粒着生から2〜3カ月後に根粒の窒素固定能が低下し老化する。その老化根粒では、根粒内のタンパク質が分解し、土壌微生物による硝化・脱窒過程によりN_2Oガスの発生が起こる（図表3-57）[2〜4]。ここでは、微生物のみでなく土壌動物の食物連鎖が重要な役割を担っている。老化根粒からは一過的に多量のN_2Oが発生し大気中に放出され、N_2O発生源（ソース）となる（図表3-57）。しかし、*nosZ*遺伝子を持ったダイズ根粒菌 *B. diazoefficiens* が根粒形成している場合は、*B. diazoefficiens* が根圏微生物としてN_2OガスをN_2ガスに変換するために、N_2O吸収源（シンク）となる（図表3-57）[2〜4]。圃場レベルのN_2O発生はN_2O発生源（ソース）とN_2O吸収源（シンク）のバランスで決まり、*nosZ*遺伝子保有ダイズ根粒菌の接種によりN_2O発生の低減化が可能である[2〜4]。

根粒菌接種によるN_2O発生削減に成功

　ダイズ根圏からのN_2O発生をさらに削減するために、N_2O還元酵素活性の高い*B. diazoefficiens*根粒菌株の突然変異によりN_2O吸収強化株を作製し、実験圃場で接種したところ、収穫期前後にダイズ根圏から発生するN_2Oを半減することに成功した[5]。また、複数の*B. diazoefficiens*根粒菌野生株の集団を用いて同様なN_2O削減効果が認められた[6]。

微生物接種によるN_2O発生削減の課題と展望
——ダイズ以外の作物への展開も

　本技術の最大の課題は、接種した*nosZ*遺伝子保有ダイズ根粒菌株の根粒形成が通常30％以下であり、*nosZ*遺伝子を保有しない土着根粒菌が大部分の根粒を形成するという土着根粒菌との競合問題である。根粒菌とダイズの選抜および改変により、*nosZ*遺伝子保有根粒菌株により優占的に根粒を着生させる新技術が課題となっている。ダイズはアジアでは食料として直接消費され、その他の地域では油脂食物や飼料として消費されている。しかし、ダイズは地球環境負荷の小さい植物タンパク源として着目されており、N_2O

削減根粒菌の接種技術との相乗効果が期待される。

　Bradyrhizobium 属根粒菌は典型的な土壌細菌であると同時に、非マメ科作物の根圏に定着する性質を持っている[7]。したがって、今後の展望として、ダイズ以外の作物への展開と、N_2O削減能力の高い土壌微生物群集の作出など、微生物接種による農地からのN_2O削減の新技術の展開が期待される。

＊1　NEDO技術戦略レポート「温室効果ガスN_2Oの抑制分野の技術戦略策定に向けて」2021年6月，https://www.nedo.go.jp/content/100934250.pdf

＊2　Sánchez C and Minamisawa K. 2019. Nitrogen cycling in soybean rhizosphere: Sources and sinks of nitrous oxide (N_2O). Front Microbiol. 10:1943.

＊3　南澤 究、妹尾啓史編「エッセンシャル土壌微生物学 - 作物生産のための基礎」(2021)　講談社（東京）ISBN 978-4-06-522398-7

＊4　南澤 究 (2015) 微生物ゲノム情報を圃場で活かす―作物根圏からの温室効果ガス発生を制御するために―（第6章、pp. 85-102）、「シリーズ21世紀の農学 ここまで進んだ！飛躍する農学」日本農学会編、養賢堂（東京）

＊5　Itakura, et al. 2013. Mitigation of nitrous oxide emissions from soils by *Bradyrhizobium japonicum* inoculation. Nature Climate Change 3: 208-212.

＊6　Akiyama et al. 2016. Mitigation of soil N_2O emission by inoculation with a mixed culture of indigenous *Bradyrhizobium diazoefficiens*. Scientific Reports 6: 32869.

＊7　Yoneyama et al. 2019. Molecular analyses of the distribution and function of diazotrophic rhizobia and methanotrophs in the tissues and rhizosphere of non-Leguminous plants. Plants (Basel). 8: E408.

技術トピック **27**

データ駆動型フードシステム

ビッグデータが牽引するスマート農業起点のフードシステム

信州大学社会基盤研究所　特任教授
亀岡　孝治

　フードシステムは、農林水産業と、食品産業に由来するサブシステム——食品の生産、集約、加工、流通、消費、食品ロス・廃棄物に関わる人々とそれらが相互に連携した付加価値を持つ活動全般、およびそれらが組み込まれているより広範な経済・社会・自然環境を意味する[*1]。

　デジタル社会が深化する日本や欧米の先進国においては、このフードシステムにCPS（Cyber Physical System）[*2]を組み込んだ、「データ駆動型スマートフードシステム」の研究と実証実験が行われている。このスマートフードシステムは、情報通信技術（ICT）など先端技術を最大限活用する全く新しい農業（スマート農業）で生産される農産物を、農作物の栽培管理情報と農産物の品質情報などとともに加工・流通・販売し、消費者に届けるCPSを備えたフード・チェーンである。農産物とその関連情報などが消費者に届けられる一方で、購入農産物に対する消費者の感想や意見が販売業者、加工業者、生産者にもフィードバックされる。生産体制、加工方法、流通システムの改善が期待できるマーケットイン型であるため、消費者心理解析やデジタルマーケティングが重要な位置を占める。

　また、フードシステムでは、すべてのサブシステムで現実要素が支配的なため、仮想空間（Cyber；サイバー）と現実（Physical；フィジカル）の両方の

システムの進化とバランスが求められる。

　データ駆動型社会──IoT（Internet of Things；モノのインターネット）、クラウド、ビッグデータ、AI（人工知能）で構成されるCPSが創り上げる社会（2016年に提唱されたSociety5.0[*3]）へのシフトが進む［第2部-重要基盤技術06/p84を参照］。今こそ、私たち人間は、食も植物・動物・微生物も太陽から地球に降り注ぐエネルギーも含めてみな現実に存在することに注意を傾ける必要がある。

EUと日本のスマート農業

　欧米の精密農業（PA；Precision Agriculture）は、農地・農作物の状態をよく観察し、きめ細かく制御し、農作物の収量及び品質の向上を図り、その結果に基づき次年度の計画を立てる一連の農業管理手法である。

　EUでは2011年から5年計画のFI-PPP（the Future Internet Public-Private Partnership）プログラムが実施され、農業分野ではSmartAgriFood（2011〜2013年）、SmartAgriFoodとFINEST（物流プロジェクト）が一体となったFIspace（2013〜2015年）が実施された。この流れの中で、農業機械が中心だったPAのコンセプトは、農産物の生産者がインターネットを介して直接消費者とつながる、ICTとフードシステムを意識したマーケットイン型のスマート農業へと移行した[*4]。

　日本では、欧米の精密農業の考え方を取り入れる一方で、1996年に「農林水産業における高度情報システム開発に関する調査委員会」でFS（調査研究）が行われ、引き続き「増殖情報ベースによる生産支援システム開発のための基盤研究」（略称：「増殖ベース」プロジェクト）（1997〜2000年）、研究プロジェクト「データベースモデル協調システム」（略称：「協調システム」プロジェクト）（2001〜2005年）が実施され、農業現場でのICT活用の有効性が確認された。スマート農業の推進によるSociety5.0の実現という文脈の中で、日本のスマート農業は、データ駆動型の考えを中心に据えた精密農業の考え方を基本に、農業現場を対象にICTなど先端技術を最大限活用する、全く新しい農業を目指して研究開発が行われている（SIP第1期；2014〜2018年, 第2期；2018〜2022年）[*5]。スマート農業では、データ活用が極めて重要と

なるため、農業に関わるデータを集約し、データの連携・共有を可能とする農業データ連携基盤（WAGRI）が構築されている[*6]。

スマートフードシステムで生産・流通を効率化

　フードシステムの高度化によるSociety5.0の実現と、スマート農業現場のデータ活用という観点から、EUに5年遅れる形で2018年からスマートフードチェーンの研究開発がスタートした。研究開発は、高度品質保証、物流改革、食品ロス・廃棄物の削減を主な目的に、フードシステムをCPS化

| 図表3-59 | データ情報利活用基盤

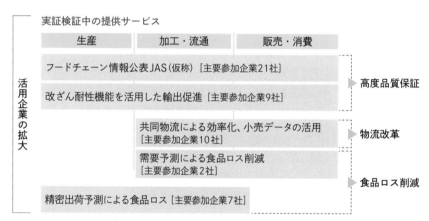

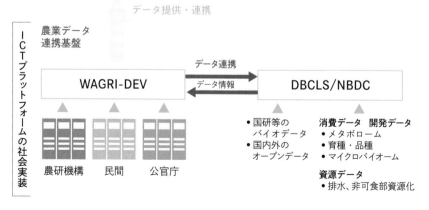

（出所）内閣府戦略的イノベーション創造プログラム（SIP）スマートバイオ産業・農業基盤技術

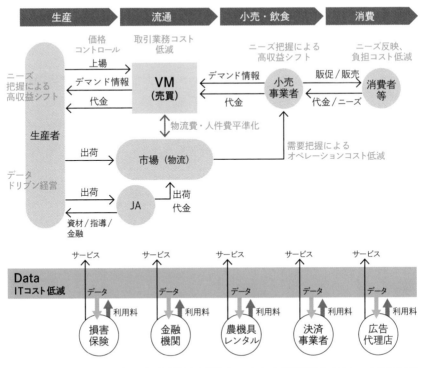

(出所)（国研）新エネルギー・産業技術総合開発機構（NEDO）人工知能技術適用によるスマート社会の実現　農作物におけるスマートフードチェーンの研究開発　昨年度研究成果共有と本年度活動紹介（2020年8月4日）

する方向性で進められているが、各種データとの連携が必須となるため、農業データ連携基盤の拡張（WAGRI-DEV）も併せて実施されている（図表3-59）。スマートフードチェーンにおけるバーチャルマーケット（VM）を中心に見たときのステークホルダーの関係図とデータ・サービスのやりとりを図表3-60に示した。また農林水産省では、この研究開発成果を活用するお米対象の「スマート・オコメ・チェーンコンソーシアム」を2021年6月に設立した[7]。

　今後は、フードシステムの核ともいえる、価格形成機能、品質評価機能、需要調整機能、代金決済機能、物流効率化機能、情報伝達機能をVMに備え、現実の市場以上にデータのサプライチェーン化が重要となる。また、中小企

| 図表3-61 | 農林水産業のゼロエミッションに向けたイメージ図

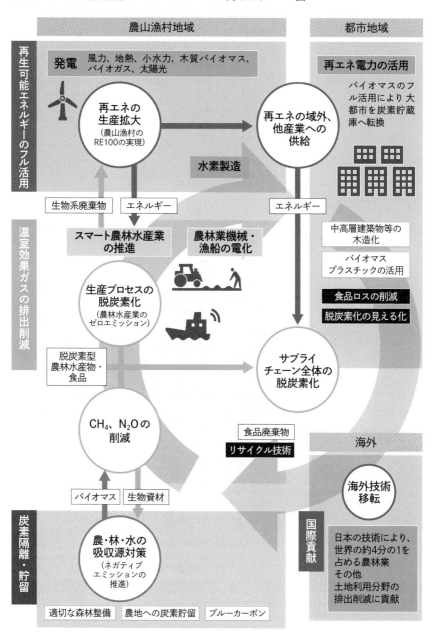

（出所）経済産業省資源エネルギー庁　第2回革新的環境イノベーション戦略検討会／農林水産省資料

業が多い食品加工現場のCPS化（インダストリー4.0の導入）も必須である。さらに、ブロックチェーン[*8]、マーケティング、消費者心理解析等に関する戦略的なB2B連携も必要である。

　AIがさらに深化しデータ間に介在、情報化をリードする「データ駆動型」の社会に対応できる、フードシステムを支えるフィジカルのネットワークともいえるコミュニティー構築は喫緊の課題である。

　また、農林水産業のカーボンニュートラル実現へ、生産・流通分野でサーキュラーエコノミー（資源循環型の経済）を推進するための研究開発が進められている（図表3-61）。生産プロセスからの化石燃料消費の削減のほか、特に園芸施設では精密な管理によりCO_2ゼロエミッションを実現する。さらに農林業機械・漁船等の電化、水素燃料電池化、データに基づく効率的な流通システムの構築等により、生産流通プロセスの脱炭素化及び農林水産業のCO_2ゼロエミッションの達成を目指している。

　スマートフードチェーンでは、フードチェーン全体でのデータ連携の下、共同物流等による流通の最適化を実現し、WAGRI-DEVを用いた資源を無駄にしない効率的な生産・流通によるサーキュラーエコノミーを推進しようとしている。

---

* 1　Food Systems - Definition, Concept and Application for the UN Food Systems Summit
https://knowledge4policy.ec.europa.eu/sites/default/files/food_systems_concept_paper_scientific_group_-_draft_oct_261.pdf
* 2　CPS：センサーなどで収集されたフィジカル空間のデータをサイバー空間でデータ解析し、その結果をもとに、実世界での課題解決などを図るもの。中間取りまとめ～ＣＰＳによるデータ駆動型社会の到来を見据えた変革～；産業構造審議会商務流通情報分科会（情報経済小委員会），2015年5月
https://www.meti.go.jp/committee/sankoushin/shojo/johokeizai/pdf/report01_02_00.pdf
* 3　https://www8.cao.go.jp/cstp/society5_0/society5_0.pdf
* 4　欧州におけるスマート農業，新スマート農業，pp.432-433，農林統計出版，2019年
* 5　https://www.naro.go.jp/laboratory/brain/sip/index.html
* 6　https://wagri.net/ja-jp/
* 7　スマート・オコメ・チェーンコンソーシアムについて，農林水産省
https://www.maff.go.jp/j/syouan/keikaku/soukatu/okomechain.html
* 8　https://www.fujitsu.com/jp/innovation/data-driven/casestudies/rice-exchange/

技術トピック**28**

バイオマスを用いた石油製品の代替素材の開発

新たな産業連関の構築を担うバイオマスの重要性

日本バイオ産業人会議　事務局次長
坂元　雄二

　温室効果ガス削減目標（NDC）の達成においては、石油産業の規模縮小に伴う産業連関の劇的な変化、すなわち、石油精製の過程で併産される素材群（図表3-62）の代替素材への移行への対応も重要である。プラスチックの主原料であるナフサ、潤滑油、アスファルト、グリース、パラフィン等は、約65年の我が国の石油化学工業の歴史の中で、広範な産業用途向けに最適化され同産業群の国際優位性を支える重要な素材である。一方、環境保護の観点からは石油由来のプラスチックやアスファルトから代替素材への移行時期を早める要請さえあり、スムーズな産業連関の移行が求められる。

　代替素材の有力な原料候補はバイオマスだ。欧州の「バイオエコノミー戦略」や我が国の「バイオ戦略」で強調され、地球上の総量は埋蔵石油量をはるかに上回る。ここでは、木質バイオマスの主要構成成分である、リグニン（全組成の約2～3割）とセルロース（同約5割）について、石油代替素材としての開発状況を紹介する。

図表3-62 再生可能エネルギーへの移行で供給量減少が想定される石油由来製品(燃料用途以外)

	ナフサ	潤滑油	アスファルト	グリース	パラフィン
単位	K ℓ			ton	
国内生産	13,377,814	2,026,775	2,387,183	51,447	75,415
輸入	27,977,796	195,920	8,030	1,735	9,153
その他の受入	55,587	51,275	8,807		

(出所) 経済産業省資源エネルギー庁　資源・燃料部「資源・エネルギー統計年報2020年（石油）」

リグニンの利用——プラスチック、蓄電素材……高機能素材続々と

　リグニンは、植物体においては、細胞壁に強度と剛性を与え、病害虫から保護し、水を運ぶ導管を構成するなど重要な役割を果たす。産業利用上は、60%以上の炭素含有量を有し、フェニルプロパノイドに由来する熱安定性、抗酸化性、紫外線吸収能、抗菌性、生分解性等が期待される。しかし、リグニンの産業利用は、パルプ・製紙産業の副産物である黒液（リグニンを含有し主に燃料として利用）やサルファイトリグニン（バインダー、土壌改良剤等）などに限られ、大部分は燃焼・廃棄されていた。

　最近では、キノン化合物を添加するアルカリ蒸解で得られる変性の少ない「クラフトリグニン」などが工業用原料として実用化されている。また、リグニンの物性を改変するため、フェニルプロパノイドの官能基に対して化学修飾を行う（化学的に変化させる）試みも盛んで、(国研) 森林研究・整備機構森林総合研究所などが推進するポリエチレングリコール（PEG）改質リグニンではPEGで実現する物性変化を利用した様々な用途開発が検討されている。リグニンの用途として、プラスチックやアスファルトの代替素材のほか、プラスチックの酸化防止剤、紫外線吸収剤、難燃剤、コンクリートの可塑剤等の添加剤、さらに機能性膜、電子基板、（バイオ）センサー、形状記憶素材、

徐放性カプセル（特に医療用途）、蓄電素材（スーパーキャパシタ）など幅広い分野の高機能素材が開発されている。

セルロースの利用──食品、車体材料等で本格実装へ

　セルロースより生成するセルロースナノファイバー(CNF)は、高い機械的強度・弾性・チクソトロピー性、低い膨張率、軽量性などの優れた物性が特徴で、広範な産業分野での利用が期待され、2030年の国内市場規模は2兆円と予測されている。日本における製法は、パルプや粉砕木材を原料に、ウォータージェット法、酵素と湿式粉砕による方法、化学的処理（TEMPO法、リン酸エステル化法等）などがあり、リグニン等を含有するリグノCNF樹脂の直接混練法も開発されている。また、製紙会社などでは試験製造設備や実証設備の増設も盛んで、食品や化粧品向け用途（乳化剤等）、CNF強化樹脂（車体等）、CNFポリカーボネート（自動車の窓ガラス）といった本格的な社会実装の段階に移行しつつある。関連各省も支援をしており、環境省が主催し、大学・企業が参加し実現したNCV（Nano Cellulose Vehicle）プロジェクトは世界からも注目された。

今後の課題──産学官一体でニーズ踏まえた普及促進を

　リグニン、CNFとも、我が国には優れた研究・開発の実績がある一方、今後、「世界最先端のバイオエコノミー社会」への移行を実現し、国際的に一定の地位を築くためには、以下の観点が重要と考える。

❶NDCの達成と連動した石油化学製品の代替素材開発という観点では、現在、石油由来素材を利用している産業界の意向も反映し、産学官が一体となって、優先課題を設定し、長期的な戦略やロードマップのもとに、代替素材への移行を推進すべきである。

❷国内林産業や地域振興の観点は重要だが、供給側の論理（国産木材、独自の技術・規格、高品質等）にこだわりすぎず、各ユーザー側のニーズ（価格、性能、供給可能量、国際競争力等）に対応できる素材を開発すべきである。

❸産学官が、海外の動向を把握しつつ、海外の競争相手との技術（知財）や産業上の競争、連携可能性を常に意識し、海外市場も見据えた国際的な視点に立って、施策、知財・原料調達・標準化への対応を連携して推進すべきである。

❹リグニンやCNFの開発者とアカデミアとの連携、特に、植物化学（例えば、キシラン‐リグニンに関する最新知見等）や酵素科学（セルロースエンド型転移酵素等）との連携による我が国発の独創的な技術開発に期待したい。

技術トピック**29**

低炭素型の食料・エネルギー増産システム

多収性サトウキビを原料とした食料・エネルギーの同時増産

東京大学未来ビジョン研究センター　特任准教授
小原　聡

　世界的な人口増加と優良農地の減少に伴い、世界の1人当たり作物栽培面積は1960年比で半減しており、今後は作物の適地適作や多収化とそのような作物を用いた食料・エネルギーの同時的増産が一層必要となる。

　サトウキビは熱帯、亜熱帯地域で広く栽培され、世界の砂糖生産の約6割を担う重要な糖料作物である。単位収量が多く、主に砂糖原料となるショ糖と、エタノール原料となる還元糖（ブドウ糖、果糖）、ボイラー燃料となる繊維分を蓄積するため、小面積で多くの食料（砂糖）とバイオエネルギー（糖分⇒エタノールに変換、繊維分⇒熱や電力に転換）の生産を可能とする作物である。

　一方で、カーボンニュートラルな社会への移行に伴い、サトウキビ産業も従来の資源多投入型・環境収奪型生産体系から、資源低投入型で環境保全や温室効果ガス（GHG）排出削減効果の高い持続的な食料・エネルギー生産体系への移行が求められる。カーボンニュートラル2050への目標達成のために、ライフサイクル的な観点から、農業側での品種改良によるサトウキビの多収化と、工業側でのGHG排出削減効果の高い砂糖・エタノール同時増産プロセスの開発を伴う「農工融合型」のシステムが開発されている。

多収性品種、革新的生産プロセスで実現

❶多収性サトウキビ

　世界の研究機関において多収性サトウキビ品種の開発がなされるなか、日本の（国研）農業・食品産業技術総合研究機構 九州沖縄農業研究センターが開発した多収性サトウキビ品種KY01-2044は、深い根系を持ち、厳しい気象条件（台風や干ばつ）や痩せた土壌でも高いバイオマス生産力（従来種の約1.5倍の収量）を発揮する（図表3-63）。既存のサトウキビ畑の高度利用を促す本技術では、土地利用改変に伴う環境負荷の増加が無い。さらに根系強化に伴う肥料利用効率の向上や連年株出栽培の実現は、窒素施肥量の削減や不耕起圃場（農地を極力耕作しない）比率の増加をもたらし、結果として畑からの一酸化二窒素（N_2O）放出が削減されるため、サトウキビ生産におけるGHG排出量の削減が期待できる。

　一方で、サトウキビの多収化は還元糖（砂糖結晶化阻害物質）含有率の増加を引き起こし、砂糖回収率が低下するため（砂糖を増産できずエタノ

| 図表3-63 | 従来サトウキビ品種（NiF8）と多収性サトウキビ（KY01-2044）

（出所）（国研）農業・食品産業技術総合研究機構　九州沖縄農業研究センター提供

ールのみ増産するため）、畑の面積当たりのショ糖生産量を増加させるに
もかかわらず、結果的に製糖産業に受け入れられず、産業上利用されて
こなかった。このため、品種改良により増産可能となったショ糖、還元
糖と繊維分から、食料（砂糖）とバイオエネルギー（エタノール、熱や電力）
をバランスよく同時に増産するためのプロセス技術が必要であった。

❷砂糖・エタノール逆転生産プロセス

　多収性サトウキビの課題を解決するために、砂糖とエタノールを同時
増産する革新的な生産プロセスとして「逆転生産プロセス」が開発され
た（図表3-64）。従来の砂糖・エタノール生産プロセスでは、第1段階
でサトウキビ搾汁を濃縮して砂糖の結晶を分離・回収した後、第2段階
で、砂糖抽出後に残る糖蜜に一般的な酵母を添加して、砂糖にならなか
った全糖分（ショ糖と還元糖）をエタノールに変換する。つまり、砂糖
生産をした後に、エタノールを生産する。一方、逆転生産プロセスでは、
第1段階で、サトウキビ搾汁に特殊な酵母（ショ糖非資化性酵母）を添加
して、搾汁中の還元糖のみを選択的にエタノールに変換する。搾汁中の
エタノールを回収・除去した後、第2段階で、還元糖を含まない高純度
のショ糖液から砂糖を高効率に生産する。つまり、エタノールを生産し
た後に、砂糖を生産する。このように、逆転生産プロセスは、従来法と
は砂糖とエタノールの生産順序を逆転させた世界初のプロセスである。
このプロセスを利用すると、多収性サトウキビの場合、従来法と比べて
砂糖回収率が約1.5〜2倍向上する。またプロセスの製造エネルギーは、
サトウキビの繊維分（バガス）の燃焼エネルギー（熱・電力）で賄われる
ため、カーボンニュートラルなプロセスである。

製造プラントの安定運転など商業生産に向けた課題

　逆転生産プロセスは、既存の製糖工場に選択的発酵槽と熱交換器を挿入す
るだけで導入可能である。また酵母育種技術により、ショ糖非資化性と凝集
性を併せ持った選択的発酵酵母GYK-10株（*Saccharomyces cerevisiae*）が
開発されており、酵母分離が容易で食品工場での利用も可能である。

　しかしながら、本システムは、製糖工場内のパイロットプラント規模で1

| 図表3-64 | 従来の生産プロセス（上段）と逆転生産プロセス（下段）

● これまでの砂糖・エタノール生産方法

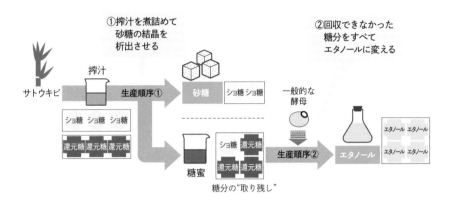

● 新しい砂糖・エタノール生産方法「逆転生産プロセス」

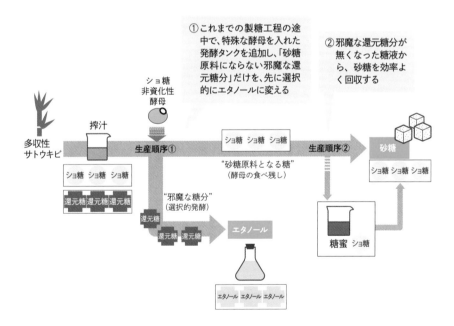

（出所）筆者作成

週間の連続運転が実証された段階で、本格的な商業生産が未実施であるため、安定運転の保証が技術的課題である。また、制度的な課題として、世界的に砂糖を主に生産する前提でサトウキビ取引制度が設計されており、その改定が必要である。

今後の展望──地球規模で食料・エタノール同時増産が可能に

　多収性サトウキビと逆転生産プロセスの組み合わせにより、地球的な視野において低炭素型の砂糖・エタノールの同時的増産（食料競合の解消）が可能となる。従来、還元糖比率の高い夏季はサトウキビの収穫・砂糖生産が実施されてこなかったが、本技術によって収穫期間の大幅な延長が世界的に可能になる。その結果、工場・収穫機械の稼働率、土地・労働力の利用効率が向上し、原料および製品の生産コストの低減および農業経営の高度化が図れる。さらに、製糖工場から集中的に排出されるバイオマス由来のCO_2を捕集してカーボンリサイクル技術やCCUS（二酸化炭素回収・利用・貯留）技術を適用すれば、ライフサイクル全体でさらなるGHG排出削減もしくはカーボンネガティブ化も期待できる。

COLUMN
❻

食料システムの
ゼロカーボン化へ寄与する細胞農業

EYストラテジー・アンド・コンサルティング㈱　ディレクター
齊藤　三希子

　細胞農業とは、従来のように動物を飼育したり、植物を栽培したりすることなく、生物を構成している細胞をその生物の体外で培養することによって行われる新しい生産の考え方。細胞農業により生産が可能なものとしては、食肉、魚介類だけではなく、革、毛皮、農産物、木材などが挙げられる（図表3-65）。ここ数年、細胞農業の中でも注目されてい

| 図表3-65 | 細胞農業の概念図

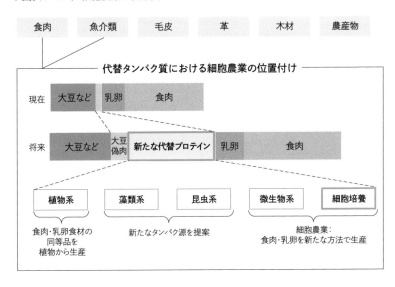

（出所）筆者作成

るのが、世界のタンパク質危機を救うと期待されている Cultured Meat（培養肉）だ。まるでSFのような技術と思われるかもしれないが、すでに市場投入間近という段階に来ている。

　細胞農業が注目を集めている背景には、①気候変動及び人口爆発、②新興国の経済成長による食料供給の逼迫——の二つの問題がある。

　世界の温室効果ガス（GHG）排出量の約25％が農林業、その他土地利用から排出されており、現行の食料生産システムそのものが気候変動を加速させる要因のひとつとなっている。中でも、家畜などの胃腸から排出されるメタンや飼料製造過程で排出されるCO_2排出量は、全体の14％[1]に当たり、世界の交通手段（車、トラック、飛行機、船舶、列車）から排出される量に匹敵する。

　また、国連食糧農業機関（FAO）は、2050年の世界人口100億人を養うためには、2050年には世界のタンパク質需要は現在の約1.7倍になると予測しているが、現在の地球資源で世界のタンパク質需要を賄うには、水も耕作地も到底足りない状況だ。

　このような状況を踏まえ、FAOは、気候変動が食料生産システムに対して及ぼす影響を報告し、安全で質の高い食料を全ての人に提供できるようにするため、持続可能な食料生産システムへの転換が必要だと警告している。

　培養技術を使えば、理論的には牛の筋肉細胞数個から1万t以上の牛肉が生成でき、環境負荷の小さい培養肉が次世代の食材となる可能性がある。

　米コンサルティングA.T.カーニーの調査[2]によると、世界の食肉市場は年率3％で成長しており、2025年の1.2兆ドル（約132兆円[3]）から2040年には1.8兆ドル（約198兆円[3]）まで拡大し、そのうち35％を培養肉が占めると推計している（図表3-66）。

| 図表3-66 | グローバル食肉市場シェアの予測（2025－2040）

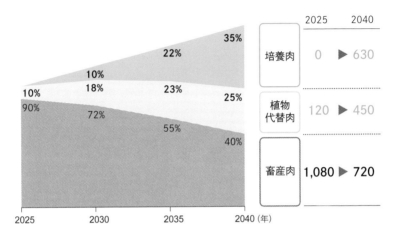

（出所）AT Kearney "How Will Cultured Meat and Meat Alternatives Disrupt the Agricultural and Food Industry?" ,2019 をもとに作成

　培養肉の技術開発は市場投入段階に入っており、2021年中には店頭に並べようと、米国を筆頭にオランダ、イスラエル、日本、中国などにおいて、商品化に向け世界中の企業が開発を急いでいる。

　シンガポールは、世界で初めて培養肉をはじめとする新規食品（Novel Food）規制を整備し、市場投入前に安全性評価レビューを実施。2020年12月にレビューを通過した米フードテック企業Eat Just社に対し、世界で初めて培養鶏肉の販売を許可している。

　近い将来、神戸牛や松阪牛と並んで、培養肉が選択肢のひとつとなり、食卓に並ぶ日は目の前に迫っているのだ。

食料自給率が約38%、飼料自給率が約25%*4の日本にとって、細胞農業は将来の食料安全保障の観点からも取り組む意義がある。その普及には、新しい食料生産方法を受け入れる消費者受容を醸成し、新たな食文化の構築が必須である。

　世界で家畜に頼らない肉を食べる文化が始まっている。新しい食文化の形成は、時間が解決するものではなく、産官学消費者で連携して、これから創り上げるものだ。

＊1　FAO document 2013, Gerber et al 2013
＊2　AT Kearney, 2019,How Will Cultured Meat and Meat Alternatives Disrupt the Agricultural and Food Industry？
＊3　1ドル＝110円換算
＊4　農水省,2019, 食料自給率・食料自給力指標

第3部

第 **4** 部

主要産業の挑戦

日本の主要産業はカーボンニュートラルにどう取り組むのか。国際的に影響力の大きい日本企業も多い中で、カーボンニュートラルに貢献する技術の開発は、企業の、そして日本の産業界の生き残り戦略ともなっている。各業界がまとめた行動計画を紹介する。

(2022年2月時点)

日本経済団体連合会

経団連カーボンニュートラル行動計画

　（一社）日本経済団体連合会（経団連）は、2021年11月8日、「経団連カーボンニュートラル行動計画」を策定した。

　経団連は、これまでも「経団連低炭素社会実行計画」に取り組み、着実な排出削減を進めてきた。今般、2050年カーボンニュートラルの実現に対する世界の関心と期待が一層高まる中、その実現を今後目指すべき最も重要なゴールと位置付け、以下の通り、より強力に推進することとしている。

❶ **2050年カーボンニュートラルに向けたビジョンの策定及び革新的技術の開発・導入**

　ビジョン（基本方針等）の策定に取り組むとともに、その実現に必要な革新的技術の開発を複線的に進める。

❷ **国内の事業活動における排出削減**

　BAT（Best Available Technologies；利用可能な最善の技術）の最大限導入による削減努力を着実に進め、さらなる技術開発・導入も図りながら、低炭素社会実行計画で定めた2030年度目標の不断の見直しを行い、我が国の2030年度目標の実現に寄与する。

❸ **主体間連携の強化及び国際貢献の推進**

　自らの事業場からの二酸化炭素（CO_2）の排出削減にとどまらず、製品・

部門	業界	ビジョン（基本方針等）
エネルギー転換部門 （エネルギーのカーボンニュートラル化に向けた取り組み）	電力	S+3Eの同時達成を果たすエネルギーミックスを追求しつつ、「電気の低・脱炭素化」（再生可能エネルギー：次世代太陽光、超臨界地熱等、原子力：再稼働、小型モジュール炉、核融合炉等、火力：水素・アンモニア発電、CCS・CCU/カーボンリサイクル等）と「電化の促進」（EV・PHVの充電インフラの開発・普及、IoT・AI技術の活用、ワイヤレス送電・給電等）に取り組む
	石油	事業活動に伴うCO_2排出の実質ゼロを目指すとともに、供給する製品の低炭素化を通じて社会全体のカーボンニュートラルの実現に貢献するとの方針の下、革新的な脱炭素技術（CO_2フリー水素、合成燃料e-fuel、CCS/CCU等）の研究開発・社会実装や、CO_2フリー水素のサプライチェーン構築、製油所におけるカーボンニュートラルの実現等に取り組む
	ガス	ガスのカーボンニュートラル化を目指すとの方針の下、徹底した天然ガスシフト・天然ガスの高度利用、ガス自体の脱炭素化（メタネーションや水素利用等）、CCS/CCUに関する技術開発等に取り組む
産業部門 （CO_2を抜本的に削減する技術確立に向けた取り組み）	鉄鋼	ゼロカーボン・スチールの実現に向けて、「COURSE50やフェロコークス等を利用した高炉のCO_2抜本的削減＋CCUS」、「水素還元製鉄」といった超革新的技術開発への挑戦に加え、スクラップ利用拡大などあらゆる手段を組み合わせ、複線的に取り組む
	化学	「化学」の潜在力を顕在化させることで、地球規模の課題を解決し持続可能な社会の成長に貢献するイノベーションの創出を推進・加速するとの方針の下、原料の炭素循環（CO_2の原料化、廃棄プラスチック利用等）、省エネ達成に向けた技術革新（膜分離プロセス等）などに取り組む
	製紙	生産活動における省エネ・燃料転換を推進（省エネ設備・技術の積極導入、再生可能エネルギー利用拡大、革新的技術（高効率なパルプ製造方法等）の開発等）するとともに、独自性のある取り組みとして、木質バイオマスから得られる環境対応素材（セルロースナノファイバー等）の開発・利用によるライフサイクルでのCO_2排出量削減、植林によるCO_2吸収源としての貢献拡大を進める
	電機・電子	「技術開発」「共創／協創」「レジリエンス」の視点から、各社の多様な事業分野を通じて気候変動・エネルギー制約にかかる社会課題の解決に寄与するとの方針の下、次世代の省エネ・脱炭素化技術の革新（スマートグリッド、水電解水素製造、パワー半導体、急速充電・ワイヤレス充電等）、高度情報利活用ソリューション（自動運転支援システム、スマートファクトリー、高精度気象観測等）の社会への実装に取り組む
運輸部門関連 （移動・輸送におけるカーボンニュートラル化の取り組み）	自動車	電動車（HV、PHV、EV、FCV等）の普及と水素社会の実現（FCモビリティーの拡大等）等に取り組む
	海運	カーボンリサイクルメタン、アンモニア、水素など新燃料によるゼロエミッション船への転換に取り組む
	鉄道	エネルギーを「つくる」から「使う」までのすべてのフェーズでCO_2排出量実質ゼロにするべく、再生可能エネルギー電源の開発推進と導入の加速、蓄電池車両の展開、燃料電池車両の開発に取り組む
業務部門 （エネルギーの効率利用の徹底に向けた取り組み）	不動産・ビル	2050年カーボンニュートラルを実現した社会では「ZEB、ZEHをはじめとした省エネ・再エネに配慮した建物」、「環境負荷が低い建材を使用した建物」や、「再エネ設備、蓄電池、エネルギー融通等を組み合わせ、地域全体でCO_2削減をできるまち」が広く普及していると想定し、建物単体ではZEB・ZEH化、HEMS・BEMSの活用、まち全体ではZET化、CEMSの活用等の取り組みにより貢献する

（出所）（一社）日本経済団体連合会「経団連カーボンニュートラル行動計画」

第4部

サービスの使用（利用）段階やサプライチェーン全体での削減の取り組み、海外への技術移転等を通じ、カーボンニュートラル化へのトランジション、地球規模での2050年カーボンニュートラルの実現に貢献する。

　上記①に関して、2050年カーボンニュートラルに向けたビジョンの策定については、参加62業種のすべてで策定済みあるいは策定について検討中・検討予定であり、策定済みの23業種のCO_2排出量は、参加業種のCO_2排出量全体の9割に達する[*1]。これは、経済界として、2050年カーボンニュートラルの実現に最大限取り組む姿勢の表れである。主な業界のビジョンは図表4-1の通り。

　2050年カーボンニュートラルを目指し、CO_2を大幅に削減していくためには、従来の取り組みの延長線上ではなく、図表4-1にも記載の通り、ま

| 図表4-2 | 2050年カーボンニュートラルに向けた革新的技術の開発・導入のロードマップ例

業種・企業	革新的技術[※]	2020年	2025年	2030年	2050年
日本鉄鋼連盟	COURSE50	研究開発		実機化	普及
日本化学工業協会	CO_2等を用いたプラスチック原料製造プロセス		研究開発、実用化		事業化
日本製紙連合会	セルロースナノファイバー		市場創造		市場拡大
セメント協会	革新的セメント製造プロセス	予備検討	製造条件、経済合理性等の確認		
電気事業低炭素社会協議会	環境負荷を低減する火力技術(アンモニア混焼、水素混焼)		実証	運用、混焼率拡大	専焼化(アンモニア)
石油連盟	大規模水素サプライチェーンの構築プロジェクト	研究開発		実証	実用化
日本ガス協会	メタネーション	研究開発、実証		実用化	商用的拡大
電気通信事業者協会	光電融合型の超低消費エネルギー・高速信号処理技術		仕様整備		
東日本旅客鉄道	燃料電池車両の開発	開発	実証	導入	導入拡大

※トランジション技術を含む

（出所）（一社）日本経済団体連合会「経団連カーボンニュートラル行動計画」

ったく新しいイノベーションの創出が不可欠である。経団連では、かねて排出削減に向けた取り組みの重要な柱として革新的技術開発を掲げているが、カーボンニュートラル行動計画の推進に当たり、そのターゲットを2050年カーボンニュートラルと位置付け、実現に向けて複線的に取り組むことを明確にした。2050年カーボンニュートラルに向けた革新的技術の開発・導入のロードマップ例は図表4-2の通り。

この実現には、中長期にわたり研究開発や社会実装に取り組む必要があり、政府による強力なバックアップも求められる。経団連は、政府に対して、諸外国に劣後しない規模での複数年度にわたる予算措置を含め、あらゆる政策リソースを総動員することで、2050年カーボンニュートラルに向けた決意を具体的な行動に移していくことを求めている。

なお、参加業種による排出削減に向けた取り組みの結果、2013年度から

| 図表4-3 | 2013～2020年度のCO$_2$排出量（全部門合計）の推移

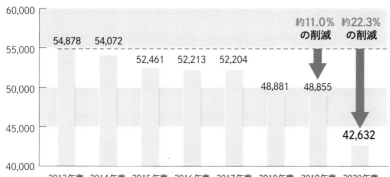

CO$_2$排出量（万t-CO$_2$）

※参加62業種中56業種のCO$_2$排出量（電力配分後）の速報値の総計。CO$_2$排出量の算出に用いる発熱量・炭素排出係数はそれぞれ調査時点で最新のものを使用
※海外への事業移管など、2013年度と2019年度・2020年度で集計範囲が異なる

（出所）（一社）日本経済団体連合会「経団連カーボンニュートラル行動計画」

2020年度にかけて、国内事業活動からのCO_2排出量は22.3％削減された[1]。2020年度については、新型コロナウイルス感染拡大の影響により経済活動量が減少したという要因もあるが、排出量は2013年度以降減少が続いており、新型コロナウイルスの影響がなくとも着実な成果を挙げていた見込みである（図表4-3）。

　経団連は、カーボンニュートラル行動計画を中核に、気候変動問題に引き続き主体的に取り組み、我が国ひいては世界のカーボンニュートラルの実現に貢献していくこととしている。

---

[1]　経団連カーボンニュートラル行動計画（速報版、2021年11月公表）

電気事業連合会

2050年カーボンニュートラルの実現に向けて

　電気事業連合会では、2021年5月「2050年カーボンニュートラルの実現に向けて」を公表した。

　カーボンニュートラルの実現は非常にチャレンジングな目標であり、その実現には多くの課題や不確実性が存在するため、イノベーション創出が不可欠となる。こうした中、エネルギー「需要」と「供給」、両面での脱炭素化において、電力業界が担う役割は大きい。またエネルギー政策として、安全性（Safety）を大前提に、安定供給（Energy security）、経済性（Economical efficiency）、環境（Environment）を同時達成する「S+3E」を追求することは不可欠であり、これはカーボンニュートラル実現に向けても変わらない。

　以上の基本的な考え方を踏まえ、電気事業連合会では「供給側」「需要側」両面からカーボンニュートラル達成に向けた施策をまとめた（図表4-4、4-5）。

　なお、送配電に関する取り組みについては、2021年4月に電気事業連合会から独立した組織「送配電網協議会」より、「2050年カーボンニュートラルに向けて ～ 電力ネットワークの次世代化へのロードマップ ～」を公表している。

供給側の脱炭素化

　エネルギー資源や再生可能エネルギー適地等に乏しい日本の国情、レジリ

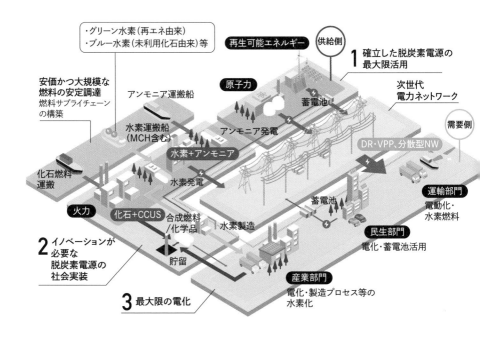

・グリーン水素(再エネ由来)
・ブルー水素(未利用化石由来)等

再生可能エネルギー　供給側

1 確立した脱炭素電源の
最大限活用

次世代
電力ネットワーク

**安価かつ大規模な
燃料の安定調達**
燃料サプライチェーン
の構築

アンモニア運搬船

原子力

蓄電池

需要側

水素運搬船
(MCH含む)

アンモニア発電

DR・VPP、分散型NW

水素+アンモニア

化石燃料
運搬

水素発電

火力

化石+CCUS 合成燃料
/化学品

水素製造

蓄電池

運輸部門
電動化・
水素燃料

2 イノベーションが
必要な
脱炭素電源の
社会実装

貯留

民生部門
電化・蓄電池活用

3 最大限の電化

産業部門
電化・製造プロセス等の
水素化

⟹ 電気　⟹ 水素　➡ 二酸化炭素

(出所)電気事業連合会作成

エンスの観点などを踏まえ、特定の電源に偏って依存することなく、バランスの取れた電源構成を追求することが重要となる。

　電源側の具体策として、①再エネの主力電源化に向けた電源開発、②安全を大前提とした原子力の最大限の活用およびリプレース・新増設、③火力発電の脱炭素化──に向けた技術開発・商用化の推進に取り組む。

●**再生可能エネルギー**

　主力電源化に向けて、洋上風力、地熱、バイオマス、既設水力のリパワリング(設備更新による出力増強)等、電力各社が具体的な導入目標を掲げ、推進していく。

| 図表4-5 | 2050年カーボンニュートラルの実現に向けた取り組み

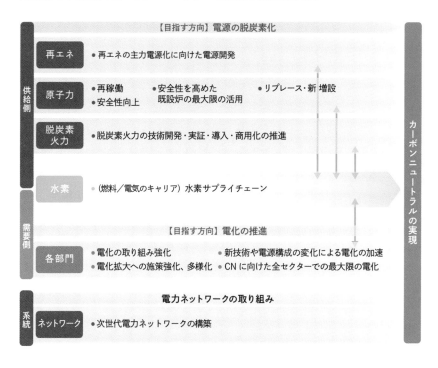

（出所）電気事業連合会作成

●原子力発電

2030年度エネルギーミックス水準（電源構成で20〜22％）以上を維持。安全性向上と早期再稼働による既設炉の最大限活用、次世代軽水炉や小型モジュール炉を視野に入れたリプレース・新増設、原子燃料サイクル・バックエンドの確立・推進を行い、原子力の将来にわたる持続的な活用に取り組んでいく。

●火力発電

水素・アンモニア発電やCCUS（二酸化炭素回収・利用・貯留）／カーボンリサイクルといった複数の可能性を追求し、発電技術や燃料サプライチ

ェーン開発、二酸化炭素（CO$_2$）分離回収技術開発を行い、2050年まで
の自立商用化を目指す。

需要側の最大限の電化

　需要側は、デジタル化の進展等と相まって、単に"減らす"省エネルギー
から、エネルギー転換を含むエネルギー需要高度化への構造転換が必要とさ
れている。民生分野のみならず産業・運輸と、あらゆる部門において、不断
の省エネと最大限の電化シフトを行うことが、カーボンニュートラル実現へ
の道程と考えられる。

　●エネルギーの効率的利用（省エネ）の徹底と、最大限の電化推進
　・ヒートポンプ等の省エネ技術の継続的開発
　・電化選択に向けた需要側への理解促進
　・多様な電気料金メニューや付加価値の提供
　・ロックイン（一度導入された設備が継続的に使用され続けること）の回避に
　　向けた政策的措置の要望
　●技術的に電化が困難な領域における、水素等脱炭素エネルギー供給
　　と利用促進
　・産業分野の高温利用や大型長距離運輸等、電化が困難な領域に対しては、
　　脱炭素電源と水電解装置による水素製造・供給を行う「間接電化」を進
　　める
　・水電解による水素製造については実証が始まっており、2050年までの
　　自立商用化を目指す

イノベーション創出・経済性の両立が不可欠

　図表4-6は2050年に向けた電源のポートフォリオと需要側の電化進展の
イメージになるが、こうした施策の実現には、社会実装可能なイノベーショ
ン創出と、経済合理性の両立が不可欠である。このため、必要なコストを社
会全体で負担する仕組みの構築や、国民理解醸成に向けた政策的・財政的措
置が今後必要となる。

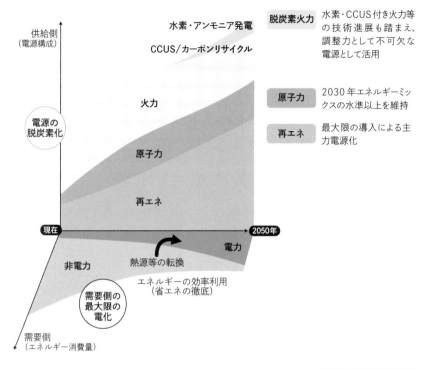

| 図表4-6 | 2050年に向けた電源の脱炭素化／需要側の電化進展（イメージ）

脱炭素火力 水素・CCUS付き火力等の技術進展も踏まえ、調整力として不可欠な電源として活用

原子力 2030年エネルギーミックスの水準以上を維持

再エネ 最大限の導入による主力電源化

供給側（電源構成）

水素・アンモニア発電

CCUS/カーボンリサイクル

火力

原子力

再エネ

電源の脱炭素化

現在　　　　　　　2050年

非電力　　電力

熱源等の転換

エネルギーの効率利用（省エネの徹底）

需要側の最大限の電化

需要側（エネルギー消費量）

（出所）電気事業連合会作成

おわりに

　2030年度温室効果ガス▲46％（2013年度比）の達成並びに2050年カーボンニュートラル実現に向けては、電力・燃料・熱それぞれの供給事業者が、各エネルギーのCO$_2$排出原単位を低減し、将来はゼロ化させていく不断の努力が必要である。何より、2030年になるまであと8年しか残されていない中、需要側においては、脱炭素エネルギーを優先して選択し利用されることが不可欠である。

　電気事業連合会として、電力各社の知恵と経験等を結集させ、地球温暖化防止と我が国の社会全体の進化・発展の両立に貢献していく。

主要産業の挑戦

日本ガス協会

カーボンニュートラルチャレンジ2050

　（一社）日本ガス協会（ガス協会）は2020年11月、ガスのカーボンニュートラル化を2050年までに実現する目標を掲げた「カーボンニュートラルチャレンジ2050」を策定した。ガス業界は主要エネルギー産業の一つとして、脱炭素社会の実現をけん引すべき立場にある一方で、都市ガスの供給・利用による二酸化炭素（CO_2）排出量は約8,900万t（2019年度販売実績ベース）と、国内の排出量の約1割を占める。ガス協会では2050年までの30年間を脱炭素社会実現のためのトランジション（移行）期と位置付け、脱炭素社会実現に向けた取り組みを一層深化・加速させることとした。

　この上で2050年のガス供給のあり方として、①沿岸部での水素導管網の構築と国内外でのカーボンニュートラルメタン[*1]製造・輸入、②都市部における既存ガス設備を活用してのカーボンニュートラルメタン供給、③各地域でのカーボンニュートラルメタン・水素の地産地消——といった姿も提示している。

「アクションプラン」を策定、
施策組み合わせカーボンニュートラル実現へ

　さらに2021年6月には、具体的な実行計画として「カーボンニュートラルチャレンジ2050アクションプラン」を策定した。主要な3つのアクショ

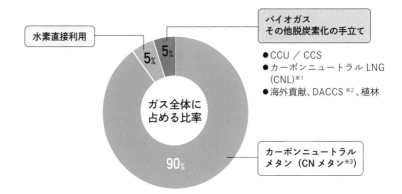

| 図表4-7 | 2050年ガスのカーボンニュートラル化の実現に向けた姿

水素直接利用

**バイオガス
その他脱炭素化の手立て**

- CCU／CCS
- カーボンニュートラル LNG
  （CNL）[1]
- 海外貢献、DACCS [2]、植林

ガス全体に
占める比率

5% 5%

90%

**カーボンニュートラル
メタン（CNメタン[3]）**

[1] 天然ガスの採掘から燃焼に至るまでの工程で発生する温室効果ガスを森林の
　　再生支援などによる CO_2 削減分で相殺した LNG（液化天然ガス）
[2] Direct Air Carbon Capture with Storage
　　（CO_2 の直接回収・貯留技術）
[3] 脱炭素製造された水素と CO_2 を合成したメタン

- グラフの数値はイノベーションが順調に進んだ場合の到達点の一例を示すもの
- 水素やCO_2等は政策等と連動し、経済的・物理的にアクセス可能であるという前提

（出所）（一社）日本ガス協会「カーボンニュートラルチャレンジ2050アクションプラン」

ンを設定し、それぞれ具体策や実装へのロードマップを示したものだ。

　2030年時点でガスのカーボンニュートラル化率5％以上とする目標をマ
イルストーンに、その上で2050年までに複数手段を活用することでガスの
カーボンニュートラル化実現を目指す（図表4-7、4-8）。

アクション①　温室効果ガス排出量、2030年度時点で2013年度比
　　　　　　　46％削減の目標達成への貢献

　足元から天然ガスの普及拡大を進め、社会全体の CO_2 排出量を削減す
るため、次の施策を推進する。
・大規模産業用需要等での他の化石燃料から天然ガスへの燃料転換
　確実かつ大規模な CO_2 削減が見込めるため、補助金等の支援も活用し

つつ天然ガスへの転換を加速する。また海上輸送分野についてもCO_2削減へ大きな効果を見込めるため、都市圏を中心にLNG（液化天然ガス）船への燃料供給拠点の整備へガス事業者が積極的に関与する

・**分散型エネルギーシステム（コージェネレーション、燃料電池等）の普及拡大**

大幅な省エネルギー、レジリエンス強化に貢献。デジタル技術を活用し、今後増加する再生可能エネルギーの調整力としても貢献。自治体・企業と共にスマートエネルギーネットワークを構築することでさらなる脱炭素化の推進も。将来はガス自体を脱炭素化した「カーボンニュートラルメタン」に置き換え、ガスのカーボンニュートラル化を実現

・**カーボンニュートラルLNG**[*2]**の導入拡大、CCU（二酸化炭素回収・利用）の社会実装に向けた技術開発・スキームの検討**

アクション②　メタネーション[*3]**実装への挑戦**

カーボンニュートラルメタンの商用化へ、製造プラントの大型化と実証を推進。2050年時点で現在のLNG価格と同水準を目指す。小規模プラント実証に成功したサバティエ反応式のスケールアップとともに、変換効率の高いSOEC式メタネーションの研究開発を促進する。併せて国内外のサプライチェーン構築を進める。

アクション③　水素直接供給への挑戦

沿岸部を中心に新たに水素導管を敷設し、地元の行政等と連携しながらローカル水素ネットワークによる水素の直接供給を目指す。サプライチェーン構築にあたり、ガス業界として水素製造、導管供給、消費機器開発、保安を中心に課題整理・検討を進める。

| 図表4-8 | 「アクションプラン」実現に向けたロードマップ

Action1 2030年NDC達成への貢献

- 天然ガス転換の推進：石炭・石油からの天然ガス転換 → 都市ガス原料の天然ガスからCNメタンへの転換
- LNGバンカリングの拡大：バンカリング拠点整備 → インフラ整備拡大
- 分散型エネルギーシステムの普及拡大：分散型エネルギーシステムの普及拡大
- カーボンニュートラルLNGの導入拡大：CNLの導入拡大
- CO2削減効果の公的な評価への取り組み
- CCU/CCSの普及促進：お客さま先でのCCU取り組み／CCUの導入拡大
- CCS技術開発・適地の検討 → 事業規模拡大 → 本格拡大
- バイオガスの普及促進：バイオガスのオンサイト活用 → 活用規模の拡大
- 海外でのバイオガス事業 → 海外事業の拡大
- 海外貢献：海外でのCO2削減貢献等 → 事業規模拡大

Action2 メタネーション実装への挑戦

- CNメタン製造 実証と大型化：水電解装置の研究開発 触媒の耐久性向上に向けた研究 → パイロットプラントによる実証 → 低コスト実現と拡大 → 商用的拡大
- SOECメタネーションの技術開発 → 耐久性向上 → 導入拡大
- 革新技術開発：DAC要素技術開発 → 大規模化・低コスト化実証
- 国内外サプライチェーンの構築：FS/適地調査 制度整備に向けた取り組み → 商用規模実証 → 海外から国内への輸送開始・導入拡大 → 国内外サプライチェーン構築

Action3 水素直接供給への挑戦

- 水素サプライチェーンの構築：ローカル水素ネットワーク構築、適地の選定／サプライチェーン構築に向けた検討 → 実証 → 段階的導入拡大
- 水素直接利用の拡大：水素燃焼機器開発／水素導管敷設に伴う安全性評価 → 水素の利用拡大

2050年　2040年　2030年

凡例：現在から開始／現在〜2030年までに開始／2030年以降に開始

第4部

(出所)(一社)日本ガス協会「カーボンニュートラルチャレンジ2050アクションプラン」

323

「カーボンニュートラル委員会」、業界横断で推進へ

またアクションプラン策定時、ガス業界大でカーボンニュートラルを推進する機関として「カーボンニュートラル委員会」を設置した。実行計画の進捗状況などについて意見交換や対外発信を行うほか、官民連携の取り組みも進めていく。

＊1　脱炭素化された水素とCO_2から製造
＊2　CNL、天然ガス採掘から燃焼までの工程で発生する温室効果ガスをCO_2クレジットでカーボンオフセットしたLNG
＊3　水素とCO_2から天然ガスの主成分であるメタンを合成する技術［第3部 - 技術トピック05/p137を参照］

日本鉄鋼連盟

長期温暖化対策ビジョン
ゼロカーボン・スチールへの挑戦

　（一社）日本鉄鋼連盟（鉄鋼連盟）は、2030年以降今世紀中に、世界全体で鉄鋼製造プロセスからの二酸化炭素（CO_2）排出ゼロの鉄鋼「ゼロカーボン・スチール」を目指す「長期温暖化対策ビジョン—ゼロカーボン・スチールへの挑戦—」を2018年11月に策定、公表した。また、「ゼロカーボン・スチールへの挑戦！」という特設サイトも開設している。

　鉄鋼（スチール）の製造は、鉄鉱石と、そこから酸素を取り除く還元材としての炭素系化石資源（石炭から作るコークス等）を化学反応させ、鉄を還元・分離する「高炉法」が主流で、還元の過程で大量のCO_2が発生する。国内の産業部門に占める鉄鋼業のCO_2排出量は約4割[*1]と最大で、その低減は重要な課題である。

　ゼロカーボン・スチールの実現に向けては、化石資源に代えて水素による鉄鉱石の還元を行うという技術的な選択肢がある。しかし、以下の理由によりハードルが極めて高い。

❶水素で還元すると冷えてしまう

　水素による還元は熱を必要とする吸熱反応なので、水素を加熱しないと反応が進まない。爆発性のある水素ガスを大量に高温に加熱する操業に

第
4
部

は多くの技術課題がある。

❷高炉法の限界

　高炉法では、高炉に鉄鉱石とコークスを交互に積層し、下から高温空気を送風すると高炉内で還元反応が起こり、鉄鋼が製造される。コークスは、高炉の中で鉄鉱石の還元材として作用するが、それとともに、高温でも固体として鉄鉱石を支え、高炉内の通気性を維持するという重要な役割も果たす。そのため、コークスを水素に置き換えられる量には限界がある（図表4-9）。

❸大量・安価なカーボンフリー水素が必要

　製鉄のためには大量のカーボンフリー水素が安価で安定的に供給される必要があり、大規模な水素インフラの整備が不可欠となる。

水素利用を段階的に増加、野心的な革新技術の実現へ

　このように様々なハードルが待ち構えるゼロカーボン・スチールであるが、鉄鋼連盟では次のステップでその実現に挑戦する（図表4-10）。

COURSE50からSuper COURSE50への挑戦

　環境調和型製鉄プロセス技術開発（COURSE50）では、製鉄所内で発生する、水素を多く含む副生ガス（現在は他の加熱設備等で利用されている）を高炉に回すことにより、高炉に水素を吹き込めると判断し、それに応じて高炉に投入する炭素量を10%程度減らすための研究開発を進めている。Super COURSE50では、十分な水素供給の社会基盤ができる時代を見越して、製鉄所外からも水素を購入してさらに高炉への水素吹き込み量を増やし、高炉の炭素量を減らす限界に挑戦する。

　なお、上述の通りSuper COURSE50においても、高炉である限りは炭素をゼロにすることはできないため、CCUS（二酸化炭素回収・利用・貯留）技術を組み合わせて残りのCO_2を除去する技術開発も必要で、CCS（二酸化炭素回収・貯留）においては貯留地の整備等の社会基盤整備も必要である。

水素還元製鉄への挑戦

　Super COURSE50での水素利用限界を超えて、水素のみで鉄鉱石を還元

| 図表4-9 | 高炉内の還元反応と水素吹き込みにおける課題

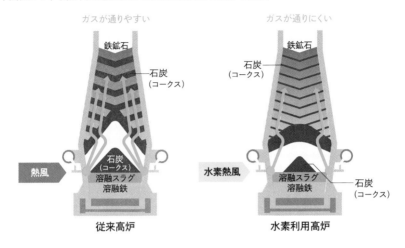

（出所）（一社）日本鉄鋼連盟「ゼロカーボン・スチールへの挑戦！」（https://www.zero-carbon-steel.com/）より

| 図表4-10 | 鉄鋼製造の低炭素化のステップ

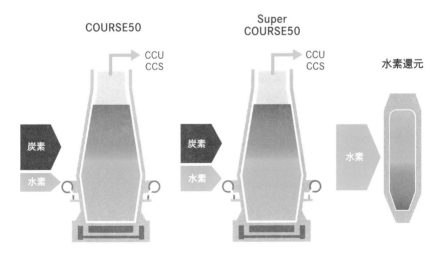

（出所）（一社）日本鉄鋼連盟「ゼロカーボン・スチールへの挑戦！」（https://www.zero-carbon-steel.com/）より

するためには、高炉とはまったく異なる鉄鉱石還元装置が必要になる。現状、コークスを用いない製造法として、直接還元法と呼ばれる天然ガスを還元材として利用する方法があり、この方法はもともとガスで還元を行うため、100%水素による鉄鉱石還元ができる可能性がある。しかし、水素直接還元は、原料の鉄鉱石が粉々になって目詰まりしてしまったり、鉄鉱石の還元が進むとお互いにくっついてしまい取り出せなくなる（直接還元は生成物が固体）といった問題があり、水素直接還元による製鉄技術もまた課題が多い。

我が国のカーボンニュートラル実現に向けて

　鉄鋼連盟は、2021年2月に、「我が国の2050年カーボンニュートラルに関する日本鉄鋼業の基本方針」の中で、「我が国の2050年カーボンニュートラルという野心的な方針に賛同し、これに貢献すべく、日本鉄鋼業としてもゼロカーボン・スチールの実現に向けて、果敢に挑戦する」と宣言した。

　その中では、鉄鋼業としての革新的技術開発の推進と同時に、外部条件としてのゼロエミッション水素・ゼロエミッション電力の大量かつ安価・安定供給、経済合理的なCCUSの研究開発と社会実装の必要性を強調している。それとともに、政府に対する要望として、①技術開発・実装のための国の強力かつ継続的な支援、②電気料金高止まりの早期解消、③炭素税・排出量取引制度等の追加的なカーボンプライシング施策の導入は、技術開発・設備投資の原資を奪いイノベーションの阻害要因となる──などを挙げている。

＊1　日本の2019年度CO_2排出量に占める割合。電気事業者の発電に伴う排出量を電力消費量に応じて最終需要部門に配分した後の値。環境省「日本の温室効果ガス排出量データ（1990〜2019年度）（速報値）」より

日本化学工業協会

カーボンニュートラルへの
化学産業としてのスタンス

　（一社）日本化学工業協会（日化協）は、世界が直面する地球温暖化問題に取り組むべく、2017年5月に「地球温暖化問題への解決策を提供する化学産業としてのあるべき姿」を策定・公開している。日本政府の2050年カーボンニュートラル宣言を受け、その政策を実現すべく、化学産業は、ソリューションプロバイダーとして、「化学」の潜在力を顕在化させることで、地球規模の課題を解決し持続可能な社会の成長に貢献するイノベーションの創出を推進・加速することを主旨とした「カーボンニュートラルへの化学産業としてのスタンス」を2021年5月21日にまとめた。

社会インフラを支える化学産業として
社会全体のカーボンニュートラルに貢献

　化学産業は、半導体・液晶、医薬品・衛生材料、繊維、プラスチックなど、現代社会のインフラとなる素材や製品を供給している。その製品の多くは炭素が主成分であり、その炭素は現状ほとんどが石油由来であるとともに、製造にも一定のエネルギーが必要になる。化学産業の二酸化炭素（CO_2）排出量は日本全体の排出量の約5％に相当する。

　化学産業がカーボンニュートラル達成に向けて実施すべきこととして、「生産活動における排出削減」と「製品・サービスを通した排出削減」の2点を

第4部

329

挙げる。

■ 生産活動におけるCO_2排出削減の取り組み

❶収率改善
- **プロセスの合理化**（収率向上、廃棄物削減含む）
- **革新技術の導入**（省エネルギー、BAT；Best Available Technologies、DX、電化等）

❷エネルギー転換
- **自家発電設備の燃料切り替え：燃料の低・循環・脱炭素化**

| 図表4-11 | 　生産活動における排出削減の取り組み（イメージ）

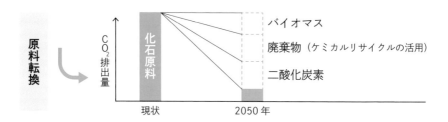

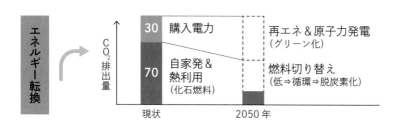

（出所）（一社）日本化学工業協会作成

（ア）低炭素化：石炭・石油→LNG等

（イ）循環炭素化：バイオ燃料・合成燃料（メタネーション等）

（ウ）脱炭素化：水素・アンモニア

・**購入電力への切り替え**（ゼロエミッション電力化への進展）

・**再生可能エネルギー利用**

❸**原料転換**

・**バイオマスの原料利用**

・**炭素源としての廃棄物（廃棄プラスチック等）利用**

・**CO_2の原料化（CCU；二酸化炭素回収・利用）**

| 図表4-12 | カーボンニュートラルへの今後の取り組み

●化学産業の責任として「化学産業自らの排出削減」に取り組む。

●さらに、新しい役割として「製品・サービスを通した排出削減」により、カーボンニュートラル実現に貢献していく

カーボンニュートラル実現

軽量化

製品・サービスを通した排出削減貢献

グリーンエネルギー創出に必要な素材、その安定活用技術

軽量化、長寿命化、高効率化を実現する製品の提供

化学産業自らの排出削減（技術開発、実用化）

①収率改善　②エネルギー転換　③原料転換

社会実装の基盤作り

LCI（ライフサイクルインベントリ）等による環境負荷の可視化評価方法の策定

（出所）（一社）日本化学工業協会作成

2 製品・サービスを通した排出削減

❶グリーンエネルギーの創出に必要な素材と、その安定活用に必要な技術の提供
例）発電素子、風力発電で使用する軽量高強度部材、水素製造技術、電池用部材等

❷軽量化、長寿命化、高効率化など省エネルギーや電化を実現する製品の提供
例）LED、電子材料、断熱材料、軽量化材料等

取り組みにおける政府への要望

　化学産業がバリューチェーン全体でイノベーションとその社会実装を完遂するにあたり、政府に対して、グリーン電力の安定・安価な供給、カーボンニュートラルに係る投資インセンティブや、投資に伴うコスト上昇を社会全体で負担する国際的に整合性の取れた仕組みの構築を要望する。

日本製紙連合会

地球温暖化対策長期ビジョン2050
〜カーボンニュートラル産業の構築実現〜

日本製紙連合会では、政府が表明した2050年カーボンニュートラル宣言に賛同し、2021年1月20日、「地球温暖化対策長期ビジョン2050」を策定した。持続可能な地球環境を維持するため、二酸化炭素（CO_2）排出を削減するための諸対策に積極的に取り組むことにより、2050年までにカーボンニュートラル産業の構築実現を目指す。また環境対応素材の開発や植林などによりカーボンニュートラル社会実現にも貢献する。

1 生産活動における省エネ・燃料転換の推進による CO_2排出量削減

紙・板紙の生産を主体とした生産活動における省エネへの取り組み、化石燃料に代わる燃料転換、製紙関連の革新的技術開発の推進およびエネルギー関連革新的技術の積極的採用により、2050年までに生産活動で排出するCO_2量の実質ゼロを目指す。

❶最新の省エネルギー設備、製造工程の見直しなど

最新の省エネルギー設備・技術（BAT；Best Available Technologies）の導入、製造工程の見直し、エネルギー管理の徹底など、これまでの省エネの取り組みを継続的に行っていく。

第
4
部

❷自家発設備における再生可能エネルギーの利用比率拡大

　自家発設備において、現在の化石エネルギーの使用比率は半分以下であるが、さらに再生可能エネルギーへの転換を促進する。そのために国内外の燃料用木質バイオマスの安定確保、バイオマス燃料化技術開発と導入、水力、太陽光、風力、地熱等の再生可能エネルギー設備の導入を行っていく（図表4-13）。

❸製紙関連の革新的技術の実用化に挑戦

　製紙におけるパルプ工程、抄紙工程のうち、エネルギー使用の大きい工程での省エネ、エネルギー転換などで有用な革新的技術を見いだし、その実用化に挑戦する。

│ **図表4-13** │　**自家発設備における再生可能エネルギーの利用比率拡大**

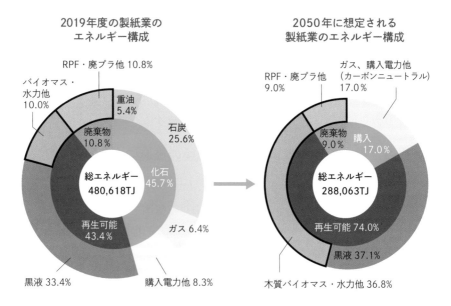

※2050年のグラフ作成の際の想定条件
①2050年の紙・板紙の生産量、エネルギー原単位を想定し総エネルギー量を算出
②購入するガス・電気はカーボンニュートラル
③廃棄物エネルギー量は2019年度の半分程度で、そのほとんどをカーボンニュートラルで想定
④黒液エネルギー量は2050年生産量/2019年度生産量の比率で減少

（出所）日本製紙連合会作成

| 図表4-14 | 黒液回収ボイラーでのCO$_2$エミッション

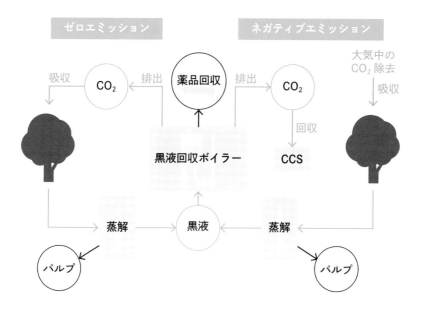

（出所）日本製紙連合会作成

❹エネルギー関連革新的技術の積極的採用

CCS（二酸化炭素回収・貯留）、CCUS（二酸化炭素回収・利用・貯留）の導入である。特に黒液[1]を利用する回収ボイラーやバイオマスボイラーなどカーボンニュートラル燃料のボイラー設備に導入することで（図表4-14）、大気中に蓄積したCO$_2$を森林が吸収する以上に回収することが可能なネガティブエミッションが実現する（BECCS[2]）。このほか、自家発設備における水素等の利用、燃料電池発電の導入、カーボンニュートラルなプラスチック製品廃棄物利用などを実施する。また熱源の電化も促進する。

2 環境対応素材の開発によるライフサイクルでのCO$_2$排出量削減

製紙業界から提供する木質バイオマスから得られた環境対応素材を用いた製品の使用用途を広げることで、製品のライフサイクル（LC）でのCO$_2$削減に貢献する。

第
4
部

335

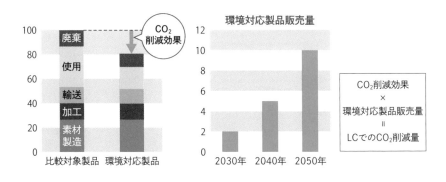

| 図表4-15 | セルロースナノファイバーの社会実装による LC での CO_2 排出量削減

（出所）日本製紙連合会作成

　例えば、セルロースナノファイバー[*3]を社会実装することで、自動車の軽量化をした場合の燃費向上や、「化石由来のプラスチック包材に代わる紙素材製品」や「化石由来製品からバイオプラスチック素材やバイオ化学品への転換」など、廃棄段階での CO_2 削減効果に大きく寄与しライフサイクルでの CO_2 削減に貢献していく（図表4-15）。

3 植林による CO_2 吸収源としての貢献拡大

　持続可能な森林経営や長年にわたる植林技術の開発は、他産業にはない製紙業界の特長的な取り組みであり、森林による CO_2 吸収・固定化の拡大に貢献している。木質バイオマスの安定確保のためにも積極的な取り組みを推進する。

---

*1　黒液：セルロースを取り出すため、木材チップを化学的に分解・分離する際に発生する、黒ないし褐色の液体（副生物）。この木材由来のバイオマス燃料を利用して紙・パルプ産業の3割以上のエネルギーを賄う

*2　BECCS（Bioenergy with Carbon Capture and Storage）：バイオマス燃焼時の CO_2 を回収・運搬し、地中に貯留すれば（CCS）、大気中の CO_2 は純減となる

*3　セルロースナノファイバー（CNF）：木材などの植物繊維の主成分であるセルロースをナノサイズまで細かく解きほぐすことにより得られる木質バイオマス資源。鋼鉄の5分の1の軽さで5倍の強度、低熱膨張性、生分解性等の特性を有する

セメント協会

脱炭素社会を目指す
セメント産業の長期ビジョン

　（一社）セメント協会では2020年3月、2050年の低炭素社会実現へセメント業界として目指す方向性を示した「脱炭素社会を目指すセメント産業の長期ビジョン」を策定した。

　セメント業界の二酸化炭素（CO_2）排出量は3,993万t-CO_2（2020年度時点）で、国内では電力、鉄鋼、化学の各産業に次ぎ排出量第4位となっている。エネルギー多消費産業であるため、熱エネルギーからのCO_2も多く存在するが（図表4-16）、実はプロセス由来の排出量が全体の約6割を占めている。これはクリンカ[*1]の製造に石灰石を使用するためであり（約1.2t-石灰石/t-クリンカ）、石灰石を加熱分解する際にCO_2が多量に発生するという構造的な課題がある。現時点では代替技術がなく、セメント産業は削減が困難な産業と位置付けられており、今後は技術革新を含め「非連続なイノベーション」への挑戦が不可欠だ。

材料の低炭素化、製造工程の省エネを加速

　こうした現状も踏まえ、セメント協会では製造・供給サプライチェーン全体を通じたCO_2排出削減・抑制策を長期ビジョンとして打ち出した。

　●原材料の低炭素化
　セメント製造工程で発生するCO_2のほとんどが、クリンカ製造工程で

第4部

発生するため、セメント中のクリンカ比率の低減に努める。

　また、代替原料の高炉スラグや焼却灰は、酸化カルシウムを含みCO_2排出削減が期待できるため、利用拡大を図る。ただセメント品質を低下させる成分が含まれるため、品質維持のための技術開発も進める。

　さらにCO_2を吸収・硬化する材料、製造時のCO_2排出量が少ない材料など、新素材の開発に取り組む。

●製造工程の省エネルギー

　2030年度末までに、高効率クリンカクーラー、廃熱発電、竪型スラグミルなど省エネ型製造設備の導入が順次進められる見通し。

　熱エネルギーの代替としてバイオマス資源の活用も進める。

●CCUS等への取り組み

　セメント製造では最終的に、排出量の相当部分をCCUS（二酸化炭素回収・利用・貯留）に頼らざるを得ないため、排出されたCO_2の最適な回収条件や吸収材料についての調査・研究を進めるとしており、既に着手している会員企業もある。

●サプライチェーンにおける取り組み

　コンクリートにおけるライフサイクル評価（CO_2固定、コンクリート舗装）について、定量的な把握に努めていく。

社会・防災インフラ、循環型社会形成の担い手として

　セメント産業は、コンクリート基礎素材の供給を通して社会・防災インフラの整備に貢献するとともに、循環型社会構築、地域経済発展の担い手としての役割を果たしてきた。これからもその役割を担いつつ、脱炭素社会の構築に貢献していく。

＊1　原料の石灰石、粘土類、けい石類、酸化鉄原料等を粉砕・混合し、焼成して塊になったセメントの中間製品。これを粉砕して石こうを加えてセメントを製造する

| 図表4-16 | セメント製造工程と各工程で使用するエネルギーの割合

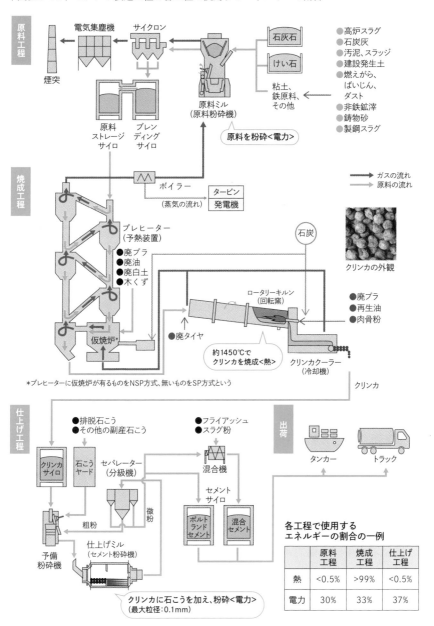

各工程で使用する
エネルギーの割合の一例

	原料工程	焼成工程	仕上げ工程
熱	<0.5%	>99%	<0.5%
電力	30%	33%	37%

（出所）経済産業省総合資源エネルギー調査会省エネルギー・新エネルギー分科会　第31回省エネルギー小委員会・
　　　　（一社）セメント協会提出資料より

電機・電子温暖化対策連絡会

気候変動対応長期ビジョン

　電機・電子業界の関連団体で構成される電機・電子温暖化対策連絡会[*1]は、2020年1月、気候変動対応長期ビジョンを策定した。同ビジョンで、様々な産業・顧客とのつながりを持つ電機・電子業界は、「技術開発」「共創／協創」「レジリエンス」の三つの視点でバリューチェーンの脱炭素化を志向し、「産業、業務・家庭、運輸からエネルギー転換（発電）まで、社会のあらゆる分野に提供する製品・サービス」を通し、グローバル規模で貢献することを基本方針とし、分野別に目指す姿を描いた。

　ビジョンに基づき電機・電子業界をあげて「次世代の省エネ・脱炭素化技術の革新、高度情報利活用ソリューションの社会への実装」に取り組むことで、「環境と経済成長との好循環、世界のエネルギー転換・脱炭素化を実現する社会変革」の一翼を担っていく。

長期ビジョンが目指す姿

● エネルギー・電力インフラシステム

・S+3E（電力供給に求められる安全性＝Safety、安定供給＝Energy security、経済性＝Economical efficiency、環境＝Environmentの同時達成）を確保するとともに、レジリエンスを向上させつつ、発電の脱炭素化を実現する

・電力系統の高度運用・安定化、次世代蓄電技術で再生可能エネルギーの

大量導入を可能にする

●機器・デバイス

・機器・デバイスを含むシステム全体の究極的な省エネ化を実現する

| 図表4-17 | 電機・電子業界のグローバル・バリューチェーンGHG排出量（現状と将来）

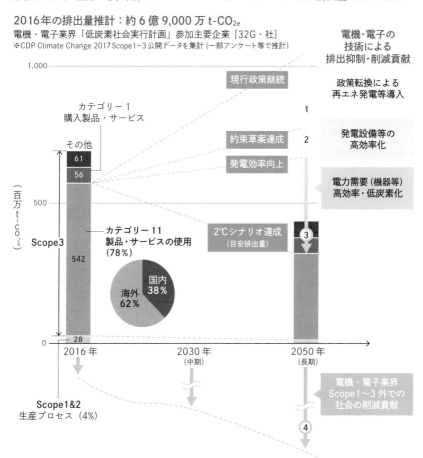

2016年の排出量推計：約6億9,000万t-CO₂e
電機・電子業界「低炭素社会実行計画」参加主要企業［32G・社］
※CDP Climate Change 2017 Scope1～3公開データを集計（一部アンケート等で推計）

※「製品・サービスの使用」に着目し、ビジョン検討時点において、
SBT（Science based target）2℃目標シナリオ達成のGHG排出削減率、
国際エネルギー機関（IEA）World Energy Outlook 2017, Energy
Technology Perspectives 2017等を参考に算出

（出所）電機・電子温暖化対策連絡会
（電機・電子温暖化対策連絡会ポータルサイトにて公表：http://www.denki-denshi.jp/）

・製造プロセスの徹底的な省エネ化を進め、使用電力を可能な限り再エネ利用にする
●ソリューション
・IoT（Internet of Things；モノのインターネット）、AI（人工知能）、クラウドなどの技術を最大限活用し、温室効果ガス（GHG）排出削減ソリューションの社会実装を実現する
・気候関連災害への適応能力を飛躍的に向上させる

グローバル・バリューチェーン全体で抑制

　電機・電子業界のグローバル・バリューチェーンGHG排出量を俯瞰すると、製品・サービスの使用による排出量の割合が非常に大きいことがわかる（図表4-17）。このことから、脱炭素社会の実現に向けては、生産プロセスにおいてさらなる省エネや使用電力の再エネ利用に取り組むとともに、電機・電子業界の技術により①発電のゼロエミッション化、②送配電系統全体の高効率化や③電力需要機器の高効率・低炭素化──を推進することが極めて重要となる。加えて、IoTやAI、クラウドなどの技術を活用する多様なソリューションの創出と社会実装を実現し、社会全体の課題解決とGHG排出量の抑制・削減に大きく貢献していく。

脱炭素社会実現に貢献する技術をマッピング

　気候変動対応長期ビジョンでは、電機・電子業界の各企業が持つ多様な技術や取り組みを、社会課題の解決の視点で整理している（図表4-18）。
　なお、電機・電子温暖化対策連絡会では、国際社会における気候変動対応の動向や連絡会が新たに策定した2030年度のCO_2排出削減目標も踏まえ、グローバル・バリューチェーンGHG排出量の2050年カーボンニュートラルに挑戦する新ビジョンを2022年秋に公表する。

＊1　電機・電子温暖化対策連絡会は、（一社）日本電機工業会、（一社）電子情報技術産業協会、（一社）ビジネス機械・情報システム産業協会、（一社）情報通信ネットワーク産業協会および（一社）日本照明工業会の5団体とオブザーバー参加の4団体で構成。カーボンニュートラル行動計画（旧、低炭素社会実行計画）をはじめ、業界の気候変動対応を推進（http://www.denki-denshi.jp/）

| 図表4-18 | GHG排出抑制・削減貢献に寄与する技術マッピング |

社会の各部門		電機・電子業界が関わる社会課題	取り組み	排出抑制・削減貢献技術		
				脱炭素・適応実現のソリューション提供	実装技術・設備/機器	支えるデバイス
電力供給	エネルギー転換	発電のゼロエミッション化	❶	スマートグリッド	再エネ等ゼロエミ発電設備 パワーコンディショナー、CCS、CO_2フリー水素利活用	風力発電用マグネット パワーコンディショナー用リアクトル パワー半導体、電力貯蔵用バッテリー
		発電設備等の高効率化	❷	系統電力用高度EMS 分散電源系統連系技術 VPP（バーチャル・パワー・プラント）	高効率火力発電設備 超電導送電、高電圧直流/高圧直流送電	大容量コンデンサー コンバーター/インバーター
電力需要	産業	重電・産業機器の省エネ化		デマンドコントローラー、M2M（マシン・ツー・マシン）	高効率モーター、変圧器 ヒートポンプ、空調、照明	マグネット、コイル インバーター、センサー
		工場のエネルギー効率化		需要予測システム スマートファクトリー（FEMS）	コージェネ/燃料電池 産業用ロボット	センサー、通信モジュール
	家庭	快適で効率のよい暮らしの実現		スマートホーム（HEMS）	スマート家電、太陽光発電 家庭用バッテリーシステム	RF-ID、パワー半導体、非接触給電ユニット、センサー、通信モジュール、カメラモジュール
	業務	オフィスビルのZEB化		スマートビルディング（BEMS）	ヒートポンプ、空調、照明 太陽光発電、コージェネ/燃料電池	センサー、通信モジュール
		新しい働き方の創造	❸	テレワーク、遠隔会議システム ペーパーレスオフィス、VR会議	モニター/マイク/スピーカー 通信機器	高精細度ディスプレー、センサー、通信モジュール、カメラモジュール
	運輸	輸送手段の低炭素化		車両動態/自動配車/ルート指示システム	EV/燃料電池車（電池）次世代充電システム・ステーション（V2X）	オンボードチャージャー、コンバーター/インバーター、大容量バッテリー、パワー半導体、EVモーター、センサー、カメラモジュール
		交通流の最適制御		スマートロジスティックス オンデマンド配送システム 高精度衛星測位	コネクテッドカー向けセキュリティーシステム	センサー、通信モジュール
	その他	快適で効率のよいまちづくり	❹	高精度気象観測、洪水予測シミュレーション技術、スマートシティー、i-Construction、地域IoT実装	次世代用インフラ点検・災害対応ロボット	バッテリー、センサー、通信モジュール、カメラモジュール

※ 取り組み列〜ソリューション提供列にまたがり縦書き：IoT・AI・クラウド・ロボット等の社会への実装

❶政策転換による再エネ発電等導入　❷発電設備等の高効率化
❸電力需要（機器等）高効率・低炭素化　❹社会の削減貢献

（出所）電機・電子温暖化対策連絡会
（電機・電子温暖化対策連絡会ポータルサイトにて公表：http://www.denki-denshi.jp/）

カーボンニュートラルをめぐる動き ———

（資料）

カーボンニュートラルをめぐる動き（資料）

1. 革新的環境イノベーション戦略

2020年1月21日

https://www.kantei.go.jp/jp/singi/tougou-innovation/pdf/kankyousenryaku2020.pdf

　「革新的環境イノベーション戦略」は、2019年6月に決定した「パリ協定に基づく成長戦略としての長期戦略」に基づいて策定するもので、①16の技術課題について、具体的なコスト目標等を明記した「イノベーション・アクションプラン」、②これらを実現するための、研究体制や投資促進策を示した「アクセラレーションプラン」、③社会実装に向けて、グローバルリーダーとともに発信し共創していく「ゼロエミッション・イニシアティブズ」——から構成されている。世界のカーボンニュートラル、更には、過去のストックベースでのCO_2削減（ビヨンド・ゼロ）を可能とする革新的技術を2050年までに確立することを目指し、長期戦略に掲げた目標に向けて社会実装を目指していく。

＜16の技術課題＞

Ⅰ．エネルギー転換　　世界における温室効果ガス（GHG）削減量：約300億t〜

　1．再生可能エネルギーを主力電源に

　2．デジタル技術を用いた強靱な電力ネットワークの構築

　3．低コストな水素サプライチェーンの構築

　4．革新的原子力技術／核融合の実現

　5．CCUS／カーボンリサイクルを見据えた低コストでのCO_2分離回収

Ⅱ．運輸　　GHG削減量：約110億t〜

　6．多様なアプローチによるグリーンモビリティーの確立

Ⅲ．産業　　GHG削減量：約140億t〜

　7．化石資源依存からの脱却（再生可能エネルギー由来の電力や水素の活用）

　8．カーボンリサイクル技術によるCO_2の原燃料化など

Ⅳ．業務・家庭・その他・横断領域　　GHG削減量：約150億t〜

9．最先端のGHG削減技術の活用

10．ビッグデータ、AI、分散管理技術等を用いた都市マネジメントの変革

11．シェアリングエコノミーによる省エネ／テレワーク、働き方改革、行動変容の促進

12．GHG削減効果の検証に貢献する科学的知見の充実

Ⅴ．農林水産業・吸収源　GHG削減量：約150億t〜

13．最先端のバイオ技術等を活用した資源利用及び農地・森林・海洋へのCO_2吸収・固定

14．農畜産業からのメタン・N_2O排出削減

15．農林水産業における再生可能エネルギーの活用＆スマート農林水産業

16．大気中のCO_2の回収

2．カーボンニュートラル宣言

2020年10月26日

第203回国会における菅義偉内閣総理大臣所信表明演説（抜粋）

https://www.kantei.go.jp/jp/99_suga/statement/2020/1026shoshinhyomei.html

1　新型コロナウィルス対策と経済の両立（略）

2　デジタル社会の実現、サプライチェーン（略）

3　グリーン社会の実現

　菅政権では、成長戦略の柱に経済と環境の好循環を掲げて、グリーン社会の実現に最大限注力してまいります。

　我が国は、2050年までに、温室効果ガスの排出を全体としてゼロにする、すなわち2050年カーボンニュートラル、脱炭素社会の実現を目指すことを、ここに宣言いたします。

　もはや、温暖化への対応は経済成長の制約ではありません。積極的に温暖化対策を行うことが、産業構造や経済社会の変革をもたらし、大きな成長につながるという発想の転換が必要です。

　鍵となるのは、次世代型太陽電池、カーボンリサイクルをはじめとした、革新的なイノベーションです。実用化を見据えた研究開発を加速度的に促進します。規制改革などの政策を総動員し、グリーン投資の更なる普及を進めるとともに、脱炭素社会の

実現に向けて、国と地方で検討を行う新たな場を創設するなど、総力を挙げて取り組みます。環境関連分野のデジタル化により、効率的、効果的にグリーン化を進めていきます。世界のグリーン産業をけん引し、経済と環境の好循環をつくり出してまいります。

　省エネルギーを徹底し、再生可能エネルギーを最大限導入するとともに、安全最優先で原子力政策を進めることで、安定的なエネルギー供給を確立します。長年続けてきた石炭火力発電に対する政策を抜本的に転換します。

4　活力ある地方を創る（略）

5　新たな人の流れをつくる（略）

6　安心の社会保障（略）

7　東日本大震災からの復興、災害対策（略）

8　外交・安全保障（略）

9　おわりに（略）

3.　2050年カーボンニュートラルに伴うグリーン成長戦略

2020年12月25日

https://www.meti.go.jp/press/2020/12/20201225012/20201225012.html

2021年6月18日（具体化）

https://www.meti.go.jp/press/2021/06/20210618005/20210618005.html

　「2050年カーボンニュートラル」への挑戦を、「経済と環境の好循環」につなげるための産業政策。成長が期待される14の重要分野ごとに、高い目標を掲げた上で、現状の課題と今後の取り組みを明記し、予算、税、規制改革・標準化、国際連携など、あらゆる政策を盛り込んだ実行計画を策定している。2兆円のグリーンイノベーション基金も創設した。2021年6月、より具体化した戦略にバージョンアップしている。

4．米国主催による気候サミット「Leaders Summit on Climate」
2021年4月22〜23日

https://www.mofa.go.jp/mofaj/ic/ch/page6_000548.html

　米国・バイデン大統領の呼びかけのもと、世界の40の国・地域の首脳が参加し、オンライン形式で開催されたサミット。米国、EUなどの主要国は、脱炭素化に向けた野心的な目標を掲げた。

　菅義偉首相（当時）は、日本の2050年カーボンニュートラルという長期目標とともに、これに整合的で野心的な目標として2030年度に温室効果ガス46％削減（2013年度比）を目指すことを宣言し、さらに50％の高みに向け挑戦を続けていく決意を表明。また、経済と環境の好循環を生み出し、2030年の野心的な目標に向けて力強く成長していくため、政府として再生可能エネルギーなど脱炭素電源を最大限活用するとともに、企業に投資を促すための十分な刺激策を講じるとの方針を表明した。

5．第6次エネルギー基本計画
2021年10月22日閣議決定

https://www.enecho.meti.go.jp/category/others/basic_plan/

　2050年カーボンニュートラル宣言、気候サミットでの野心的目標を実現するためのエネルギー基本計画。2050年カーボンニュートラル、2030年度に温室効果ガス排出量2013年度比46％削減という目標に対し、実現の道筋を示すものとなった。

　電源構成では再生可能エネルギーの主力電源化を一層強化するとともに、水素・アンモニアを脱炭素資源として位置付けたのが特徴。またCCUS（二酸化炭素回収・利用・貯留）なども促進するとした。原子力についても安全を最優先に必要な規模を維持していく方針を示している。具体的には再エネを前回計画の22〜24％から36〜38％に引き上げる一方、LNGを同27％から20％に、石炭を同26％から19％に引き下げ、原子力については20〜22％を維持した。

　2030年度のエネルギー需要は2億8000万kLとし、省エネルギー目標を2015年度策定時に比べ約1200万kL深掘りし6200万kL程度とした。

　これにより2030年度の温室効果ガス排出量を、2013年度比46％とし、さらに50％の高みを目指すとした。

│ 図表5-1 │ 電源構成

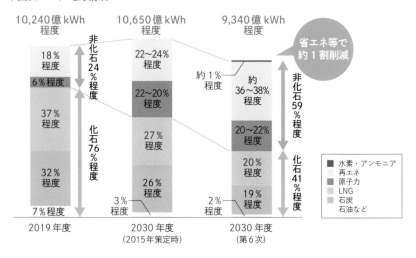

（出所）経済産業省資源エネルギー庁「2030年度におけるエネルギー需給の見通し」

│ 図表5-2 │ エネルギー需要

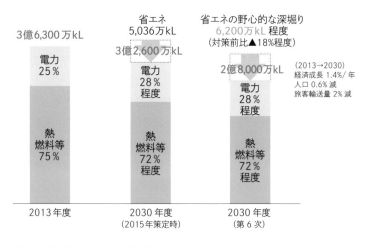

注）2015年以降、総合エネルギー統計は改訂されており、
2030年度推計の出発点としての2013年度実績値が異なる
ため、単純比較はできない点に留意

（出所）経済産業省資源エネルギー庁「2030年度におけるエネルギー需給の見通し」

	2013年度		2030年度	
産業	4.63	37%	2.89	43%
業務	2.38	19%	1.16	17%
家庭	2.08	17%	0.70	10%
運輸	2.24	18%	1.46	22%
転換	1.03	8%	0.56	8%
合計	12.35	100%	6.77	100%

単位：億t-CO_2

（出所）経済産業省資源エネルギー庁「2030年度におけるエネルギー需給の見通し」

6. 国連気候変動枠組み条約第26回締約国会議（COP26）

2021年10月31日〜11月13日　英国グラスゴー

http://www.env.go.jp/earth/26cop2616cmp16cma10311112.html（環境省）

https://www.mofa.go.jp/mofaj/ic/ch/page24_001540.html（外務省）

　2021年10月31日から11月13日の間、英国グラスゴーにおいて、国連気候変動枠組み条約第26回締約国会合（COP26）、京都議定書第16回締約国会合（CMP16）、パリ協定第3回締約国会合（CMA 3）、科学上及び技術上の助言に関する補助機関（SBSTA）及び実施に関する補助機関（SBI）第52〜55回会合が開催された。我が国からは、岸田文雄内閣総理大臣が世界リーダーズ・サミットに出席し、2030年までの期間を「勝負の10年」と位置づけ、全ての締約国に野心的な気候変動対策を呼びかけた。また、山口壯環境大臣が2週目の閣僚級交渉に出席したほか、外務省、環境省、経済産業省、財務省、文部科学省、農林水産省、国土交通省、金融庁、林野庁、気象庁の関係者が参加した。

　2週間にわたる交渉の結果、COP24からの継続議題となっていたパリ協定6条（市場メカニズム）の実施指針、第13条（透明性枠組み）の報告様式、NDC実施の共通の期間（共通時間枠）等の重要議題で合意に至り、パリルールブックが完成した。

　加えて、議長国・英国の主導で実施された各種テーマ別の「議長国プログラム」では、我が国から、それぞれの分野における取り組みの発信や実施枠組みへの参加等の対応を行った。

（日本政府代表団「国連気候変動枠組条約第26回締約国会合（COP26）結果概要」より）

索引

執筆者紹介

(原則として掲載順、青字は執筆パート。敬称略)

山地　憲治 [監修]

(公財) 地球環境産業技術研究機構 (RITE)　理事長・研究所長

　[略歴] 1977年東京大学大学院工学系研究科博士課程修了後、(一財) 電
　力中央研究所に在籍。1994年東京大学大学院工学系研究科電気工学専攻
　(現、電気系工学専攻) 教授。2010年からRITE。

序

西村　陽 [総合コーディネーター]

大阪大学大学院工学研究科　招聘教授

　[略歴] 1984年一橋大学経済学部卒業、関西電力入社。1999年学習院大
　学経済学部特別客員教授などを経て、2013年より現職。公益事業学会理
　事・政策研究会幹事。

第1部 -1・3・4、第3部 - IV. 技術トピック24

中島　みき

(NPO法人) 国際環境経済研究所　主席研究
員／東京大学公共政策大学院　客員研究員

第1部 -2、COLUMN ❷

杉山　大志

キヤノングローバル戦略研究所　研究主幹

第1部・COLUMN ❶

塩沢　文朗

元内閣府戦略的イノベーション創造プログ
ラム (SIP)「エネルギーキャリア」サブ・プ
ログラムディレクター／ (NPO法人) 国際環
境経済研究所　主席研究員

第2部 -01、第3部 - III.COLUMN ❺

浅野　浩志

東海国立大学機構　岐阜大学高等研究院
特任教授／ (一財) 電力中央研究所　研究
アドバイザー／東京工業大学科学技術創成
研究院　特任教授

第2部 -02・04、第3部 - I.総論、第3部 -
I.技術トピック01

太田　豊

大阪大学大学院工学研究科　特任教授

第2部 -03、第3部 - II.総論

石田　文章

関西電力㈱　研究開発室　技術研究所
先進技術研究室 [エネルギービジネス]
主席研究員

第2部 -05

森川　博之
東京大学大学院工学系研究科　教授
第2部-06

齊藤　三希子
EYストラテジー・アンド・コンサルティング㈱　ディレクター
第2部-07、第3部 - V. COLUMN ❻

余語　克則
(公財) 地球環境産業技術研究機構 (RITE)
化学研究グループ　主席研究員
第2部-08

由本　勝久
(一財) 電力中央研究所　グリッドイノベーション研究本部　ENIC研究部門 (兼) 研究統括室　上席研究員
第3部-Ⅰ.技術トピック02

藤井　康正
東京大学大学院工学系研究科　教授
第3部-Ⅰ.技術トピック03

渡辺　和徳
(一財) 電力中央研究所　エネルギートランスフォーメーション研究本部　プラントシステム研究部門長　研究参事
第3部-Ⅰ.技術トピック04

矢加部　久孝
東京ガス㈱　執行役員　水素・カーボンマネジメント技術戦略部長
第3部-Ⅰ.技術トピック05

池谷　知彦
(一財) 電力中央研究所　特任役員
第3部-Ⅰ.技術トピック06

小宮山　涼一
東京大学大学院工学系研究科　准教授
第3部-Ⅰ. COLUMN ❸、第3部-Ⅳ.総論

志村　雄一郎
㈱三菱総合研究所　サステナビリティ本部
主席研究員
第3部-Ⅱ.技術トピック07

道満　正徳
関西電力㈱　ソリューション本部　eモビリティ事業グループ　部長
第3部-Ⅱ.技術トピック08

鶴田　義範
㈱ダイヘン　充電システム事業部　事業部長
第3部-Ⅱ.技術トピック09

盛次　隆宏
㈱REXEV　取締役　Co-founder
第3部-Ⅱ.技術トピック10

二見　徹
㈱ディー・エヌ・エー　フェロー
第3部-Ⅱ.技術トピック11

小畑　亜季子
㈱ユーグレナ　バイオ燃料事業部
第3部-Ⅱ.技術トピック12

出馬　弘昭
東北電力㈱　事業創出部門　アドバイザー
第3部-Ⅱ. COLUMN ❹

小野　透
日鉄総研㈱　常務取締役
第3部-Ⅲ.総論、第3部-Ⅲ.技術トピック13・14・15

上野　直樹
太平洋セメント㈱　カーボンニュートラル技術開発プロジェクトチームリーダー
第3部-Ⅲ.技術トピック16　※共著

平尾　宙
太平洋セメント㈱　中央研究所　第1研究部長
第3部-Ⅲ.技術トピック16　※共著

数野　裕史
関西電力㈱　研究開発室　技術研究所
発電技術研究室　主幹
第3部 - Ⅲ . 技術トピック17

高橋　良和
東北大学　国際集積エレクトロニクス研究
開発センター　研究開発部門長・教授
第3部 - Ⅲ . 技術トピック18

甲斐田　武延
（一財）電力中央研究所　グリッドイノベー
ション研究本部　主任研究員
第3部 - Ⅳ . 技術トピック19

白崎　義則
東京ガス㈱　デジタルイノベーション本部
水素・カーボンマネジメント技術戦略部
水素製造技術開発グループマネージャー
第3部 - Ⅳ . 技術トピック20

秋元　孝之
芝浦工業大学建築学部長　教授
第3部 - Ⅳ . 技術トピック21

山川　智
東海大学建築都市学部建築学科　教授
第3部 - Ⅳ . 技術トピック22

廣瀬　圭一
（国研）新エネルギー・産業技術総合開発
機構（NEDO）スマートコミュニティ・エネ
ルギーシステム部　主査
第3部 - Ⅳ . 技術トピック23

柴田　大輔
京都大学エネルギー理工学研究所
特任教授
第3部 - Ⅴ . 総論

秋山　博子
（国研）農業・食品産業技術総合研究機構
農業環境研究部門　気候変動緩和策研究領
域　革新的循環機能研究グループ長
第3部 - Ⅴ . 技術トピック25

南澤　究
東北大学大学院生命科学研究科　特任教授
第3部 - Ⅴ . 技術トピック26

亀岡　孝治
信州大学社会基盤研究所　特任教授
第3部 - Ⅴ . 技術トピック27

坂元　雄二
日本バイオ産業人会議　事務局次長
第3部 - Ⅴ . 技術トピック28

小原　聡
東京大学未来ビジョン研究センター
特任准教授
第3部 - Ⅴ . 技術トピック29

第4部

（一社）日本経済団体連合会
電気事業連合会
（一社）日本ガス協会
（一社）日本鉄鋼連盟
（一社）日本化学工業協会
日本製紙連合会
（一社）セメント協会
電機・電子温暖化対策連絡会

カーボンニュートラル2050アウトルック

2022年3月1日　初版第1刷発行
2022年8月30日　初版第2刷発行

監修　　　　　　　　山地　憲治
総合コーディネーター　西村　陽
発行者　　　　　　　間庭　正弘
発行所　　　　　　　一般社団法人日本電気協会新聞部
〒100-0006　東京都千代田区有楽町1-7-1
Tel　　　03-3211-1555
Fax　　　03-3212-6155
https://www.denkishimbun.com

印刷・製本　　　音羽印刷株式会社
ブックデザイン　志岐デザイン事務所（室田敏江）